AF523909

Prof. Dr. Claudia Ossola-Haring

Erfolgreich selbstständig – richtige Rechtsform und notwendiges Steuerwissen

Erfolgreich selbstständig – richtige Rechtsform und notwendiges Steuerwissen

ISBN: **978-3-96276-081-6**

Verlag: DATEV eG, 90329 Nürnberg

Stand: März 2022

Art.-Nr.: 35497/2022-03-01

Titelbild: © papan saenkutrueang – www.stock.adobe.com

Druck: CPI Books GmbH, Birkstraße 10, 25917 Leck

Auch als E-Book erhältlich unter ISBN: 978-3-96276-082-3

Prof. Dr. Claudia Ossola-Haring

Dipl.-Kfm. Prof. Dr. Claudia Ossola-Haring hat Betriebswirtschaftslehre an der Universität Mannheim studiert und dort auch im Fach Betriebswirtschaftliche Steuerlehre zum Dr. rer. pol. promoviert.

Sie ist Senior-Professorin der SRH Hochschule Heidelberg (Campus Calw) und Vertretungsprofessorin im Studiengang Gesundheitsmanagement an der Dualen Hochschule Baden-Württemberg (DHBW) Lörrach.

Über 10 Jahre lang war sie Chefredakteurin für Steuerfachliteratur und GmbH-Publikationen. Seit 1992 führt sie ein Redaktions- und Herausgeberbüro, ist Unternehmensberaterin für Existenzgründung sowie freie Wirtschaftsjournalistin vor allem in den Bereichen GmbH, Steuern, Personal und Kommunikation.

Vorwort

Was zeichnet erfolgreiche Existenzgründer aus? Wie bleiben Existenzgründer erfolgreich? Mit entscheidend sind die Wahl der „richtigen“ (eine Wahl, die immer individuell ist) Rechtsform und steuerliche Grundkenntnisse. Wobei eine Einschränkung der zweiten Herausforderung gleich vorangestellt werden muss: Steuern sparen ist immer(!) nur das „Sahnehäubchen“ auf einer gelungenen wirtschaftlichen Entscheidung. Umgekehrt wird – was viele glauben, aber dennoch ein Irrglaube ist – eben kein „Schuh daraus“. Was nicht heißt, dass Sie nicht danach streben sollten, legal so wenig Steuern zu bezahlen wie möglich. Das ist Ihr gutes Recht – und häufig nur mit dem Steuerberater „Ihres Vertrauens“ so durchsetzbar. Aber auch das heißt nicht, dass Sie keine Grundkenntnisse im steuerlichen Recht haben sollten. Im Gegenteil: Je mehr Sie sich als kompetenter Partner auf „Augenhöhe“ mit Ihrem Steuerberater gerieren, desto besser für Sie und Ihr Unternehmen.

Erfolgreiche Unternehmer zeichnen sich also vor allem dadurch aus, dass sie die jeweilige Situation genau analysieren sowie bewerten und daraus ihre Entscheidungen ableiten. Wichtig ist, dass die Entscheidungen schnell fallen. Das bedeutet aber keinesfalls, dass sie nur spontan und „aus dem Bauch heraus“ getroffen werden. Natürlich spielen immer(!) die Erfahrungen, die man gemacht hat – seien sie positiv oder negativ – eine Rolle bei den Entscheidungen. Das Wichtige dabei ist, die Erfahrungen nicht zu vergessen, sich ihrer aber bewusst zu sein und sie situationsgerecht zu bewerten. Gerade die letzten beiden Punkte hören sich einfach an, sind aber in der Praxis ungeheuer schwierig zu erreichen. Was auch wieder verständlich ist, denn jeder positive Ausgang einer „Bauch-Entscheidung“ bestärkt uns, bei jedem negativen Ausgang einer „reinen Kopf-Entscheidung“ kommt der berühmte Satz: „Ich hätte es eigentlich wissen müssen ...“.

Sie sollen Ihre Erfahrungen nicht vergessen – ganz im Gegenteil. Sie sollen Sie für Ihren Erfolg in der Zukunft nutzen. Hier setzt das vorliegende Buch an: Es soll Ihnen bei der Vorbereitung Ihrer Existenzgründung und bei der Festigung Ihres jungen Unternehmens helfen. Das

Buch enthält wichtige Werkzeuge und Instrumente für die erfolgreiche Unternehmensführung im rechtlichen und steuerlichen Bereich. Gerade bei letzterem aber muss angemerkt sein, dass Fortbildung Ihrerseits und regelmäßige Gespräche mit Ihrem Steuerberater (was die Lektüre von dessen Newslettern oder Mandanteninformationen einschließt) unabdingbar sind, da es sich um eine „flüchtige" Materie handelt. Man muss sich vor Augen führen, dass die häufigen und teilweise rückwirkenden Änderungen der Beurteilungen von steuerlichen Situationen für ausländische Investoren einen Risikofaktor darstellen, der sie von Investitionen in Deutschland zurückschrecken lässt.

Sie werden – selbst wenn Sie nur modulhaft lesen – wahrscheinlich ein Déjà-vu-Erlebnis haben: „Das habe ich doch schon mal gelesen." Ja, bestimmt. Und das ist gewollt so. Denn alles hängt zusammen, baut aufeinander auf, alles, was Sie tun – oder lassen – hat Auswirkungen auf irgendetwas anderes. Ein Unternehmen ist ein Organismus und Änderungen respektive Entscheidungen ähneln sehr einer „Operation am offenen Herzen". Deshalb ist es wichtig, dass Sie Ihre Entscheidungsoptionen aus verschiedenen Blickrichtungen betrachten können sollen.

Zwei weitere Punkte sind mir noch wichtig:

- Da die meisten Existenzgründer eine GmbH gründen wollen, wurde in diesem Buch das besondere Augenmerk auf diese Rechtsform und ihre Steuerfolgen gelegt. Da aber eine GmbH in verschiedener Form sich auch mit anderen Rechtsformen zusammenschließen kann, werden natürlich auch die Personenunternehmen, als das Einzelunternehmen, die offene Handelsgesellschaft, die Kommanditgesellschaft, die stille Gesellschaft und die Betriebsaufspaltung erläutert. Nicht dagegen werden ausländische Rechtsformen, die grundsätzlich möglich sind, und Aktiengesellschaften, die ebenfalls sowohl in der Rechtsform AG oder SE möglich sind, angesprochen, da sie für die Mehrzahl der Gründer und jungen Unternehmer nicht in Frage kommen.
- In diesem Buch rege ich oft an, dass Sie sich mit Ihrem Steuerberater in Verbindung setzen sollen. Auch hier ist der Grund einfach:

Steuerberater sind für kleine und mittelgroße Unternehmen der Ansprechpartner Nr. 1, wenn es um – steuerliche sowieso, aber auch wirtschaftliche – Fragen geht. Natürlich „müssen" Sie dem Rat nicht folgen, je nachdem, welche Ausbildung Sie genossen haben, welchen Beruf Sie bisher ausgeübt haben, können Sie diese Aufgabenstellung auch allein bewältigen. Aber auch hier zeigt die Erfahrung, dass nicht jeder alles gleich gut kann. Und es kann „billiger" sein, Arbeiten auf einen Fachmann zu verlagern und seine eigenen Kräfte auf das zu konzentrieren, was man selbst kann. Dennoch benötigen Sie zumindest Grundkenntnisse in den jeweils anderen Gebieten – und sei es nur schwarz auf weiß.

In diesem Sinne wünsche ich Ihnen viel Erfolg und freue mich auf Ihre möglichen Anregungen!

Ihringen, im März 2022 *Prof. Dr. Claudia Ossola-Haring*

In dieser Publikation wird aus Gründen der besseren Lesbarkeit in der Regel das generische Maskulinum verwendet. Die verwendete Sprachform bezieht sich auf alle Menschen, hat ausschließlich redaktionelle Gründe und ist wertneutral.

Der Inhalt im Überblick

1 Überblick über mögliche Rechtsformen

Was ist die richtige Rechtsform für mein Unternehmen? Diese Frage lässt sich „so einfach" nicht beantworten. Sie sollten sich folgende Ausgangssituationen ansehen und je nachdem, welche Antwort Sie (sich selbst) geben, desto eher sollten Sie die vorgeschlagene Rechtsform in Erwägung ziehen.

Ausgangssituation	Eher ...
Dass ich von außen, also von meinen Kunden oder Vertragspartnern, in Haftung genommen werde, ist gering	... Einzelunternehmen oder Personengesellschaft, GmbH & Co. KG oder Betriebsaufspaltung
Ich benötige wahrscheinlich Kredite	... Einzelunternehmen oder Personengesellschaft, GmbH & Co. KG, stille Gesellschaft
Ich will mein Unternehmen später verkaufen	... GmbH
Ich will mein Unternehmen weiterführen und neue Geldgeber (Gesellschafter) gewinnen	... GmbH oder Kommanditgesellschaft, GmbH & Co. KG, stille Gesellschaft
Wir gründen zu mehreren und sollen alle gleichberechtigt sein	... offene Handelsgesellschaft oder Gesellschaft bürgerlichen Rechts, GmbH
Wir gründen zu mehreren, aber die anderen sollen sich auf ihre Geldgeberfunktion beschränken	... entweder GmbH mit Ihnen als Geschäftsführer oder Kommanditgesellschaft mit Ihnen als Komplementär
Ich will die beschränkte Haftung, habe aber nicht viel Geld	... haftungsbeschränkte Unternehmergesellschaft oder haftungsbeschränkte UG & Co. KG

Grundsätzlich wird unterschieden zwischen Personenunternehmen, also Einzelunternehmen, Gesellschaften bürgerlichen Rechts und offener Handelsgesellschaft (OHG) sowie Kommanditgesellschaft (KG) und Kapitalgesellschaften, vornehmlich GmbH, haftungsbeschränkte Unternehmergesellschaft und Aktiengesellschaft.

Nicht jedes Unternehmen ist eine Firma, auch wenn im allgemeinen Sprachgebrauch (vor allem in Süd- oder Südwestdeutschland) ein Unternehmen immer „eine Firma“ oder „ein Geschäft“ ist. Juristisch ist Unternehmen eine organisatorische Geschäftseinheit, die am Wirtschaftsverkehr teilnimmt, und damit der Überbegriff. „Firma“ wird nur für Kaufleute benutzt (§ 17 Abs. 1 HGB: Die Firma ist der Name, unter dem er seine Geschäfte betreibt und die Unterschrift abgibt). Nicht-Kaufleute können sich natürlich ebenso unter einem Namen am allgemeinen Wirtschaftsverkehr beteiligen. Für ihre Geschäftsbezeichnung gelten die Vorschriften des Bürgerlichen Gesetzbuchs, hauptsächlich § 12 und § 823 Abs. 1 BGB. Weder ein Kaufmann noch ein Nicht-Kaufmann aber darf seinem Unternehmen einen irreführenden Namen geben.

Der Hauptunterschied zwischen Personenunternehmen und Kapitalgesellschaften besteht in der Haftung: Während bei Einzelunternehmen und auch bei Personengesellschaften die Gesellschafter zumindest teilweise mit ihrem Privatvermögen für die betrieblichen Schulden haften, ist bei Kapitalgesellschaften die Haftung auf das Gesellschaftsvermögen beschränkt. In der Regel – Ausnahmen bestätigen diese, sind aber genau normiert – gibt es keinen Durchgriff durch die Gesellschaft hindurch auf die hinter ihr stehenden Gesellschafter und deren Vermögen.

Ein Vorteil der Personengesellschaften: Sie können problemlos und damit kostengünstig gegründet werden. Bei einem Einzelunternehmer genügt der Gewerbeschein. Personengesellschaften können ihre Verträge formfrei schließen. Kapitalgesellschaften dagegen sind schon in der Gründung wegen der Beurkundungspflicht der Verträge und der Eintragung ins Handelsregister teurer.

Hinweis

Hier können nicht alle möglichen und zulässigen Rechtsformen aufgezeigt werden, sondern nur die nach deutschem Recht möglichen und als weitere Einschränkung nur die, die für Sie als Existenzgründer und „Jung-Unternehmer" interessant sein könnten. Da die GmbH – in verschiedenen Variationen und Kombinationen – die Rechtsform ist, in der am häufigsten gegründet wird, wird auf sie der größte Wert gelegt. Die Besonderheiten der anderen Rechtsformen werden da angesprochen, wo sie in Kombination mit einer GmbH notwendig sind.

Sie können natürlich auch eine ausländische Rechtsform für Ihr Unternehmen wählen. Ebenso wie Sie den Sitz einer deutschen GmbH nach Frankreich verlegen können. Innerhalb der Europäischen Union (EU) herrscht unternehmerische Freizügigkeit. Bevor Sie aber einen solchen Schritt der Gründung einer englischen Limited (Ltd.) oder einer französischen Société à responsabilité limitée (S.A.R.L) gründen, sollten Sie sich unbedingt mit einem ausgewiesenen Experten über die Folgen beraten. Über die Industrie- und Handelskammern oder auch über die Berufsorganisationen Ihres Steuerberaters können Sie hier Adressen erhalten.

2 Einzelunternehmen

Ein Einzelunternehmen ist ein Unternehmen, das von einer einzelnen Person gegründet wurde und geführt wird. Ob der Einzelunternehmer Mitarbeiter beschäftigt oder nicht, ist völlig gleichgültig.

Häufig sprechen Unternehmer von sich nicht als Unternehmer, sondern als Selbstständiger. Ein wirkliches Abgrenzungsmerkmal gibt es nicht. Auch Unternehmer sind selbstständig. Wahrscheinlich liegt der Unterschied darin, dass Unternehmer auch heute noch sehr oft mit Handel und Gewerbe (wie im Steuergesetz definiert) gleichgesetzt wird, während ein Selbstständiger auch freiberufliche Tätigkeiten oder Dienstleistungen erbringen kann.

Ein Einzelunternehmer haftet voll, also nicht nur mit dem Vermögen seines Unternehmens, sondern auch mit seinem Privatvermögen. Deshalb ist – gesetzlich – auch kein Mindestkapital zur Gründung vorgeschrieben. Sobald der Einzelunternehmer sein Unternehmen gründet, bestimmt er, ob und wenn ja, welche Teile seines Privatvermögens ins Unternehmen eingelegt werden und zum Betriebsvermögen werden.

Auch ein Einzelunternehmer muss Bücher führen und – wenn sein Unternehmen eine gewisse Größe erreicht hat, handelsrechtlich bilanzieren und eine Steuerbilanz erstellen. Meistens macht er eine Einheitsbilanz, indem er eine Bilanz nach steuerlichen Gesichtspunkten erstellt, die dann auch als Handelsbilanz gilt.

Ein Einzelunternehmer unterliegt grundsätzlich den Regelungen des Bürgerlichen Gesetzbuchs (BGB).

Ein Einzelunternehmer kann sich ins Handelsregister eintragen lassen. Dann darf er auch eine Firma, also einen eigenen Namen für sein Unternehmen, führen. Dass er ins Handelsregister eingetragen und sich damit freiwillig den Regelungen des Handelsgesetzbuchs (HGB) unterwirft, macht der Unternehmer durch den Zusatz „eingetragener Kaufmann“ oder „eingetragene Kauffrau“ bzw. „e. K.“, „e. Kfm“ oder „e. Kfr“ deutlich (§ 19 HGB).

Wer als Einzelunternehmer nicht ins Handelsregister eingetragen ist, verwendet meist seinen eigenen Namen auch als Unternehmensname. Hinweise auf die Tätigkeit oder Branche sind zulässig. Auch „Uschi's Suppenküchelchen – Ursula Klein" wird toleriert, auch wenn es sich dabei nicht um eine Firmierung im rechtlichen Sinn, sondern um eine frei wählbare „Geschäftsbezeichnung" oder auch „Etablissementsbezeichnung" handelt. Grundsätzlich darf die Geschäftsbezeichnung nicht irreführend sein. Sie darf das angesprochene Publikum nicht über maßgebliche Umstände täuschen, indem sie etwa eine Größe oder Bedeutung suggeriert, die das Unternehmen nicht hat. „Kevin's weltweit größtes Frisörlädele" dürfte – von der sprachlichen Anmutung mal ganz abgesehen – irreführend sein, wenn der Unternehmer mal gerade zwei Plätze anbieten kann.

Der Einzelunternehmer führt die Geschäfte auf eigene Rechnung und eigenes Risiko. Er kann Mitarbeiter einstellen und Handlungsvollmachten geben.

Ein Einzelunternehmer kann Rechte erwerben und Schulden machen. Er kann Eigentum erwerben und vor Gericht klagen und verklagt werden.

Ein Einzelunternehmen wird aufgelöst, wenn der Unternehmer die wesentlichen Betriebsgrundlagen veräußert oder in das Privatvermögen überführt.

3 Personengesellschaften

3.1 Überblick über die Modernisierung des Personengesellschaftsrechts

Mit dem Gesetz zur Modernisierung des Personengesellschaftsrechts (MoPeG), das in Gänze zum 1. Januar 2024 in Kraft treten wird, wird die Gesellschaft bürgerlichen Rechts (GbR / GdbR / BGB-Gesellschaft) als Grundform aller rechtsfähigen Personengesellschaften ausgestaltet und das Recht der Personengesellschaft insgesamt an die Bedürfnisse eines modernen Wirtschaftslebens angepasst.

Die wichtigsten Neuerungen sind:

- Die von der Rechtsprechung bereits anerkannte Rechtsfähigkeit der Gesellschaft bürgerlichen Rechts (GbR) wird in allen Regelungen des Bürgerlichen Gesetzbuchs konsequent umgesetzt. Die GbR wird dabei nicht mehr primär als Gelegenheitsgesellschaft verstanden, sondern am Leitbild eines auf Dauer angelegten Zusammenschlusses ausgerichtet.
- Um das Vertrauen der Geschäftspartner zu gewinnen, kann sich die GbR künftig in ein öffentliches und rechtssicheres Gesellschaftsregister eintragen lassen. Erforderlich ist die Eintragung aber nur, wenn die Gesellschaft ihrerseits ein registriertes Recht, wie etwa ein Grundstück, erwerben will.
- Freiberufler können sich künftig auch als Personenhandelsgesellschaft, beispielsweise auch als GmbH & Co. KG zusammenschließen. Dies ermöglicht es, ihre Haftung auch für andere Verbindlichkeiten als aus Schäden wegen fehlerhafter Berufsausübung zu beschränken, z. B. Verbindlichkeiten aus Miet- oder Arbeitsverträgen.
- Für Personenhandelsgesellschaften wurde zudem ein im Gesetz festgeschriebenes Beschlussmängelrecht eingeführt. Fehlerhafte Gesellschafterbeschlüsse sind dann nicht mehr automatisch nichtig, sondern sind mit einer befristeten Klage anfechtbar.

3.2 Gesellschaft bürgerlichen Rechts

Um eine Gesellschaft bürgerlichen Rechts (GbR / GdbR / BGB-Gesellschaft) zu gründen, bedarf es mindesten zweier – privater oder juristischer – Personen. Diese Personen schließen einen Gesellschaftsvertrag, der nicht formgebunden ist. Er kommt also ohne jegliche weitere Formvorschrift wie jeder andere Vertrag durch zwei übereinstimmende Willenserklärungen zustande. Bereits an dieser Stelle sei vor der „Schriftkram-Phobie" gewarnt. Wer seine Vereinbarungen, Rechte und Pflichten schriftlich niederlegt, hat später deutlich weniger Stress bei Meinungsverschiedenheiten, die auch bei einer Unternehmensgründung „unter Freunden" nicht ausbleiben wird.

Eine GbR kann jeden Zweck verfolgen, Ausnahmen sind natürlich gesetzeswidrige Zwecke. Betreibt die GbR ein Gewerbe oder ein Handelsgeschäft, wird sie automatisch zur OHG.

Eine GbR ist kein Kaufmann und kann deshalb, strenggenommen, keine Firma führen. Aber sie kann sich eine Geschäftsbezeichnung geben und die Namen aller Gesellschafter mit einem die GbR andeutenden Zusatz führen.

Geschäftsführungsbefugt sind nach dem Gesetz (§ 709 Abs. 1 BGB) alle Gesellschafter gemeinsam, soweit nichts anderes vertraglich vereinbart ist.

Nach dem Gesetz wird die GbR aufgelöst, wenn ein Gesellschafter kündigt oder stirbt. Ausnahme: Der Gesellschaftsvertrag sieht eine Fortsetzung vor. Dann muss aber – bei einer vorher Zweipersonen-GbR – schnell ein neuer Gesellschafter gefunden werden. Wird er nicht gefunden, gilt die GbR als aufgelöst.

Eine GbR, die nach außen als solche auftritt, ist teilrechtsfähig. Sie kann also unter ihrem Namen klagen und verklagt werden. Klagen, die die GbR selbst erhebt, müssen alle Gesellschafter benennen.

Eine GbR kann nach der – allerdings nicht unumstrittenen – Rechtsprechung eine „Verbraucherin" im Sinne des § 13 BGB sein. Das ist unter Umständen wichtig, wenn es um Widerrufsrechte geht. Hier muss sich die GbR, genau wie die anderen Verbraucher, kein kaufmännisches Wissen zurechnen lassen, sondern wird besonders geschützt.

Die Geschäfte der GbR führen alle Gesellschafter gemeinsam. Beschlüsse müssen einstimmig gefasst werden. Allein das schon limitiert die Anzahl der Gesellschafter. Aber der Gesellschaftsvertrag kann von dem Einstimmigkeitserfordernis Abstand nehmen und z. B. Mehrheitsbeschlüsse vorsehen. Es ist auch möglich, dass Entscheidungen auf einen oder mehrere Gesellschafter übertragen werden und die übrigen Gesellschafter – wenn sie denn den Vertrag so unterschrieben haben – von den Beschlussfassungen ausgeschlossen sind.

Jeder der Gesellschafter kann für die GbR Geschäfte rechtswirksam abschließen. Es ist aber auch möglich, dieses Vertretungsrecht nach außen anders als im Gesetz vorgesehen zu regeln.

Eine GbR ist kein Kaufmann und unterliegt damit auch nicht dem Handelsrecht, muss also keine Bilanz erstellen. Aber natürlich muss eine GbR „für die Steuer" Bücher führen. Sie wird in aller Regel zumindest am Anfang eine Einnahmenüberschussrechnung (EÜR) erstellen. Wenn Sie aber mehr als 500 000 Euro Umsatz oder mehr als 50 000 Euro Gewinn im Jahr erzielt, muss sie bilanzieren. Freiwillig darf sie es auch dann, wenn sie diese Grenzwerte noch unterschreitet.

Die Gewinnverteilung zwischen den Gesellschaftern kann frei vereinbart werden. Wird keine Regelung getroffen, sieht das BGB eine Aufteilung nach Köpfen vor. Diese Regelung ist nur dann gerecht, wenn alle Gesellschafter zu gleichen Teilen zum Erfolg der Gesellschaft beitragen. Überlegen Sie also gut, ob das der Fall sein wird. Falls nicht, sollten Sie einen anderen Maßstab für die Gewinnverteilung (und Verlusttragung!) finden.

Bei der GbR haften alle Gesellschafter gemeinsam zur gesamten Hand. Jeder einzelne Gesellschafter haftet also für alle Schulden der GbR auch mit seinem Privatvermögen voll. Hat er geleistet, kann er sich von seinen Mitgesellschaftern deren Anteil „holen", so dass er – im Idealfall – selbst nur mit seinem Anteil haftet.

Die GbR kann sich selbst auflösen (gemeinsamer Beschluss aller Gesellschafter). Weitere Auflösungsgründe, die aber auch durch den Gesellschaftsvertrag verändert werden, sind die Kündigung oder der Tod eines Gesellschafters, der Zeitablauf, das Erreichen oder das Unmöglichwerden des Gesellschaftszwecks, die Insolvenz eines Gesellschafters oder die Kündigung durch einen Privatgläubiger.

Ein Privatgläubiger ist nicht Gläubiger der Gesellschaft, sondern ein Gläubiger eines Gesellschafters. Sein Anspruch gegen den Gesellschafter ist nicht von dem Gesellschaftsverhältnis abhängig. Kann der Privatgläubiger seinen Anspruch nicht aus dem Vermögen des Gesellschafters befriedigen, ist also eine Zwangsvollstreckung in das bewegliche Vermögen des Gesellschafters fruchtlos verlaufen, kann er die GbR kündigen und die Abwicklung verlangen.

3.3 Die offene Handelsgesellschaft (OHG)

Eine offene Handelsgesellschaft (OHG) muss von mindestens zwei – juristischen oder natürlichen – Personen gegründet werden. Auch sie schließen einen Vertrag, der formfrei, also auch mündlich, geschlossen werden kann. Auch hier ist davon abzuraten und einem Mindestmaß an schriftlichen Vereinbarungen zuzuraten.

In einer OHG betreiben mindestens zwei Gesellschafter unter einer gemeinsamen Firma ein Handelsgewerbe.

Eine Gewerbeanmeldung wird benötigt.

Die OHG ist ins Handelsregister einzutragen.

Es gibt kein gesetzlich vorgeschriebenes Mindestkapital. Entscheidend ist also lediglich der wirtschaftliche Kapitalbedarf. Die Einlagen der Gesellschafter in die OHG können als Bar- oder Sacheinlage erbracht werden. Ein Gesellschafter kann der OHG auch Dienstleistungen zur Verfügung stellen.

Die Einlagen gehen über in das Vermögen der OHG und gehören damit allen Gesellschaftern zur gesamten Hand. Der einlegende Gesellschafter kann also nicht mehr über seine Einlage verfügen, sondern nur alle Gesellschafter gemeinsam.

Die Gesellschafter sind sogenannte Vollhafter, haften also mit ihrem gesamten Vermögen, auch mit dem Privatvermögen. Die Haftung ist gesamtschuldnerisch. Jeder muss also zunächst für alle Schulden der OHG einstehen und kann sich dann anteilig an seinen Mitgesellschaftern schadlos halten.

Bei der OHG sind grundsätzlich alle Gesellschafter zur Geschäftsführung verpflichtet. Jeder einzelne Gesellschafter kann und muss uneingeschränkt für die OHG „gewöhnliche" Geschäfte, also solche, die der Geschäftsbetrieb mit sich bringt, tätigen. In einem solchen Fall hat jeder andere Gesellschafter ein Widerspruchrecht (§ 115 Abs. 1 HGB). Dann darf das Geschäft nicht getätigt werden. Was „gewöhnlich" ist, kann nicht allgemein gesagt werden, sondern hängt davon ab, welchen Zweck das Unternehmen hat. Für einen Immobilienverkäufer ist der Verkauf oder Kauf eines Grundstücks „gewöhnlich", für einen Software-Ingenieur wohl eher nicht.

Der Grundsatz der Einzelgeschäftsführung kann durch die Satzung verändert werden, was je nach Konstellation der Gründer und deren Kenntnissen auch sinnvoll sein kann. Dann kann auch bestimmt werden, ob alle zur Geschäftsführung zugelassenen Gesellschafter die OHG nur gemeinsam (Gesamtvertretung) oder jeder einzeln (Einzelvertretung) oder in bestimmten Konstellationen (immer mindestens zwei) die OHG rechtswirksam nach außen vertreten dürfen.

Bei außergewöhnlichen Geschäften müssen alle Gesellschafter zustimmen. „Außergewöhnlich" ist alles, was über den „gewöhnlichen Betrieb" hinausgeht. Wer hier auf der sicheren Seite sein will, schreibt beispielshaft in den Gesellschaftsvertrag, was auf jeden Fall als „außergewöhnliches" Geschäft gelten soll, z. B. die Aufnahme eines Kredits oder die Einstellung von Mitarbeitern.

Wird nichts anderes im Gesellschaftsvertrag vereinbart, werden auch bei der OHG so wie bei der GbR Gewinne und Verluste nach Köpfen verteilt. Der Kapitalanteil jedes Gesellschafters wird jährlich mit 4 %

verzinst. Immer unter der Voraussetzung, dass der Gewinn dafür ausreicht. Er ist die Obergrenze auch für die Verzinsung der Einlage. Bei Verlust entfällt logischerweise die Verzinsung. Jeder Gesellschafter erhält ein eigenes Kapitalkonto. Darauf wird seine Einlage gebucht, danach seine weiteren Einlagen und auch seine Entnahmen sowie die oben erwähnte Verzinsung. Gewinne und Verluste werden ebenfalls auf diesem Konto gebucht.

Bezahlt die OHG ihren Gesellschaftern etwas, etwa für deren Geschäftsführung, dann ist das kein „Gehalt“, sondern eine Entnahme. Das Entgelt mindert also nicht wie eine „normale“ Mitarbeitervergütung den Gewinn, sondern ist ein „Vorabgewinn“, der auf dem Kapitalkonto des Gesellschafters gebucht wird und am Jahresende zum Gewinn wieder hinzugerechnet wird.

In einer OHG müssen die Gesellschafter einander unbedingt vertrauen können. Jeder Gesellschafter hat von Gesetzes wegen eine Treuepflicht der Gesellschaft gegenüber. Er darf ihr also auf ihrem ureigensten Geschäftsfeld keine Konkurrenz machen (Wettbewerbsverbot). Aber auch sonst darf er nichts tun oder unterlassen, woraus der Gesellschaft Schaden entstehen könnte. Das Wettbewerbsverbot kann aufgehoben oder gemildert werden, wenn alle anderen Gesellschafter zustimmen. Nur dann darf der OHG-Gesellschafter Geschäfte auf eigene Rechnung machen oder sich an anderen Unternehmen der gleichen Branche beteiligen. Wer gegen das Wettbewerbsverbot verstößt, muss der OHG den Schaden ersetzen. Im Extremfall kann es sogar zur Auflösung der OHG kommen.

Die OHG ist eine Handelsgesellschaft, unterliegt dem HGB und muss ins Handelsregister (Abteilung A) eingetragen werden.

Eine OHG kann unter ihrer Firma Rechte erwerben und Verbindlichkeiten eingehen. Sie kann Eigentum erwerben und vor Gericht klagen und verklagt werden.

Eine OHG wird aufgelöst, wenn der Gesellschaftsvertrag einen Auflösungstermin vorsieht, oder wenn die Gesellschafter die Auflösung beschließen, wenn ein Insolvenzverfahren über das Vermögen der Gesellschaft eröffnet wird. Bestimmt der Gesellschaftsvertrag nichts anderes, dann wird die OHG auch in folgenden Fällen aufgelöst und das Vermögen ausgekehrt: Ein Gesellschafter kündigt oder stirbt, das Insolvenzverfahren über das Vermögen eines Gesellschafters wird eröffnet, die Gesellschafterversammlung beschließt die Auflösung oder Gesellschafter müssen – etwa wegen des Verstoßes gegen das Wettbewerbsverbot – ausscheiden.

Eine OHG muss Bücher führen und in der Regel bilanzieren. Steuerlich ist der Gewinnanteil der Gesellschafter Einkünfte aus Gewerbebetrieb – bei Verlust negative Einkünfte aus Gewerbebetrieb.

3.4 Die Kommanditgesellschaft (KG)

Bei einer Kommanditgesellschaft (KG) gibt es einen oder mehrere Vollhafter (Komplementäre), die auch mit ihrem Privatvermögen haften und einen oder mehrere Teilhafter (Kommanditisten), die nur mit ihrer Einlage haften. Sobald die Kommanditisten ihre Einlage bezahlt haben und sie ins Eigentum der KG übergegangen ist, haften die Kommanditisten nicht mehr.

Wie hoch die Einlage eines Kommanditisten ist, ist völlig ihm und den anderen Gesellschaftern überlassen. Eine KG ist deshalb eine recht gute Möglichkeit, für einen „armen" Gründer, sich Geldgeber zu beschaffen, die wie er selbst an seine Idee glauben, aber sonst keine oder höchstens wenig „Arbeit" mit dem Unternehmen haben wollen.

Zur Gründung einer KG benötigt es mindestens zwei Personen, einen Komplementär und einen Kommanditisten. Bei einer GmbH & Co. KG kann es zu einer „Einpersonen-Gesellschaft" kommen, da die GmbH selbst eine juristische Person ist, kann sie mit ihrem Allein-Gesellschafter einen Gesellschaftsvertrag schließen, bei der er als einziger Kommanditist aufgenommen wird.

Die Komplementäre haben dieselben Pflichten und Rechte wie die OHG-Gesellschafter, also vor allem die Pflicht, die Geschäfte der KG zu führen. Sie können sich aber durch die Einstellung eines Geschäftsführers oder die Benennung eines Kommanditisten als Geschäftsführer von dieser Pflicht „befreien".

Der Gesellschaftsvertrag einer KG kann formlos, also auch mündlich geschlossen werden. Auch hier sei nochmals davor gewarnt. Bei Streit ist es gut, die Regelungen untereinander schriftlich und damit nachweisbar zu haben. Und wenn es keinen Streit gibt – umso besser. Vielleicht hat ja gerade dann die „unnötige" Arbeit vor Streit bewahrt.

Die KG ist eine Handelsgesellschaft und unterliegt damit dem HGB. Sie entsteht wie die OHG zwar bereits mit der Aufnahme ihrer Geschäfte, muss aber auch ins Handelsregister (A) eingetragen werden.

Für Kommanditisten ist es wichtig, dass die KG ins Handelsregister eingetragen wird. Denn die Beschränkung ihrer Haftung auf die bezahlte Einlage wird erst mit Eintragung ins Handelsregister wirksam. Davor haften auch die Kommanditisten für alle Geschäfte mit ihrem Privatvermögen. Ausnahme: Dem Gläubiger war bekannt, dass die betreffende Person „nur" Kommanditist ist.

Die Firma einer KG kann eine Personen- (Namen der Komplementäre, aber auch Kommanditisten, wenn dadurch kein falscher Rechtsschein, nämlich der der unbeschränkten Haftung, erweckt wird), Sach-, Misch- oder Phantasiefirma sein. Gleichgültig, wie sie heißt, sie muss auf jeden Fall den Rechtsformzusatz „Kommanditgesellschaft" oder „KG" führen.

Von Gesetzes wegen sind nur die Komplementäre zur Geschäftsführung zugelassen und dazu verpflichtet. Jeder Komplementär ist zur Vertretung der Gesellschaft allein befugt. Bei außergewöhnlichen Geschäften kann ein Gesellschafter den Handlungen eines anderen Gesellschafters widersprechen.

Der Gesellschaftsvertrag kann aber davon abweichen und auch Kommanditisten zur Geschäftsführung zulassen. In diesem Fall sollten sie Prokura oder zumindest Handlungsvollmacht erhalten.

Der Gesellschaftsvertrag kann auch von dem gesetzlichen Grundsatz der Einzelvertretungsberechtigung abweichen und eine Gesamtvertretung oder eine bestimmte Vertretungskonstellation (ein Komplementär plus ein Prokurist oder ähnliches) vorsehen.

Wird die Verteilung des Gewinns und Verlusts nicht im Gesellschaftsvertrag geregelt, gilt das HGB, also Verteilung im angemessenen Verhältnis nach – falls entsprechender Gewinn erwirtschaftet wurde – einer 4 %-igen Verzinsung der Einlage (§ 121 HGB).

Eine KG ist teilrechtsfähig und kann unter ihrer Firma Rechte erwerben und Verbindlichkeiten eingehen; sie kann Eigentum erwerben und vor Gericht klagen und verklagt werden.

Eine KG wird aufgelöst, wenn der Termin, der als Auflösungsdatum in der Satzung genannt wurde, erreicht ist, wenn die Gesellschafter die Auflösung beschließen, wenn das Insolvenzverfahren über das Vermögen der Gesellschaft eröffnet wird.

Scheidet der Komplementär aus, weil er kündigt oder stirbt, wird die KG aufgelöst. Kündigt der einzige Kommanditist, wird die KG entweder zur OHG (bei mehreren Komplementären) oder zum Einzelunternehmen. Stirbt ein Kommanditist wird die KG mit den Erben fortgesetzt. Ausnahme: Der Gesellschaftsvertrag bestimmt etwas anderes.

Da eine KG Kaufmann ist und dem HGB unterliegt, muss sie auch Bücher führen und in der Regel bilanzieren.

Steuerlich bezieht der Komplementär der KG Einkünfte aus Gewerbebetrieb. Beim Kommanditisten „kommt es darauf an", und zwar darauf, wie er seine Stellung vertraglich geregelt hat. Ist er ein „typischer" Kommanditist, der lediglich seine Einlage verzinst erhält und am Gewinn beteiligt ist, bezieht er Einkünfte aus Kapitalvermögen. Wenn er dagegen Unternehmerrisiko mit-trägt, wenn er also auch an Verlusten und an den stillen Reserven beteiligt ist, hat auch er Einkünfte aus Gewerbebetrieb.

4 Die GmbH und die haftungsbeschränkte Unternehmergesellschaft

Eine GmbH ist eine Kapitalgesellschaft. Ihre Haftung ist beschränkt auf das Gesellschaftsvermögen.

Eine haftungsbeschränkte Unternehmergesellschaft (UG) ist eine „ganz gewöhnliche“ GmbH mit allen(!) Rechten und Pflichten für Gesellschafter und Geschäftsführer. Wenn also im Folgenden „nur“ von der GmbH gesprochen wird, dürfen Sie – es sei denn, es werden Ausnahmen genannt – auch davon ausgehen, dass die Ausführungen genauso wie für die GmbH gemacht, auch für die haftungsbeschränkte Unternehmergesellschaft gelten.

Eine UG hat im Vergleich zur GmbH lediglich wenige Besonderheiten:

- Mindestkapital: Es genügt ein Betrag zwischen 1 – 24.999 Euro.
- Sachgründung: Ist nicht möglich
- Rechtsformbenennung: „Haftungsbeschränkt“ darf nicht abgekürzt werden
- Gewinnausschüttung: Es muss eine Rücklage gebildet werden, bis die „Umwandlung“ in eine GmbH erfolgen kann.

4.1 Überblick über die Gründung einer GmbH / UG

Die Gründung einer Kapitalgesellschaft, und damit einer GmbH und UG, ist formgebunden. Sie muss über einen Gesellschaftsvertrag erfolgen, der notariell beurkundet werden muss. Der Gesellschaftsvertrag, auch Satzung genannt, muss bestimmte Mindestangaben enthalten, die im Gesetz (konkret: im GmbH-Gesetz/GmbHG) stehen.

So muss z. B. nach § 3 GmbHG die Satzung mindestens folgende Angaben haben:

- Firma der Gesellschaft
- Sitz der Gesellschaft
- Gegenstand des Unternehmens

- Betrag des Stammkapitals
- Zahl und Nennbeträge der einzelnen Stammeinlagen
- Namen der Gründungsgesellschafter

Die Satzung wird – in aller Regel vom Notar zusammen mit der von ihm und den Gesellschaftern unterzeichneten Gesellschafterliste (§ 40 GmbHG) elektronisch beim Handelsregister eingereicht. Die Satzung wird ins Handelsregister eingetragen und kann dort von jedermann eingesehen werden.

Alle weiteren Regelungen des GmbHG über die Organisation des Unternehmens sind kein zwingendes Recht, sondern sogenanntes dispositives Recht, können also folglich abgeändert werden. Dann gilt das, was zwischen den Gesellschaftern vereinbart worden ist. Und zwar nach innen wie nach außen. Und nur das, was in der Satzung steht, gilt.

Hinweis

Wenn Sie keine speziellen Anforderungen haben, dann können Sie Ihre Satzung sehr kurz halten oder – wenn die Voraussetzungen gegeben sind – einfach nach Musterprotokoll gründen. Denn wenn Sie nichts vereinbaren, gilt das Gesetz. Sie brauchen es also nicht nochmals abzuschreiben. Es gilt so oder so.

Bei GmbHs und haftungsbeschränkten Unternehmergesellschaften gibt es neben der notariellen Beurkundung die Möglichkeit, nach Musterprotokoll zu gründen. Das Musterprotokoll ist im GmbH-Gesetz veröffentlicht. Wer nach Musterprotokoll gründet, darf kein Jota davon abweichen. Jede individuelle Regelung muss notariell beurkundet werden. Auch das Musterprotokoll muss vom Notar unterzeichnet werden. Da er hier aber „nur" prüfen muss, ob die Voraussetzungen alle erfüllt sind, geht es erstens schneller und kostet zweitens weniger als die Beurkundung einer individuellen Satzung.

Anzuraten ist eine Gründung nach Musterprotokoll bei Einpersonen-Gründungen, weil da die Gefahr der Meinungsverschiedenheit als „gering“ angesehen werden darf, oder wenn es schnell gehen soll. Ist die GmbH oder haftungsbeschränkte Unternehmergesellschaft erst einmal gegründet und eingetragen, können die Geschäfte ohne Haftungsrisiken für die Gesellschafter getätigt werden. Und die Satzung kann dann in aller Ruhe individuell geändert werden. Voraussetzung, die ¾-Mehrheit wird erreicht und man ist bereit, die Satzungsänderung, die auch notariell beurkundet werden muss, zu bezahlen.

4.2 Die rechtlichen Besonderheiten einer GmbH

Eine GmbH ist eine juristische Person, hat also eine eigene Rechtspersönlichkeit, ist selbstständige Trägerin von Rechten und Pflichten, kann Eigentum erwerben und vor Gericht klagen und verklagt werden.

Neben den für alle Kapitalgesellschaften geltenden handelsrechtlichen Vorschriften, z. B. über die Bilanzierung und die Offenlegung des Jahresabschlusses, gibt es ein spezielles Gesetz für GmbHs, das GmbH-Gesetz, abgekürzt GmbHG. Es enthält Sondervorschriften, die nur eine GmbH betreffen und von dieser – also allen voran ihrem Geschäftsführer aber auch ihren Gesellschaftern – beachtet werden muss.

Es ist absolut kein Kavaliersdelikt, gegen das bestehende GmbH-Gesetz zu verstoßen. Und es schützt – meistens den Geschäftsführer, aber durchaus auch die Gesellschafter – nicht vor Strafe, wenn angeben wird, die entsprechenden Pflichten nicht gekannt zu haben. Ein GmbH-Geschäftsführer muss seine gesetzlichen Pflichten erstens kennen und zweitens erfüllen. Tut er es nicht, wird er dafür haftbar gemacht. Und zwar mit seinem Privatvermögen. Davor bewahrt ihn auch das „Schutzschild mbH“ nicht!

Eine GmbH ist eine Gesellschaft, deren Haftung auf das Gesellschaftsvermögen beschränkt ist. Anders ausgedrückt: Haben die GmbH-Gesellschafter erst einmal das Kapital der GmbH auf deren Konto eingezahlt und steht es zur freien Verfügung des Geschäftsführers, kann kein GmbH-Gläubiger mehr wegen einer GmbH-Schuld einen Gesellschafter in Anspruch nehmen. Das Gesellschafter-Privatvermögen ist also bis auf ganz wenige Ausnahmen – zumindest GmbH-rechtlich, also so lange keine anderen Vereinbarungen wie z. B. Bürgschaften getroffen werden – vor dem Gläubigerzugriff, dem „Durchgriff", geschützt.

Auch für die Gesellschafter – selbst dann, wenn die GmbH nur einen einzigen Gesellschafter hat und dieser auch noch gleichzeitig ihr Geschäftsführer ist – ist das GmbH-Kapital „fremdes Kapital". Sie dürfen nicht mehr darüber für eigene Zwecke verfügen. Es gehört der GmbH. Deshalb schreibt das GmbHG eine Mindestkapitalausstattung 25.000 Euro. Das Gesellschaftskapital der GmbH nennt man Stammkapital oder gezeichnetes Kapital (§ 5 GmbHG).

Die GmbH kann und darf erst dann zur Eintragung ins Handelsregister angemeldet werden, wenn ein Viertel der Stammeinlagen eingezahlt ist, mindestens jedoch 12.500 Euro (§ 5 GmbHG). Wer knapp bei Kasse ist, für den mag es also ein Trost sein, dass von den 25.000 Euro Stammkapital lediglich die Hälfte einbezahlt werden muss. Der Rest wird bei der GmbH als „ausstehende Einlagen" gebucht und muss dann einbezahlt werden, wenn die Satzung es vorsieht – allerspätestens aber dann, wenn die GmbH in Konkurs geht oder ein Vergleich angemeldet wird.

Das Stammkapital einer GmbH muss nicht ganz oder auch nur teilweise in Geld erbracht werden. Jede Kapitaleinlage kann also auch als Sacheinlage erbracht werden. Dabei sind der Phantasie, was als Sacheinlage dienen kann, keine Grenzen gesetzt. Angefangen von Autos, über Betriebs- und Geschäftsausstattungen, über Forderungen, über PC oder EDV-Anlagen, über Grundstücke bis hin zu ganzen Unternehmen reicht die Palette dessen, was als Sacheinlage erbracht werden kann.

Der Geschäftsanteil ist der Anteil des Gesellschafters am Reinvermögen der GmbH. Dabei werden auch die stillen Reserven und Schulden berücksichtigt. Der Geschäftsanteil eines Gesellschafters steht in direkter Verbindung zu seiner Stammeinlage. Anstatt von Anteilen spricht man oft auch von einer „Beteiligung".

Die Erfüllung der entsprechend übernommenen (Zahlungs-)Verpflichtung wird Einlage genannt. Eine Mindesteinlage beträgt 1 000 Euro, von der Stammeinlage muss ein Viertel einbezahlt sein. Die Einlage muss – wie schon erwähnt – nicht zwingend bar geleistet werden, auch Sachwerte wie ein Pkw oder die Büroeinrichtung sind möglich.

Hinweis

Bei einer Sacheinlage muss der Wert des eingebrachten Gegenstandes dem tatsächlichen Wert entsprechen. Das muss über einen Sachgründungsbericht nachvollziehbar gemacht werden. Es geht nicht, dass der „Uralt-PC" mit seinem Anschaffungswert von vor 10 Jahren angesetzt wird. Hat das Registergericht aufgrund der mit der Anmeldung eingereichten Unterlagen erhebliche Zweifel an der Höhe des angegebenen Werts, wird es weitere Unterlagen anzufordern. Wenn aber keine Anhaltspunkte für eine erhebliche Überbewertung vorliegen, muss das Registergericht auch nicht nachforschen, ob nicht doch eine solche wesentliche Überbewertung vorliegt.

Die Haftung des Gesellschafters ist auf den Wert seiner Stammeinlage bzw. den Wert seines Geschäftsanteils begrenzt. Das heißt aber auch, dass der Gesellschafter dann, wenn er seinen Anteil noch nicht voll einbezahlt hat, die ausstehenden Einlagen noch bezahlen muss, und zwar auch dann, wenn die GmbH selbst schon insolvent ist.

Die Haftungsbegrenzung gilt natürlich nur GmbH-rechtlich in voller Konsequenz. Ist der Gesellschafter daneben aber einem GmbH-Gläubiger, z. B. einer Bank oder einem anderen Kreditgeber, weitere Verpflichtungen eingegangen, hat er z. B. eine Bürgschaft gezeichnet und/oder Sicherheiten gestellt, dann haftet er natürlich aus diesen Verpflichtungen. Und zwar meist mit seinem gesamten (Privat-)Vermögen.

Der Gesellschaftsvertrag kann über die Stammeinlage hinaus eine Nachschusspflicht vorsehen.

Bei der GmbH sind über das Stammkapital hinaus keine gesetzlichen Rücklagen vorgeschrieben. Selbstverständlich aber bleibt es der GmbH unbenommen, nicht den gesamten Gewinn auszuschütten, sondern einen Teil davon einzubehalten (thesaurieren) und in eine (freiwillige) Rücklage einzustellen.

Eine GmbH kann zu den verschiedensten Zwecken errichtet werden. Es ist noch nicht einmal notwendig – wenn auch wohl meistens der Fall – dass sie zu wirtschaftlichen Zwecken gegründet wird. Daneben kommen aber auch wissenschaftliche, künstlerische oder sportliche Ziele für eine GmbH-Gründung in Betracht.

Eine GmbH kann von nur einer einzigen Person (Einpersonen-GmbH, oft auch in Verkennung der Tatsache, dass immer mehr Frauen ihre eigene Existenz gründen „Ein-Mann-GmbH" genannt) gegründet werden. Nach oben sind – außer vom gesunden Menschenverstand und der Praktikabilität der notwendigen Formalien – der Gesellschafterzahl keine Grenzen gesetzt.

Die Gründung erfolgt über einen Vertrag, der entweder Gesellschaftsvertrag oder Satzung genannt wird. Der GmbH-Gesellschaftsvertrag muss von einem Notar beurkundet werden und von allen Gesellschaftern unterzeichnet sein (§ 2 GmbHG). Hat die GmbH nur einen Gesellschafter, unterschreibt natürlich nur dieser den Gesellschaftsvertrag.

Die GmbH-Gründung muss im Handelsregister eingetragen werden. Sobald die notariell beglaubigte Urkunde vorliegt, reichen die GmbH-Geschäftsführer diesen Gesellschaftsvertrag zusammen mit ihrer Bestellung dem Handelsregister zur Eintragung ein.

Eine GmbH entsteht mit der Eintragung ins Handelsregister. Die Wirkung der Eintragung ins Handelsregister ist konstitutiv, sie begründet die Kaufmannseigenschaft. Dann wird auch erst die Haftungsbeschränkung auf das Gesellschaftsvermögen den Gläubigern gegenüber wirksam.

Hat die GmbH schon vor ihrer Eintragung ins Handelsregister - aber immerhin schon mit geschlossenem Gesellschaftsvertrag – die Geschäfte aufgenommen, spricht man von einer Vor-GmbH oder einer Vorgesellschaft. Üblich ist, dass in solchen Fällen auf den Geschäftspapieren zwar schon die Firmenbezeichnung „GmbH“ steht, aber mit dem Zusatz „i.Gr.“ oder ausgeschrieben „in Gründung“ versehen. Die Vor-GmbH ist rechtsfähig, d. h. sie ist handlungs-, haftungs- und konkursfähig. Wichtig ist: Bei der Vor-GmbH gilt die sogenannte Handelnden-Haftung. Das heißt: Bis die GmbH im Handelsregister eingetragen ist, haften die Gesellschafter oder Geschäftsführer, die für die GmbH gehandelt haben, mit ihrem Privatvermögen.

4.3 Der Weg zur GmbH und die Haftung in den jeweiligen Gründungsstufen

Bis zu dem Moment, zu dem eine GmbH oder Unternehmergesellschaft erfolgreich gegründet, also ins Handelsregister eingetragen worden ist und die Haftungsbeschränkung auf das Gesellschaftsvermögen allgemein, also allen Gläubigern gegenüber greift, sind mehrere Stadien zu durchlaufen.

Am Anfang steht der Entschluss aller Beteiligten, also der zukünftigen Gesellschafter, ihre unternehmerische Tätigkeit in der Form einer Gesellschaft mit beschränkter Haftung (GmbH) auszuüben. Je nachdem, welche der notwendigen Verträge wann abgeschlossen werden, und wann die wirtschaftliche Betätigung aufgenommen wird, ändert sich die jeweilige rechtliche Situation und mit ihr die rechtlichen und teilweise auch steuerlichen Konsequenzen für Gesellschafter und Geschäftsführer.

Ausgehend von der Rechtsgemeinschaft der Gründer sind vor der Eintragung und damit der erfolgreichen Gründung der GmbH in das Handelsregister zwei Stufen der Gründung zu unterscheiden:

1. Stufe: Die Vorgründungsgesellschaft

2. Stufe: Die Vor GmbH

Eine dritte Möglichkeit – praktisch auf der „Überholspur“ für alle, denen die beiden ersten Stufen mit zu vielen Risiken belastet sind und die keine Zeit haben, diese Gründungsstadien zu durchlaufen – ist der Kauf einer auf Vorrat gegründeten GmbH oder der Mantelkauf. In diesen Fällen wird eine bereits „fix und fertige" GmbH erworben (Share-Deal, Anteilskauf). Es muss dann, um für die Bedürfnisse der Gründer zu passen, lediglich die Satzung geändert werden. Dies erfordert zwar auch eine notarielle Beurkundung, aber der Schutz der auf das Gesellschaftsvermögen beschränkten Haftung ist von Anfang an gegeben.

4.3.1 Die Vorgründungsgesellschaft

Eine Vorgründungsgesellschaft ist eine Gesellschaft zwischen den zukünftigen Gründern einer GmbH vor Abschluss des notariellen Gesellschaftsvertrags. Sie entsteht, wenn die Gesellschafter der künftigen GmbH sich darüber einig sind, schon für die Gesellschaft tätig zu werden, noch bevor der Gesellschaftsvertrag notariell beurkundet wird. Solche Tätigkeiten können beispielsweise sein, dass Geschäftsräume gemietet, eine Telefonanlage und Autos geleast, Computer und sonstige Büroausstattung gekauft, Maschinen oder Waren angeschafft, Mitarbeiter eingestellt und sonstige Verträge geschlossen werden.

Gründer können sowohl natürliche als auch juristische Personen oder rechtsfähige Personenvereinigungen sein.

Durch die einvernehmliche Tätigkeit entsteht eine Gesellschaft, eben die Vorgründungsgesellschaft. Eine Vorgründungsgesellschaft ist eine Gesellschaft bürgerlichen Rechts (GbR oder BGB-Gesellschaft, §§ 705 ff BGB). Falls die spätere GmbH ein Handelsgewerbe betreiben soll, ist die Vorgründungsgesellschaft eine Offene Handelsgesellschaft (OHG, §§ 105 ff HGB).

Hinweis

Sowohl bei einer GbR als auch bei einer OHG kommt ein Gesellschaftsvertrag formfrei zu Stande. Das heißt, es muss kein schriftlicher Vertrag geschlossen werden, damit eine (Vorgründungs-) Gesellschaft zu Stande kommt. Natürlich ist aber auch hier wie praktisch durchgängig im Gesellschaftsrecht die Schriftform zu empfehlen, um bei möglichen Streitigkeiten nachweisen zu können, wer was zu welchem Zeitpunkt wie gewollt hat. Dies ist vor allem dann wichtig, wenn die zu gründende GmbH aus welchen Gründen auch immer, nicht ins Handelsregister eingetragen wird.

Dient die Vorgründungsgesellschaft lediglich dazu, die GmbH vorzubereiten, ist sie mit Abschluss des notariellen GmbH-Gesellschaftsvertrags beendet. Sie wird nicht mehr benötigt, ihr Zweck ist erfüllt. Es besteht jedoch keine Identität zwischen der Vorgründungsgesellschaft und der Vor-GmbH und der GmbH. Die Vorgründungsgesellschaft wächst also nicht kontinuierlich in die Vor-GmbH hinein, wie diese dann nach der Eintragung in die GmbH hineinwächst. Deshalb geht das Vermögen der Vorgründungsgesellschaft nicht automatisch auf die GmbH über. Die Aktiva, d. h. die Vermögensgegenstände des Gesellschaftsvermögens, müssen einzeln übertragen werden, ebenso die Passiva, d. h. die Gesellschaftsschulden. Hier muss jeweils eine Schuldübernahme erfolgen.

4.3.2 Gesellschafter-Haftung in der Vorgründungsgesellschaft

In der Vorgründungsgesellschaft greift § 11 Abs. 2 GmbHG nicht, es gibt keine Handelndenhaftung. Es haften die Gesellschafter!

Bei einer Vorgründungsgesellschaft, die eine Gesellschaft bürgerlichen Rechts (GbR) ist, ist die Haftung der Gesellschafter gesetzlich nicht ausdrücklich geregelt. Die persönliche Haftung der Gesellschafter für vertragliche Schulden wird allerdings durch die Stellvertretungsregelung (= einer kann für alle verpflichtend handeln) begründet. Somit haften die Vorgründungsgesellschafter unbegrenzt mit ihrem Privatvermögen als Gesamtschuldner, wenn sie natürliche Personen sind (§§ 714 in Verbindung mit §§ 421, 427 BGB). Sind sie juristische Personen, beschränkt sich ihre Haftung auf das jeweilige Gesellschaftsvermögen. In einer GbR haften nur die Personen, die bei der Begründung der Verbindlichkeit Gesellschafter waren. Denn nur sie konnten wirksam vertreten werden.

Ist die Vorgründungsgesellschaft eine OHG bestimmt sich die Haftung der Gesellschafter nach § 128 HGB. Somit haften die Gesellschafter für die Verbindlichkeiten der Gesellschaft den Gläubigern gegenüber als Gesamtschuldner persönlich, unmittelbar mit ihrem gesamten Vermögen.

Hinweis

Die Haftung aus der Vorgründungsgesellschaft erlischt auch nicht, wenn der GmbH-Vertrag notariell beurkundet wurde und auch nicht, wenn die GmbH ins Handelsregister eingetragen wurde. Sie bleibt bestehen. **Ausnahme:** Es wurde mit jedem einzelnen Gläubiger eine besondere Vereinbarung über die Haftungsfreistellung getroffen. Die Beweislast, dass dem so ist, trifft die Vorgründungsgesellschafter.

Wer seiner „zukünftigen" GmbH bereits im Vorgründungsstadium Geld oder Sachen zur Verfügung stellt und glaubt, so seine Einlagepflicht erfüllt zu haben, irrt. Kein Mitglied der Vorgründungsgesellschaft kann befreiend leisten. Das ist erst im nächsten Stadium der Vor-GmbH möglich. Wer dies nicht weiß oder nicht beachtet, der läuft Gefahr, wenn das Geld verbraucht ist oder die Sache untergegangen ist, seine Einlage – aus seiner Sicht ein zweites Mal – erneut erbringen zu müssen, da sie rechtlich nicht wirksam erbracht worden war.

Erwirtschaftet die Vorgründungsgesellschaft Gewinn, ist sie selbst nicht körperschaftsteuerpflichtig, natürlich aber sind die einzelnen Gesellschafter mit ihren Gewinnanteilen einkommensteuerpflichtig. Sind die Gesellschafter juristische Personen sind deren Gewinnanteile aus der Vorgründungsgesellschaft körperschaftsteuerpflichtig.

Hinweis

Die GbR haftet den Gläubiger der Gesellschaft gegenüber mit ihrem Gesellschaftsvermögen. Daneben haften alle Gesellschafter persönlich, gesamtschuldnerisch und ohne Einrede der Vorausklage mit ihrem Privatvermögen. Eine Beschränkung der Haftung auf das Gesellschaftsvermögen ist nur möglich, wenn jeder einzelne Gläubiger auf diese Haftungsbeschränkung aufmerksam gemacht wird. Es ist nicht möglich, durch eine Firmierung „GbRmbH" die Haftung auf das Gesellschaftsvermögen zu begrenzen.

4.3.3 Die Vor-GmbH

Gründung einer GmbH bedeutet, dass die Gesellschafter sich über den Gesellschaftsvertrag (= die Satzung) einig werden, dass sie einen entsprechenden Beschluss fassen.

Der Gründungsakt muss notariell beurkundet werden. Dies geschieht regelmäßig in Form einer Gründungsurkunde. Sie besteht aus dem Errichtungsbeschluss, dem der Gesellschaftsvertrag, die Satzung, als Anlage beigefügt wird, dem Protokoll der ersten Gesellschafterversammlung, auf der die Geschäftsführer bestellt werden, und dem Hinweiskatalog des Notars. Mit der notariellen Beurkundung entsteht eine Gründungsgesellschaft (§§ 2,3 GmbHG). Damit ist die Vor-GmbH, eine GmbH in Gründung (GmbH i.Gr.) errichtet worden. Sie ist eine Art „Durchgangsstation", d. h. sobald die GmbH ins Handelsregister eingetragen ist, geht das Vermögen (Aktiva) und die Schulden (Passiva) der Vor-GmbH automatisch, also ohne, dass es besonderer Übertragungen oder Schuldübernahmen bedarf, auf die GmbH über. Die Vor-GmbH endet, wenn ihr Zweck erfüllt ist.

Hinweis

Wird eine Vor-GmbH – aus welchen Gründen auch immer – nicht ins Handelsregister eingetragen, fällt sie zurück in das Stadium GbR oder OHG.

Wird die Handelsregister-Eintragung nicht zeitnah betrieben, entfällt die Parteifähigkeit der Vor-GmbH (OLG Hamm vom 19.07.2006 – 20 U 214/05). Parteifähigkeit bedeutet, dass die Vor-GmbH vertreten durch den Geschäftsführer im eigenen Namen Rechte und Pflichten eingehen kann.

Die Vor-GmbH ist noch keine juristische Person (§ 13 GmbHG). Das wird sie erst mit Eintragung ins Handelsregister. Aber schon als Vor-GmbH kann sie im eigenen Namen Rechte erwerben und Pflichten begründen. Sie kann auch unter ihrem Namen klagen und verklagt werden.

Das Stammkapital kann nicht rechtswirksam vor der Anmeldung der GmbH geleistet werden (OLG Oldenburg vom 17.07.2008 – 1 U 49/08 für eine Kapitalerhöhung BGH vom 15.03.2004 – II ZR 210/01). Eine Stufen- oder Sukzessivgründung ist unzulässig (§§ 3 Abs. 1 Nr. 4, 8 Abs. 1 Nr. 3, 19 Abs. 2 Satz 1 GmbHG).

Die Vor-GmbH wird durch einen oder mehrere Geschäftsführer vertreten. Dazu wird er – in der Regel von der Gesellschafterversammlung, sofern die Satzung kein anderes Organ benennt – berufen.

Die Vor-GmbH kann und darf bereits den Firmennamen der künftigen GmbH führen.

Die Vor-GmbH ist körperschaftsteuerpflichtig, sofern sie später als GmbH ins Handelsregister eingetragen wird.

Hinweis

Zwar ist – wenn alles gut läuft – bereits in der Vor-GmbH die Haftung auf das Gesellschaftsvermögen beschränkt. Das volle Haftungsprivileg (§ 13 Abs. 2 GmbHG) greift jedoch erst ab der Eintragung ins Handelsregister. Es sollte bis zur Eintragung der GmbH in das Handelsregister bei allen Vertragsabschlüssen oder Schriftverkehr mit Geschäftspartnern den Firmennamen mit dem Zusatz „in Gründung“ oder „i.Gr.“ verwenden. Fehlt ein entsprechender Hinweis auf die Vor-GmbH wird ein falscher Rechtsschein erweckt. Dann haften die Gesellschafter und der Geschäftsführer den Geschäftspartnern auf Grund des Rechtsscheins, den sie gesetzt haben, persönlich. Um dies sicher zu vermeiden, sollte der Geschäftsführer nachweislich bei jedem Vertragsabschluss auf die angestrebte Rechtsform hinweisen.

4.3.4 Geschäftsführer- oder Handelndenhaftung in der Vor-GmbH

Die Handelndenhaftung ist eine reine Organhaftung. Das wiederum heißt, dass nur der Geschäftsführer oder derjenige, der sich wie ein Geschäftsführer gerierte (faktischer Geschäftsführer) als Handelnder in Betracht kommt. Die Handelndenhaftung (§ 11 Abs. 2 GmbHG) greift nur bei rechtsgeschäftlich und rechtsgeschäftsähnlich begründeten Verbindlichkeiten. Sie umfasst also weder Sozialversicherungsbeiträge noch Steuern der Vor-GmbH. Andere gesetzliche Schuldverhältnisse werden nur dann von der Handelndenhaftung gedeckt, wenn sie auf einer rechtsgeschäftlichen Beziehung beruhen.

Der Geschäftsführer hat – im Fall der Haftung – Regressansprüche gegen die Gesellschaft (§§ 611, 675 und 670 BGB) oder im Wege der Unterbilanzhaftung.

Hinweis

Die Handelndenhaftung beginnt mit Abschluss des notariell beurkundeten Gesellschaftsvertrags und erlischt mit Eintragung der GmbH in das Handelsregister.

4.3.5 Gesellschafterhaftung in der Vor-GmbH

Dass die Gesellschafter der Vor-GmbH dann nicht mehr haften, wenn sie ihre Einlage geleistet haben und sie dem Geschäftsführer zur freien Verfügung steht, ist gesetzlich nicht geregelt. Das wiederum heißt, dass die Haftungsbeschränkung des § 13 Abs. 2 GmbHG nicht „eins-zu-eins" auf die Vor-GmbH angewendet werden kann. Ob und in welcher Höhe die Vor-GmbH-Gesellschafter haften, hängt von der Eintragung der GmbH ins Handelsregister ab. Hier sind vier Fallkonstellationen denkbar:

1. Erfolgreiche Eintragung
2. Änderung des Unternehmensgegenstandes vor Eintragung
3. Gescheiterte Eintragung
4. Aufgegebene Eintragung

Erfolgreiche Eintragung der GmbH

Wird die GmbH ins Handelsregister eingetragen, geht ihr Aktiv- und Passiv-Vermögen der Vor-GmbH auf sie über, ohne dass es besonderer Übertragungen bedürfte. Wichtig dabei ist, dass das Stammkapital der GmbH im Zeitpunkt der Handelsregistereintragung nicht geschmälert worden sein darf. Es muss also punktgenau den Betrag umfassen, der in der Satzung als Stammkapital angegeben worden ist. Dies wird dadurch erreicht, dass die Gesellschafter der Vor-GmbH für die entstandenen Anlaufverluste anteilig im Zuge einer Innenhaftung gegenüber der GmbH haften (Unterbilanzhaftung). Und zwar schon dann, wenn sie ihren Geschäftsanteil bereits eingezahlt haben.

Änderungen des Unternehmensgegenstandes vor Eintragung

Für die Gründer einer GmbH ist es wichtig zu dokumentieren, dass der satzungsmäßige Unternehmensgegenstand auch tatsächlich verwirklicht werden soll. Denn rechtlich liegt eine wirtschaftliche Neugründung vor, wenn der satzungsmäßige Unternehmensgegenstand vor Eintragung fallen gelassen und stattdessen eine völlig neue Geschäftstätigkeit aufgenommen wird. Eine wirtschaftliche Neugründung begründet eine Unterbilanzhaftung der Gesellschafter.

Gescheiterte Eintragung

Ist die Eintragung der Vor-GmbH ins Handelsregister gescheitert, haften die Gesellschafter der Vor-GmbH für Verluste, die die Bilanz nach dem Verbrauch des Stammkapitals noch ausweist (Verlustdeckungshaftung) Auch hier handelt es sich wie bei der Unterbilanzhaftung um eine anteilige Innenhaftung jedes Gesellschafters gegenüber der Vor-GmbH. Bei Vermögenslosigkeit der Vor-GmbH findet keine Durchgriffshaftung auf die Gesellschafter statt. Die Gläubiger können also nicht auf das Privatvermögen eines Gesellschafters, sondern lediglich auf das Vor-GmbH-Vermögen zugreifen. Ausnahmen:

- bei einer Einpersonengründung haftet der Gesellschafter den Gläubigern persönlich,
- bei Vermögenslosigkeit (bereits) der Vor-GmbH haften die Gesellschafter den Gläubigern gesamtschuldnerisch,

die Gesellschafter haften bei Handlungsunfähigkeit der Vor-GmbH, wenn also kein Geschäftsführer vorhanden ist,

- ist nur ein Gläubiger vorhanden, haften (auch) die Gesellschafter in einer Vor-GmbH.

Aufgegebene Eintragung

Wird die Eintragung der Vor-GmbH ins Handelsregister nicht ernsthaft betrieben, fällt sie zurück in die Form einer GbR oder OHG. Es handelt sich um eine „unechte Vor-GmbH“. Die Gesellschafter haften persönlich und solidarisch. Selbst dann, wenn die Gesellschaft schon als „GmbH i. Gr." im Geschäftsverkehr aufgetreten ist, gibt es bei aufgegebener Eintragungsabsicht keine Haftungsbeschränkung auf das Gesellschaftsvermögen.

Die Grundsätze der Verlustdeckungshaftung greifen nur dann, wenn die Vor-GmbH ihre Geschäftstätigkeit sofort beendet, nachdem sie die Absicht, sich ins Handelsregister eintragen zu lassen, aufgegeben hat.

4.3.6 Vorratsgründung / Mantelkauf

GmbH-Anteile sind frei übertragbar, können also verkauft, verschenkt oder vererbt werden an wen auch immer. Voraussetzung für die freie Übertragbarkeit ist, dass die Satzung sie nicht einschränkt. Dieser „Share-Deal" wird aber natürlich bei GmbHs, die auf Vorrat gegründet werden, um im Falle eines Falles, also dem möglichst schnellen Beginn einer Geschäftstätigkeit mit beschränkter Haftung, in aller Regel nicht behindert.

Die Begriffe „Vorratsgründung" oder „Vorrats-GmbH" und „Mantel" sind im allgemeinen Sprachgebrauch häufig nicht sauber voneinander abgegrenzt. Oft wird auch davon gesprochen, dass bei einer Vorratsgründung eine „Mantel-GmbH" gegründet worden sei. Der entscheidende Punkt ist, ob die GmbH, deren Anteile erworben werden sollen, bereits schon einmal am allgemeinen Geschäftsverkehr teilgenommen hat oder nicht.

Bei einer Mantel-GmbH handelt es sich in aller Regel um eine GmbH, die bereits operativ tätig war, ihren satzungsgemäßen Unternehmensgegenstand also bereits ausgeübt hat, dann aber – aus welchen Gründen auch immer – inaktiv geworden ist.

Hinweis

Früher war der so genannte „Mantel-Kauf“ vor allem steuerlich interessant, weil die in der GmbH aufgelaufenen Verluste steuermindernd verwertet werden konnten. Hier hat der Gesetzgeber aber zwischenzeitlich so enorme Hürden aufgestellt, dass sich ein Mantel-Kauf aus steuerlicher Sicht nur in den seltensten Fällen lohnt. Interessant dagegen ist und bleibt die Tatsache, dass man sofort unter dem Schutz der beschränkten Haftung „loslegen“ kann.

Bei der Vorratsgründung handelt es sich um die Errichtung einer GmbH, ohne dass die Gründer die konkrete Absicht haben, in naher Zukunft oder selbst mit ihr am Geschäftsverkehr teilzunehmen. Das Ziel ist, das früher sehr zeitaufwändige, heute etwas schnellere, aber oft immer noch nicht schnell genug empfundene Gründungsverfahren abzukürzen und vor allem dabei die Handelndenhaftung in der Vor-GmbH zu vermeiden.

Bei der Vorratsgründung wird weiter unterschieden in die „offene Vorratsgründung“ und die „verdeckte Vorratsgründung“. Eine offene Vorratsgründung liegt vor, wenn in der Satzung der GmbH der Unternehmensgegenstand mit „Verwaltung des eigenen Vermögens“ angegeben wird. Diese Vorgehensweise ist zulässig!

Wird dagegen ein fiktiver Unternehmensgegenstand angegeben, der in absehbarer Zeit überhaupt nicht verwirklicht werden wird, spricht man von einer verdeckten Vorratsgründung. In solchen Fällen besteht die Gefahr, dass eine Nichtigkeitsklage nach § 75 GmbHG erhoben wird, die dann ihrerseits wieder zur Nichtigkeit der Gründung nach § 397 FamFG (Gesetz über das Verfahren in Familiensachen und in den Angelegenheiten der freiwilligen Gerichtsbarkeit) führen würde.

Wer eine Vorrats-GmbHs erwirbt, kann auch dann, wenn sie keine operative Geschäftstätigkeit ausgeübt hat, nicht sicher sein, dass er keine „Altlasten“ übernimmt. Es sollte unbedingt geprüft werden, dass die

Haftungsbegrenzung einer GmbH auch tatsächlich besteht. Dazu muss das Stammkapital voll eingezahlt sein und es darf es nicht verbraucht worden sein. Denn der spätere Einsatz einer Vorratsgesellschaft ohne bisherige Geschäftstätigkeit – oft auch als „leere Hülle" bezeichnet – wird rechtlich wie eine wirtschaftliche Neugründung der GmbH behandelt (BGH vom Beschluss vom 09.12.2002 – II ZB 12/02 und vom 18.01.2010 – II ZR 61/09).

Ist das satzungsmäßig vereinbarte Stammkapital im Zeitpunkt der wirtschaftlichen Neugründung wertmäßig nicht gedeckt, haften die Gesellschafter unter dem Gesichtspunkt der Vorbelastungshaftung (Unterbilanzhaftung, § 9a GmbHG), auf die grundsätzlich die der Gewährleistung der Kapitalausstattung dienenden Gründungsvorschriften einschließlich der registergerichtlichen Gründungskontrolle entsprechend anzuwenden sind. Insofern muss der Geschäftsführer versichern, dass die Leistungen auf die Stammeinlage bewirkt sind und ihm zur freien Verfügung stehen, selbst wenn die eigentliche Gesellschaftsgründung Jahre zurückliegt. Die Handelnden nach Übernahme einer Vorrats-Gesellschaft und auch die eines GmbH-Mantels haften ebenso persönlich und unbeschränkt, wie die Handelnden einer Neugründung bis zur Eintragung der Gesellschaft in das Handelsregister, wenn sich zu einem späteren Zeitpunkt eine so genannte Unterkapitalisierung zum Übernahmezeitpunkt herausstellt (BGH vom 07.07.2003 – II ZB 4/02).

Das damit verschärfte Haftungsrisiko kann dadurch minimiert werden, dass eine Offenlegung der wirtschaftlichen Neugründung gegenüber dem Registergericht erfolgt, welches dann von Amts wegen kontrollieren wird, ob das haftende Kapital in ausreichendem Umfang zur freien Verfügung steht. Stellt das Registergericht das fest, können damit spätere Schwierigkeiten vermieden werden.

Hinweis

Damit durch diese zeitaufwändige Prüfung die Attraktivität der Nutzung von Vorrats-Gesellschaften oder Mantel-GmbH nicht deutlich eingeschränkt wird, sollte man auf eine ausgewogene und die Haftungsrisiken beachtende Vertragsgestaltung mit dem Veräußerer der GmbH hinwirken.

War im Zeitpunkt der wirtschaftlichen Neugründung einer Vorrats-GmbH das satzungsgemäße Stammkapital vollständig eingezahlt und bei Aufnahme der Geschäftstätigkeit noch unverbraucht vorhanden, dann löst eine nicht offen gelegte Wiederverwendung der Vorrats-GmbH gegenüber dem Registergericht keine Haftung nach den Grundsätzen der Vorbelastung (Unterbilanzhaftung, § 9a GmbHG) aus (Bundesgerichtshof vom 07.02.2012 – II ZR 13/10).

Exkurs: Steuerliche Regelungen beim Mantelkauf

Ziel des Steuergesetzgebers war es, den Mantel-Kauf steuerlich unattraktiv zu machen. Aus seiner Sicht ist es missbräuchlich, Anteile an einer GmbH mit Verlustvorträgen zu kaufen, um andere steuerpflichtige Einkünfte damit zu „neutralisieren". Durch § 8c KStG sind die GmbH-Verluste „eingeschlossen", können also nicht mehr abgezogen werden, wenn die wirtschaftliche Identität der GmbH, die die Verluste erlitten hat, mit der, die die Verluste nutzen kann, nicht (mehr) gegeben ist. Ausnahmen gelten nur für die Übernahme sanierungsbedürftiger und -würdiger GmbHs.

4.3.7 Die Formalien bei Gründung einer GmbH

Eintragungen durch das Gesetz über elektronische Handelsregister und Genossenschaftsregister sowie das Unternehmensregister (EHUG) erfolgen – gegenüber früher – deutlich schneller. Die zur Gründung der GmbH erforderlichen Unterlagen werden grundsätzlich elektronisch beim Registergericht eingereicht, das dann unverzüglich über die Anmeldung entscheidet und die übermittelten Daten unmittelbar in das elektronisch geführte Register übernehmen kann.

Bei Gesellschaften, deren Unternehmensgegenstand genehmigungspflichtig ist, wird das Eintragungsverfahren vollständig von der verwaltungsrechtlichen Genehmigung abgekoppelt. Das betrifft zum Beispiel Handwerks- und Restaurantbetriebe oder Bauträger, die eine gewerberechtliche Erlaubnis brauchen. Früher konnte eine solche Gesellschaft nur dann in das Handelsregister eingetragen werden, wenn bereits bei der Anmeldung zur Eintragung die staatliche Genehmigungsurkunde vorlag. Das langsamste Verfahren bestimmte also das Tempo. Diese Rechtslage erschwerte und verzögerte die Unternehmensgründung erheblich. Jetzt müssen GmbHs – wie auch Einzelkaufleute und Personenhandelsgesellschaften – keine Genehmigungsurkunden mehr beim Registergericht einreichen.

Vereinfacht wurde auch die Gründung von Ein-Personen-GmbHs. Hier wird nun auf die Stellung besonderer Sicherheitsleistungen (§ 7 Abs. 2 Satz 3, § 19 Abs. 4 GmbHG) verzichtet. Das Gericht bei der Gründungsprüfung kann nur dann die Vorlage von Einzahlungsbelegen oder sonstigen Nachweisen verlangen, wenn es erhebliche Zweifel hat, ob das Kapital ordnungsgemäß aufgebracht wurde. Bei Sacheinlagen wird die Werthaltigkeitskontrolle durch das Registergericht auf die Frage beschränkt, ob eine nicht unwesentliche Überbewertung vorliegt. Dies entspricht der Rechtslage bei der Aktiengesellschaft. Nur bei entsprechenden Hinweisen kann damit künftig im Rahmen der Gründungsprüfung eine externe Begutachtung veranlasst werden.

Überblick über die Gründungsmodalitäten

Eine GmbH erfolgreich zu gründen, ist der erste und wichtigste Schritt ins unternehmerische Leben. Die nächste Herausforderung ist, die GmbH erfolgreich zu führen. Dazu muss sich nicht nur die Geschäftsführung, sondern müssen sich auch die Gesellschafter im Klaren sein, dass es nicht geht ohne „Papierkram“, ohne „Schreibtischarbeit“, ohne Gesetzestreue – neu-deutsch „Compliance“ genannt. Ein wichtiger Punkt darf ebenfalls nicht verschwiegen werden. Die Haftungsbeschränkung auf das Gesellschaftsvermögen ist „nur" wichtig gegenüber Geschäftspartnern. Banken oder anderen Kreditgebern verlangen in aller Regel eine Bürgschaft des oder der Gesellschafter und meist auch von deren Ehepartnern, teilweise sogar von deren Kindern. Damit ist die Haftungsbeschränkung der GmbH gegenüber Fremdkapitalgebern praktisch aufgehoben.

Ein kurzer Überblick über die Gründungsphasen soll Sie animieren, bei den Sie interessierenden Punkten „genauer nachzulesen":

Wege zur GmbH im Überblick:

<table>
<tr><th>Gründungs-stadium</th><th>Name</th><th>Anmerkungen</th><th>Haftung</th></tr>
<tr><td>1. Entschluss zur Gründung</td><td rowspan="2">Vorgründungsgesellschaft</td><td>BGB-Gesellschaft; bei Handelsgeschäft OHG</td><td rowspan="2">volle Haftung der Gesellschafter</td></tr>
<tr><td>2. Entwurf eines Gesellschaftsvertrags</td><td>Kein automatischer Übergang auf Vor-GmbH oder GmbH</td></tr>
<tr><td>3. notarielle Beurkundung des Gesellschaftsvertrags</td><td rowspan="4">Vor-GmbH</td><td>Eine Vor-GmbH hat die gleiche Rechtspersönlichkeit wie die GmbH; Geschäftsführer darf für die Vor-GmbH Gründungsgeschäfte sowie mit Zustimmung der Gesellschafter auch andere Geschäfte vornehmen.</td><td rowspan="4">Unbeschränkte Verlustdeckungshaftung der Gesellschafter bis zur Eintragung, danach Vorbelastungshaftung (Haftung für vor Eintragung durch Aufnahme des Geschäftsbetriebs verlorenes Stammkapital).
Grundsätzlich muss zuerst ein Titel gegen Vor-GmbH erwirkt werden. Ausnahmsweise kann auch direkt gegen Gesellschafter vorgegangen werden.
Außerdem Handelndenhaftung (meist Geschäftsführer)</td></tr>
<tr><td>4. Bestellung der Organe</td><td>Geschäftsführer, ggf. Aufsichtsrat, Beirat</td></tr>
<tr><td>5. Aufbringen des Stammkapitals</td><td>Vom Stammkapital muss mindestens ein Viertel, mindestens aber 12.500 Euro sofort aufgebracht werden; Sacheinlagen nur sofort, in voller Höhe und mit Sachgründungsbericht</td></tr>
<tr><td>6. Anmeldung zur Eintragung beim Handelsregister</td><td>Belege über die obigen Voraussetzungen und Unterschriften der Geschäftsführer sind beizufügen</td></tr>
<tr><td>7. Eintragung im (elektronischen) Handelsregister</td><td>GmbH</td><td>Entstehungszeitpunkt der GmbH als juristischer Person</td><td>Nur noch in Ausnahmefällen Haftung der Gesellschafter gegenüber Dritten, Haftung der Geschäftsführer bei Pflichtverletzungen</td></tr>
</table>

Der Gesellschaftsvertrag

Keine Gesellschaft, also auch keine GmbH, kann ohne Vertrag gegründet werden. Der Vertrag unterliegt gesetzlichen Formvorschriften, d. h. er muss notariell beurkundet werden. Dies ist so für beide Arten von Gesellschaftsverträgen, dem individuellen und dem nach Musterprotokoll, die es seit dem Inkrafttreten des MoMiG gibt.

Hinweis

Ausgewählte Muster zu Gesellschaftsverträgen finden Sie im Anhang. Widerstehen Sie – wie bei allen Musterverträgen – auch bei diesen der Versuchung, die „einfach abzuschreiben". Überprüfen Sie deshalb genau, ob die Musterformulierungen auch tatsächlich Ihren Erwartungen und Bedürfnissen gerecht werden. Zögern Sie im Zweifel nicht, sich sachkundigen Rat einzuholen.

Individueller Gesellschaftsvertrag

Der Gesellschaftsvertrag, die Satzung, ist der „Papier gewordene" Gesellschafter-Wille. Das GmbH-Recht ist in weiten Teilen dispositiv, kann also durch die Satzung abgeändert werden. Ändert die Satzung das Gesetz nicht, ist dies gültig. Deshalb ist es wenig sinnvoll, das Gesetz abzuschreiben.

Der Geschäftsführer muss die Satzung kennen, denn er haftet der GmbH und den Gesellschaftern gegenüber, dass die Satzungsregelungen eingehalten werden. Änderungen des Gesellschaftsvertrags bedürfen eines Gesellschafter-Beschlusses mit ¾-Mehrheit (alternativ: satzungsgemäße Mehrheit) und müssen ins Handelsregister eingetragen werden.

Hinweis

Die Satzung hat Vorrang vor anderen Verträgen, z. B. auch vor dem Geschäftsführer-Dienstvertrag. Deshalb sollte kein Vertrag in der GmbH geschlossen werden, ohne dass sein Inhalt anhand der Satzungsinhalte überprüft wird.

Die Satzung einer GmbH enthält nach § 3 GmbHG mindestens folgende Angaben:

- Firma und Sitz der Gesellschaft (statutarischer Sitz / Satzungssitz; Verwaltungssitz),
- Gegenstand des Unternehmens,
- den Betrag des Stammkapitals sowie die Zahl und die Nennbeträge der Geschäftsanteile, die jeder Gesellschafter gegen Einlage auf das Stammkapital (Stammeinlage) übernimmt.

Soll die GmbH auf eine gewisse Zeit beschränkt sein oder sollen den Gesellschaftern außer der Leistung von Kapitaleinlagen noch andere Verpflichtungen gegenüber der Gesellschaft auferlegt werden, so bedürfen auch diese Bestimmungen der Aufnahme in den Gesellschaftsvertrag.

Empfehlenswert sind weitere Regelungen zu Nachschüssen, zum Geschäftsjahr, zu Informationsrechten der Gesellschafter sowie deren Verschwiegenheitspflichten, zur Geschäftsführung, zum Jahresabschluss und Lagebericht sowie Ergebnisverwendung, zur Verwendung der Gesellschaftsmittel und -gewinne, zu Gesellschafterversammlung und -beschlüssen, zu Gesellschafterwettbewerbsverboten, zur Veräußerung und Belastung von Geschäftsanteilen, zur Einziehung von Geschäftsanteilen, zur Kündigung, zu Auflösung und Abwicklung sowie zu Bekanntmachungen der Gesellschaft.

Gründung nach Musterprotokoll

Für unkomplizierte Standardgründungen, also einer Bargründung unter höchstens drei Gesellschaftern – gleichgültig, ob natürliche oder juristische Personen – und höchstens einem Geschäftsführer, gibt das neue GmbH-Gesetz Gründungswilligen ein Musterprotokoll (§ 2 Abs.1a GmbHG) an die Hand. In diesem Musterprotokoll sind Satzung, also der GmbH-Gesellschaftsvertrag, die Geschäftsführerbestellung und die Gesellschafterliste zusammengefasst. Das Musterprotokoll kann auch für Satzungsänderungen verwendet werden.

Hinweis

Angeblich – aber das darf bezweifelt werden, es sei denn, man spricht hier ausschließlich vom notariellen Beratungsbedarf – wird durch die Verwendung des Musterprotokolls der Beratungsbedarf reduziert. Da Abweichungen von den in Anlage 1 zum GmbH-Gesetz dargestellten Regelungen nicht erlaubt sind, wenn „vereinfacht" gegründet wird, reduziert sich die Prüfung des Notars darauf, ob alle Bestandteile unverändert übernommen worden sind. Insoweit dürfte eine Beschleunigung der notariellen Beurkundung zu erwarten sein.

Die Gründung respektive Satzungsänderung nach Musterprotokoll ist schneller und billiger als die Gründung nach individueller Satzung. Dies deshalb, weil Abweichungen von den in Anlage 1 zum GmbH-Gesetz dargestellten Regelungen nicht erlaubt sind, wenn „vereinfacht" gegründet wird.

Hinweis

Es können alle(!) GmbHs, unabhängig von der Höhe ihres Stammkapitals, vereinfacht gegründet werden. Wichtig ist nur, dass die Voraussetzungen (Bargründung, höchstens drei Gesellschafter und höchstens ein Geschäftsführer) zum Zeitpunkt der Gründung eingehalten sind. Werden nach der Gründung und nach der Anmeldung und Eintragung ins Handelsregister die Sachverhalte geändert, ist dies – natürlich unter Beachtung der rechtlichen Formalien – möglich.

Die Musterprotokolle sind Anlagen zum GmbH-Gesetz

4.3.8 Gesellschafterliste und Transparenzregister

Nur derjenige gilt als Gesellschafter, der in der im Handelsregister aufgenommenen Gesellschafterliste eingetragen ist (§ 16 GmbHG). Es ist die Aufgabe des GmbH-Geschäftsführers, dafür zu sorgen, dass die Liste erstens fehlerfrei erstellt und zweitens dem Handelsregister zur Aufnahme zugeleitet wird.

Die Gesellschafterlisten können dem Handelsregister elektronisch übermittelt werden. Die Aufnahme ins Handelsregister erfolgt dann binnen kurzer Zeit.

Eine Gesellschafterliste ist dann im Handelsregister aufgenommen, wenn sie in den für das entsprechende Registerblatt bestimmten Registerordner bzw. den so genannten Sonderband der Papierregister aufgenommen ist.

Die Liste kann ab der Aufnahme im Handelsregister eingesehen werden. So können Geschäftspartner der GmbH, etwa Kunden und Lieferanten, aber auch potenzielle Neugesellschafter lückenlos und einfach nachvollziehen, wer hinter der Gesellschaft steht. Somit besteht ein Eigeninteresse der Anteilsverkäufer und Erwerber von Gesellschaftsanteilen, dass die Gesellschafterliste von dem GmbH-Geschäftsführer aktuell gehalten wird.

Gewährleistet ist die zeitnahe Information der Geschäftsführer über die Veränderung auch in den Fällen, in denen gemäß § 40 Abs. 2 Satz 1 GmbHG der Notar zur Erstellung und Einreichung der Liste verpflichtet ist. Der Grund dafür ist, dass der Notar zusammen mit der Einreichung der Liste zum Handelsregister eine einfache Abschrift der Liste an die Gesellschaft zu übermitteln hat.

GmbH-Geschäftsführer sind wegen ihrer allgemeinen Sorgfaltspflicht gehalten, entdeckte Fehler in der Gesellschafterliste gegenüber dem Handelsregister zu korrigieren.

Hinweis

Die erhöhte Bedeutung der Gesellschafterliste führt aber nicht dazu, dass die Eintragung und die Aufnahme der Liste in das Handelsregister Wirksamkeitsvoraussetzung für den Erwerb des Geschäftsanteils wären. Eine Ausnahme besteht nur beim gutgläubigen Erwerb. Ansonsten aber ist eine Übertragung von Geschäftsanteilen auch weiterhin unabhängig von der Eintragung in die Gesellschafterliste möglich.

Der eintretende Gesellschafter erhält einen Anspruch darauf, in die Liste eingetragen zu werden. Wer als (Neu-)Gesellschafter nicht in die Gesellschafterliste eingetragen ist und/oder wenn die Liste nicht ins Handelsregister aufgenommen wird, dem bleibt die Ausübung seiner Mitgliedschaftsrechte verwehrt. Denn erst mit Aufnahme der entsprechend geänderten Gesellschafterliste in das Handelsregister kommt ihm gegenüber der Gesellschaft die Gesellschafterstellung zu.

Hinweis

In § 16 Abs. 1 Satz 2 GmbHG ist eine Sonderregelung vorgesehen, nach der ein Anteilskäufer bereits unmittelbar nach dem Kauf Rechtshandlungen in Bezug auf das Gesellschaftsverhältnis vornehmen können soll. Er kann also noch bevor die Gesellschafterliste, in der er als Gesellschafter benannt ist, ins Handelsregister aufgenommen wurde, beispielsweise an einem satzungsändernden Gesellschafterbeschluss oder einer Bestellung neuer Geschäftsführer teilhaben. Zunächst sind diese Handlungen allerdings schwebend unwirksam. Wird die Liste **unverzüglich** nach Vornahme der Rechtshandlung ins Handelsregister aufgenommen, werden auch die Rechtshandlungen wirksam. Wird hier dagegen „gezögert", sind die Rechtshandlungen endgültig unwirksam, Gesellschafterbeschlüsse, die unter Mitwirkung des neuen Gesellschafters getroffen wurden, sind dann entsprechend nichtig.

In der Gesellschafterliste sind die Geschäftsanteile durchgehend zu nummerieren (§ 8 Abs. 1 GmbHG). Die Nummerierung vereinfacht die eindeutige Bezeichnung eines Geschäftsanteils. So werden Anteilsübertragungen leichter.

Die Nummerierung erhält zusätzliche Bedeutung durch die Freigabe der Teilung von Geschäftsanteilen. Da die Geschäftsanteile jeweils mit einem Nennwert bezeichnet werden sollen, der auch als Identitätsbezeichnung dient, sollten zudem die Nennbeträge der von jedem der Gesellschafter übernommenen Geschäftsanteile aus der mit der Anmeldung eingereichten Liste hervorgehen.

Da die Struktur der Anteilseigner transparenter wird, lassen sich Missbräuche wie zum Beispiel Geldwäsche besser verhindern. Das hierdurch geschaffene Vertrauen wirkt sich positiv auf die Geschäftsaussichten der Gesellschaft aus.

Die rechtliche Bedeutung der Gesellschafterliste wird noch in anderer Hinsicht erheblich ausgebaut: Die Gesellschafterliste dient als Anknüpfungspunkt für einen gutgläubigen Erwerb von Geschäftsanteilen. Wer einen Geschäftsanteil erwirbt, soll künftig darauf vertrauen dürfen, dass die in der Gesellschafterliste verzeichnete Person auch wirklich Gesellschafter ist (§ 16 Abs. 3 GmbHG).

Ist eine unrichtige Eintragung in der Gesellschafterliste für mindestens drei Jahre unbeanstandet geblieben, so gilt der Inhalt der Liste dem Erwerber gegenüber als richtig. Entsprechendes gilt für den Fall, dass die Eintragung zwar weniger als drei Jahre unrichtig, die Unrichtigkeit dem wahren Berechtigten aber zuzurechnen ist.

Hinweis

Wird die Pflicht zur Berichtigung der Gesellschafterliste verletzt, haftet der Geschäftsführer persönlich denjenigen, deren Beteiligung sich geändert hat und den GmbH-Gläubigern für den daraus entstehenden Schaden. Da möglicherweise die Gesellschaftsanteile „weg sind", drohen hier erhebliche Haftungsrisiken.

Ist ein GmbH-Anteil mit einem Nießbrauch belastet, besteht ein Recht darauf, den Nießbrauch in der Gesellschafterliste zu vermerken (LG Aachen vom 06.04.2009 – 44 T 1/09).

Wenn man bislang in ein „offizielles" Register, wie z. B. das Handelsregister, eingetragen war, musste man sich nicht nochmals in das Transparenzregister eintragen lassen. Das hat sich geändert. Nach der aktuellen Fassung des Transparenzregister- und Finanzinformationsgesetz (TraFinG) (BGBl 2021 I, S. 2083 ff) ist die Meldung für alle Gesellschaften verpflichtend. Das Transparenzregister wurde zum „Vollregister". Nunmehr muss jede GmbH ihre wirtschaftlich Berechtigten ermitteln und zum Transparenzregister melden.

Wirtschaftlich Berechtigter ist grundsätzlich jede natürliche Person, die unmittelbar oder mittelbar mehr als 25 % der GmbH-Anteile oder der Stimmrechte einer Gesellschaft hält oder auf vergleichbare Weise Kontrolle über die betreffende Gesellschaft ausübt. Gibt es bei einer GmbH keine solche Person, sind grundsätzlich die Mitglieder der Geschäftsführung (= „fiktiv wirtschaftlich Berechtigte") anzugeben. Damit muss bei jeder personellen Veränderung in der Geschäftsführung oder bei den eintragungspflichtigen Daten (z. B. Wohnort oder Nachname) die Eintragung im Transparenzregister aktualisiert werden.

Grundsätzlich gilt: Sämtliche Eintragungen im Transparenzregister müssen aktuell gehalten werden. Änderungen müssen also umgehend gemeldet werden.

4.3.9 Firma der GmbH

Die Firma, also der Name der GmbH oder haftungsbeschränkten Unternehmergesellschaft, besteht aus mehreren Teilen:

- einer Sach-, Personen- oder einer Phantasiebeschreibung,
- dem Rechtsformzusatz und
- eventuellen weiteren Zusatzbezeichnungen.

Die Personenfirma oder Namensfirma leitet sich aus den Namen der Gesellschafter ab (Beispiel: Marius Meier GmbH). Als Gesellschafter dürfen aber namentlich nur Personen genannt werden, die tatsächlich Gesellschafter der GmbH sind. Ausnahme: Die Namen der Gründungsgesellschafter dürfen von Rechts wegen weitergeführt werden, es sei denn, diese wollen aus der Firma getilgt werden.

Die Sachfirma leitet sich aus dem Gegenstand des Unternehmens ab. Das ist zulässig, wenn sie nach ihrer konkreten Ausgestaltung Namensfunktion besitzt, d. h. über die reine Beschreibung einer Tätigkeit oder eines Geschäftsgegenstands hinausgeht.

Die Phantasiefirma ist ein frei wählbares Wörter-, Wort- oder sogar nur Buchstabengebilde. Einzige Einschränkung der Wahlfreiheit ist, dass die Firma „aussprechbar" sein muss.

Es ist auch möglich, die unterschiedlichen Firmenbezeichnungen zu kombinieren, also etwa Personen- oder Sachfirma mit Phantasiefirma oder Personenfirma mit Sachfirma.

Die Rechtsform-Bezeichnung (GmbH) ist zwingender Bestandteil der Firma. Die „Gesellschaft mit beschränkter Haftung" darf auch abgekürzt im Firmennamen erscheinen. Nicht so bei der Unternehmergesellschaft (UG). Bei ihr ist eine Abkürzung des Zusatzes „mit beschränkter Haftung" nicht zulässig. Sie muss firmieren entweder als „Unternehmergesellschaft (haftungsbeschränkt)" oder als „UG (haftungsbeschränkt)". Auch die Firmierung als „Unternehmergesellschaft mit beschränkter Haftung" oder „UG mit beschränkter Haftung" ist möglich, nicht jedoch als UGmbH.

4.3.10 Gestaltung des „Briefbogens" (Geschäftspapiere)

Auf den Briefbogen (= Geschäftspapiere) einer GmbH respektive einer UG sind nach § 35a GmbHG anzugeben:

- Rechtsform der Gesellschaft,
- Sitz der Gesellschaft (Statutarischer Sitz, Verwaltungssitz),
- Inländische Anschrift,
- Registergericht des Sitzes der Gesellschaft,
- Handelsregister-Nummer der Gesellschaft,
- Geschäftsführung, d. h. alle Geschäftsführer mit vollem Namen, also dem Familiennamen und mindestens einem ausgeschriebenen Vornamen und – falls die GmbH einen Aufsichtsrat oder Beirat hat – dessen Vorsitzenden mit Familiennamen und mindestens einem ausgeschriebenen Vornamen.

Als Briefbogen gelten alle Dokumente, die nach außen gelangen – also auch Internet (Homepages) und E-Mails. Immer als Geschäftsbriefe gelten Bestellscheine und Werbeschreiben an namentlich im Anschriftenfeld genannte Personen. Nicht als Geschäftsbriefe gelten Rechnungen, Auftragsbestätigungen, Lieferscheine, Mahnungen, Werbeschreiben, sofern sie nicht personalisiert sind, Wurfsendungen an einen unbestimmten Empfängerkreis, Anzeigen, Schriftverkehr mit eigenen Filialen und Zweigniederlassungen, Schriftverkehr mit eigenen Gesellschaftern, innerbetriebliche Mitteilungen.

Hinweis

Wenn diese Angaben nicht gemacht werden, haftet der Geschäftsführer persönlich, also mit seinem Privatvermögen, weil er einen falschen Rechtschein, nämlich den der unbeschränkten Haftung, erweckt hat. Ganz besonders brisant ist die „Briefbogen-Haftung" wegen des zunehmenden E-Mail- und Fax-Verkehrs sowie der (Firmen-=)Präsenz in den Social Media geworden!

Freiwillige Angaben auf Geschäftsbriefen sind möglich, müssen aber wahr sein:

- Gesellschaftskapital; wenn diese Angabe gemacht wird, muss das Stammkapital im Gesamtbetrag und die ausstehenden Einlagen im Gesamtbetrag angegeben werden
- Kennzeichnung als Geschäftsführungsbogen
- Straßenadresse
- Postfachadresse
- E-Mail-Adresse(n)
- URL (Internet-Homepage)
- Social Media Adressen
- Kontoverbindung(en)
- Telefonnummer(n) mit Durchwahl

Hinweis

Wer E-Mail-Adresse(n) und/oder Internet-Homepage auf den Geschäftspapieren angibt, muss auch dafür sorgen, dass die elektronischen „Briefkästen" regelmäßig geleert werden. Der Grund: Wer seine elektronische Adresse solchermaßen publik machen, kann der Absender von elektronischer Post davon ausgehen, dass sie bei ihm zumindest so behandelt wird, wie die „normale Post", also mindestens einmal ab Tag „abgeholt" wird. Während aber bei Briefen immer noch die Regel „E + 1", also Zugang am Tag nach dem Einwurf in einen Briefkasten gilt, wird bei der elektronischen Post Zugang am selben Tag vermutet.

Als Geschäftsbrief gelten alle ausgehenden schriftlichen Mitteilungen, die an einen bestimmten Empfänger außerhalb der GmbH gerichtet sind und die keine Mitteilungen im Rahmen einer bestehenden Geschäftsverbindung sind.

Hinweis

Natürlich müssen über das GmbHG hinaus auch die übrigen Gesetze beachtet werden, so z. B. die Dienstleistungs-Informationspflichten-Verordnung (DL-InfoV), die für Dienstleister – allerdings gleichgültig, in welcher Rechtsform – zahlreiche Informationspflichten benennt. Die Pflichtangaben nach der DL-InfoV decken sich weitgehend mit den „Allgemeinen Informationspflichten geschäftsmäßiger Telemedien", wie sie in § 5 Telemediengesetz festgelegt sind, also unter anderem:

- Firma mit Rechtsform,
- Anschrift, Telefonnummer und E-Mailadresse oder Faxnummer,
- Umsatzsteuer-Identifikationsnummer,
- Wirtschafts-Identifikationsnummer,
- Angabe von Registergericht und Registernummer,
- bei erlaubnispflichtigen Tätigkeiten: Name und Anschrift der Genehmigungsstelle,
- bei reglementierten Berufen im Sinne der EG-Dienstleistungsrichtlinie: Angaben über die gesetzliche Berufsbezeichnung und den Staat, in dem sie verliehen wurde sowie der zuständigen Kammer, des Berufsverbands etc.,
- Angaben über eine Berufshaftpflichtversicherung,
- Allgemeine Geschäftsbedingungen (AGB) oder andere Vertragsklauseln über das zu Grunde liegende Recht und den Gerichtsstand,
- Garantien, die über die gesetzlichen Gewährleistungsrechte hinausgehen sowie wesentliche Merkmale der angebotenen Dienstleistung, soweit sie sich nicht bereits aus dem Zusammenhang ergeben.

4.3.11 Sitz im Ausland

Schon früher konnten EU-Auslandsgesellschaften nach der grundsätzlichen Bejahung der Niederlassungsfreiheit auch für diese Fälle durch die Rechtsprechung des Europäischen Gerichtshofs („Überseering" EuGH-Urteil vom 05.11.2002 – Rs. C-208/00 und „Inspire Art" EuGH-Urteil vom 30.09.2003 – Rs. C-167/01) ihren Verwaltungssitz in einem anderen Staat – also auch in Deutschland – wählen. Diese Auslandsgesellschaften sind in Deutschland als solche anzuerkennen. Umgekehrt hatten deutsche Gesellschaften diese Möglichkeit früher nicht. Durch die Streichung des alten § 4a Abs. 2 GmbHG ist es nun auch deutschen Gesellschaften ermöglicht worden, einen Verwaltungssitz zu wählen, der nicht notwendigerweise mit dem Satzungssitz übereinstimmt. Dieser Verwaltungssitz kann auch im Ausland liegen.

5 Die „Mini-GmbH“: Unternehmergesellschaft mit beschränkter Haftung

Die haftungsbeschränkte Unternehmergesellschaft (UG) gem. § 5a GmbHG ist eine Einstiegsvariante der GmbH. Die Firmierung muss entweder mit dem Rechtsformzusatz „Unternehmergesellschaft (haftungsbeschränkt)“ oder „UG (haftungsbeschränkt)“ erfolgen. Es ist nicht zulässig, das Wort „haftungsbeschränkt“ abzukürzen. Die Rechtsformbenennungen „UGmbH“ oder „UGhb“ sind also unzulässig.

Trotz der eigenen Kennung handelt es sich bei der Unternehmergesellschaft nicht um eine neue Rechtsform, sondern um eine GmbH. Damit gelten die Grundregeln, die für eine „normale“ GmbH einschlägig sind, auch für die Unternehmergesellschaft mit Ausnahme der ausdrücklichen Sonderregelungen des § 5a GmbHG. Wird die haftungsbeschränkte Unternehmergesellschaft nicht korrekt als solche ausgewiesen, kommt wie bei der „normalen GmbH“ die Rechtsscheinhaftung zum Tragen.

Die haftungsbeschränkte Unternehmergesellschaft kann ohne Einhaltung der Mindeststammkapitalvorschriften gegründet werden, im Extremfall also mit einem einzigen Euro.

Zur Handelsregistereintragung kann die haftungsbeschränkte Unternehmergesellschaft erst dann angemeldet werden, wenn das Stammkapital in voller Höhe einbezahlt ist. Hier sei lediglich der Klarheit halber angemerkt, dass es sich um das in der Satzung vereinbarte Stammkapital handeln muss, das bekanntlich auch ein Euro betragen kann.

Die Forderung nach Einzahlung von mindestens der Hälfte der vereinbarten Stammeinlagen, wie sie auch bei der neuen „normalen GmbH“ besteht, ist bei der Unternehmergesellschaft obsolet, da hier von den Gründern jede beliebige Summe als Stammkapital vereinbart werden kann.

Einlagen müssen in bar erfolgen; Sacheinlagen sind nicht erlaubt.

Die Unternehmergesellschaft darf ihre Gewinne nicht voll ausschütten, sondern muss jeweils ein Viertel des Jahresüberschusses, der um einen möglichen Verlustvortrag aus dem Vorjahr gemindert worden ist, in eine Rücklage einstellen. Diese Rücklage darf nur zur Kapitalerhöhung (aus Gesellschaftsmitteln; § 57c GmbHG) verwendet werden. Wird gegen § 5a Abs. 3 GmbHG verstoßen, ist die Feststellung des Jahresabschlusses nichtig. Hier wird § 256 AktG analog angewendet, ebenso wie § 253 AktG: Der Gewinnverwendungsbeschluss ist also wegen der Nichtigkeit des Jahresabschlusses ebenfalls nichtig. Die Gesellschafter müssen den erhaltenen Gewinn an die Unternehmergesellschaft zurückzahlen.

Hinweis

Es bleibt natürlich auch dem Gesellschafter-Geschäftsführer einer haftungsbeschränkten Unternehmergesellschaft unbenommen, sich für seine Tätigkeit entlohnen zu lassen. Es sollte wegen des Verbots der vollständigen Gewinnausschüttung auf der einen Seite darauf geachtet werden, dass das Geschäftsführer-Entgelt den privaten Bedarf deckt. Andererseits sollte das Entgelt aber nicht so hoch sein, dass die Gesellschaftsgewinne nur wegen der Geschäftsführerentlohnung gegen Null oder sogar ins Negative laufen. Diese Vorgehensweise wird einmal steuerliche Konsequenzen wegen der Angemessenheit des Entgelts nach dem Fremdvergleich nach sich ziehen. Inwieweit hier die steuerliche Nichtanerkennung von einem Teil der Betriebsausgaben Rückwirkungen auf die Handelsbilanz und die Korrektur der Rücklagenzuführungen haben wird, darf im Moment noch als ungelöstes Problem angesehen werden.

Abzuwarten bleibt auch die mögliche Reaktion von Zivilgerichten auf den bewussten Verzicht auf Gewinnausweis mittels überhöhter Gesellschafter-Geschäftsführer-Entgelte einer haftungsbeschränkten Unternehmergesellschaft. Denn auf diese Art und Weise kann auf Jahre hinaus der Gläubigerschutz ad absurdum geführt werden.

Ein überhöhtes Gesellschafter-Geschäftsführer-Gehalt ist mit Sicherheit auch für die potenziellen Fremdkapitalgeber (Stichwort Rating) problematisch.

So soll die „Mini-GmbH" sukzessive Kapital ansparen können, bis sie das Mindeststammkapital der „normalen GmbH" (= 25.000 Euro) erreicht hat.

Nach dem Wortlaut des § 5a Abs. 3 GmbHG ist sie, solange sie als Unternehmergesellschaft besteht, ohne Zeit- und Betragslimit verpflichtet, ein Viertel ihres um einen Verlustvortrag aus dem Vorjahr geminderten Jahresüberschusses in die gesetzliche Rücklage einzustellen.

Erst wenn die Gesellschaft ihr Stammkapital soweit erhöht hat, dass es den Betrag des Mindeststammkapitals nach § 5 Abs. 1 GmbHG erreicht hat, und dieses Stammkapital ins Handelsregister eingetragen ist, gilt die Pflicht zur Bildung der gesetzlichen Rücklage nicht mehr.

Die Gesellschaft kann die Rücklage in Stammkapital umwandeln, aber sie muss es nicht. Wie sie das Mindeststammkapital erbringt, ob durch „Ansparen" von Eigenmitteln und anschließender Kapitalerhöhung aus Gesellschaftsmitteln oder durch Einlagen der Gesellschafter, ist gleichgültig. Der Teil der Rücklage, der nicht zur Erhöhung des Stammkapitals auf die Mindesthöhe verwendet wird, kann aufgelöst werden. Ob er dann weiterhin im Unternehmen belassen wird, oder ob er an den oder die Gesellschafter ausgeschüttet werden wird, ist eine rein unternehmerische Entscheidung.

Hat die Unternehmergesellschaft mindestens 25.000 Euro eingetragenes Stammkapital, kann sie „umfirmieren" zur „normalen GmbH" nach § 4 GmbHG, eine Umwandlung ist nicht erforderlich. Sie kann aber auch weiterhin mit dem Rechtsformzusatz „haftungsbeschränkte Unternehmergesellschaft" firmieren. Ob die dauernde Beibehaltung der Unternehmergesellschaft angeraten erscheint, darf – allerdings nicht aus rechtlichen, sondern eher psychologischen Gründen – bezweifelt werden.

Rechtlich ist ja auch die Unternehmergesellschaft eine GmbH, wenn auch im „Mini-Format“. Die interessierte Öffentlichkeit kann die Höhe des Stammkapitals aus den Handelsregistereintragungen erfahren.

Natürlich kann sich auch Kapital über die 25.000 Euro-Marge hinaus in dieser Rücklage ansammeln. Da aber die Rücklage ausschließlich für Kapitalerhöhungen verwendet werden darf, ist sie für den oder die Gesellschafter wertlos. Würde sich eine Unternehmergesellschaft vor der Umwandlung des Rücklagenbetrags in eingetragenes Stammkapital freiwillig oder unfreiwillig auflösen, müsste das Geld in der Rücklage wie Stammkapital zur Gläubigerbefriedigung verwendet werden.

Droht der Mini-GmbH Zahlungsunfähigkeit muss der Geschäftsführer die Gesellschafterversammlung unverzüglich einberufen. Hier ist die Regelung strenger als bei der „normalen GmbH“ (§ 49 Abs. 3 GmbHG), bei der erst beim Verlust der Hälfte des Stammkapitals die Gesellschafter unverzüglich einzuberufen sind.

6 Rechte und Pflichten von GmbH-Gesellschaftern

Die „vornehmste" Pflicht eines GmbH-Gesellschafters ist die, „seine" Gesellschaft mit dem gesetzlich notwendigen Mindestkapital oder dem satzungsmäßig vereinbarten Kapital auszustatten. Des Weiteren hat einmal im Jahr eine Gesellschafterversammlung stattzufinden, auf der der Jahresabschluss genehmigt und in aller Regel die Geschäftsführung entlastet wird. Jegliche weitere Tätigkeit eines Gesellschafters für die GmbH ist „freiwillig" und sollte zur eigenen Sicherheit vertraglich vereinbart werden.

6.1 Gesellschafterversammlungen

Eine ordentliche Gesellschafterversammlung ist eine, die zu den in der Satzung vorgesehenen „regelmäßigen" Anlässen erfolgt. Die Gesellschafterversammlung muss nicht „körperlich" stattfinden, die Beschlussfassung kann auch in Textform (§ 126b BGB) erfolgen.

Auch bei Einpersonen-GmbHs gibt es „Gesellschafterversammlungen". Deren Ergebnisse nennt man üblicherweise nicht „Beschlüsse", sondern „Entschlüsse", die rechtliche Qualität aber ist dieselbe. Naturgemäß werden solche Entschlüsse aber nicht angefochten. In einer Einpersonen-GmbH gibt es eine zusätzliche Pflicht: Unmittelbar nach der „Versammlung" ist ein Protokoll zu fertigen und zu unterschreiben (§ 48 Abs. 3 GmbHG).

6.1.1 Das Stimmrecht auf einer ordentlichen Gesellschafterversammlung

Die Gesellschafterversammlung ist das oberste Willensbildungsorgan der GmbH. Die Beschlüsse, die auf ihr gefasst werden, sind bindend. Entscheidend dafür, ob Beschlüsse wirksam zustande kommen oder nicht, sind die in der Satzung vorgeschriebenen Mehrheiten für Beschlüsse. Diese Mehrheiten können unterschiedlich festgeschrieben werden, je nachdem, ob es sich um weniger bedeutende oder für die

GmbH elementare Beschlüsse handelt. Schweigt die Satzung, greifen die Vorschriften des GmbH-Gesetzes. Dann werden „gewöhnliche" Beschlüsse mit einfacher, satzungsändernde Beschlüsse mit ¾-Mehrheit gefasst.

Ist nichts anderes in der Satzung festgelegt, gewährt jeder Euro eines Geschäftsanteils eine Stimme (§ 47 Abs. 2 GmbHG).

Das Stimmrecht ist ein Mitgliedschaftsrecht. Demzufolge kann es auch nicht übertragen werden, ohne dass gleichzeitig der GmbH-Anteil übertragen wird. Ein GmbH-Anteil kann nur durch notariellen Vertrag übertragen werden. Wird ein GmbH-Anteil anderen Personen als Pfand oder zum Nießbrauch überlassen, wird das Stimmrecht nicht übertragen.

An der Gesellschafterversammlung einer GmbH dürfen grundsätzlich nur die Gesellschafter teilnehmen. Nur sie sind stimmberechtigt. Ausnahmen:

- Die Gesellschafter erlauben dem Geschäftsführer, der nicht gleichzeitig auch Gesellschafter ist, die Teilnahme – entweder ganz oder bei bestimmten Punkten.
- Die Gesellschafter bringen Sachverständige zu besonders schwierigen Beratungen mit. Wenn diese Sachverständigen nicht von Berufs wegen zur Verschwiegenheit verpflichtet sind, muss die Satzung darüber Auskunft geben, ob sie zugelassen werden können, ob die anderen Gesellschafter ein Widerspruchsrecht haben und ob die Sachverständigen zur Verschwiegenheit verpflichtet werden müssen.
- Ein Gesellschafter schickt einen Bevollmächtigten. Die Vollmacht muss in Textform erteilt werden (§ 47 Abs. 3 GmbHG und § 126b BGB). Der Textform entspricht jede lesbare, dauerhafte Erklärung, in der der Ersteller der entsprechenden Urkunde genannt wird und aus der „durch Nachbildung der Namensunterschrift oder anders" der Abschluss der Erklärung hervorgeht und erkennbar ist, dass und wo die Erklärung abgegeben wurde. Die Satzung kann aber ver-

schärfend vorschreiben, dass eine Vollmacht in Schriftform (§ 126 BGB) vorgelegt werden muss. Dann sind Vollmachten per Fax und/ oder E-Mail nicht gültig, sie müssen dann im Original vorliegen.

- Einer bestimmten Person werden Sonderrechte zur Teilnahme an den Gesellschafterversammlungen eingeräumt. Diese Möglichkeit sollte durch die Satzung gedeckt sein.

Ein Gesellschafter kann auch dann selbst an der Gesellschafterversammlung teilnehmen, wenn er einen Bevollmächtigten bestellt hat. Aber: Dann darf er selbst nicht mitstimmen. Denn ein Bevollmächtigter hat immer die ganze Stimme des Gesellschafters, der ihn bevollmächtigt hat. Es ist nicht machbar, dass der Bevollmächtigte nur einen Teil der Stimme für den Gesellschafter abgibt und der Gesellschafter den übrigen Teil selbst ausübt. Ausnahme: Der Gesellschafter hat mehrere Geschäftsanteile und damit mehrere Stimmen, die nicht zu einem einheitlichen Geschäftsanteil gehören. Dann kann der Gesellschafter sein gesamtes Stimmrecht aufteilen und seinen Bevollmächtigten mit dem Stimmrecht für einen Geschäftsanteil ausstatten.

Es ist zulässig, die Stimme zu binden. Der Gesellschafter kann also – in seiner Vereinbarung mit dem Bevollmächtigten – diesem bei der Stimmabgabe völlig freie Hand lassen, ihm einen Rahmen stecken, innerhalb dessen er zustimmen kann oder zu einem ganz bestimmten Stimmverhalten zwingen. Die Zulässigkeit einer Stimmrechtsbindung setzt voraus, dass diese nicht zum Schaden der Gesellschaft erfolgt. Ist dies der Fall, kann eine Stimmrechtsbindung treuwidrig sein (OLG Stuttgart vom 08.10.1999 – 20 U 59/99). Verstößt der Bevollmächtigte dann gegen diese Vereinbarung, ist seine Stimmabgabe dennoch gültig – es sei denn, aus der Vollmacht ergibt sich etwas anderes. Der Gesellschafter aber kann den Bevollmächtigten dann zum Ersatz des ihm möglicherweise entstandenen Schadens heranziehen.

Wenn mehreren Personen ein und derselbe GmbH-Anteil gehört, können zwar alle „Mit-Gesellschafter" an der Gesellschafterversammlung teilnehmen. Allerdings muss die Willensbildung einheitlich erfolgen. Da die Gesamthandsgemeinschaft der GmbH gegenüber nur über die Stimme verfügt, die aus dem Geschäftsanteil resultiert, kann das Stimmrecht nicht gesplittet werden, es muss einheitlich für alle Gesamthandsmitglieder ausgeübt werden.

Stimmrechtsverbote wegen der Abstimmung „in eigener Sache“ (§ 47 Abs. 4 GmbHG) können nicht dadurch ausgehebelt werden, dass ein Bevollmächtigter bestellt wird. Auch dieser ist dann von der Stimmrechtsabgabe ausgeschlossen, soweit es sich um die Wahrnehmung der Stimmabgabe „in eigener Sache des Gesellschafters“ handelt.

6.1.2 Nichtigkeitserklärungen und Anfechtung von Beschlüssen

Im GmbH-Gesetz sucht man vergebens danach, wie zu verfahren ist, wenn ein Beschluss nicht recht- oder satzungsmäßig zustande gekommen ist. In solchen Fällen finden die Vorschriften des Aktienrechts über Nichtigkeit und Anfechtbarkeit entsprechende Anwendung (§§ 241 ff. AktG).

Es wird unterschieden zwischen Beschlüssen, die

- zunächst wirksam, aber anfechtbar sind. Werden sie nicht angefochten, bleiben sie wirksam. Werden sie durch Klage erfolgreich angefochten, wird ihre Wirksamkeit ex tunc, also ab dem Zeitpunkt der Beschlussfassung aufgehoben. Lediglich bei Dauerschuld wird die Wirksamkeit ex nunc, also ab dem Zeitpunkt der erfolgreichen Anfechtung, aufgehoben. Bei nicht erfolgreicher Anfechtung bleiben sie ebenfalls weiter wirksam.
- von vornherein, von ex tunc, keine Wirksamkeit entfalten dürfen, weil sie nichtig sind. Ob dies der Fall ist, kann durch eine Nichtigkeitsklage festgestellt werden.

Hinweis

Da es für die Wirksamkeit des Beschlusses entscheidend ist, ob ein Beschluss „nur" anfechtbar oder gar nichtig ist, können Sie bei Gericht beide Klageanträge (Anfechtungsklage und Nichtigkeitsklage) stellen. Das geschieht meist im Wege des Hilfsantrags (= „... hilfsweise wird beantragt ...).

Nichtig sind Beschlüsse, die schwere Mängel aufweisen. Was solche schweren Mängel sind, wird in § 241 AktG abschließend aufgezählt. Es sind beispielsweise:

- Einberufungsmängel, § 241 Nr. 1 AktG analog,
- Nichtbeurkundung beurkundungsbedürftiger Beschlüsse, § 241 Nr. 2 AktG analog,
- Verstoß gegen zwingende Bestimmungen des GmbHG oder anderer Gesetze, § 241 Nr. 3 AktG analog,
- Sittenverstoß nach § 138 BGB, § 241 Nr. 4 AktG analog,
- § 57 j GmbHG, Verteilung der Geschäftsanteile.

Anfechtungsgründe gibt es viele – man kann sie nicht abschließend aufzählen. Grob einteilen lassen sich die Anfechtungsgründe in Mängel des Verfahrens oder des Inhalts. Als Verfahrensmangel (formeller Mangel) gilt es beispielsweise, dass nicht fristgemäß eingeladen wurde, oder dass keine vollständige Tagesordnung der Einladung beigefügt wurde, oder dass nicht alle Gesellschafter eingeladen wurden. Inhaltlich mangelhaft sind solche Beschlüsse, die gegen das GmbH-Gesetz, die Satzung der GmbH, gegen ihren Geschäftszweck oder gegen die Treuepflichten der Gesellschafter (Erlangung von ungerechtfertigten Sondervorteilen) verstoßen. Diese Beschlüsse sind rechtsfehlerhaft im Sinne des § 243 AktG und deshalb anfechtbar. Weitere besondere Anfechtungsgründe enthalten die §§ 254, 255, 257 AktG, also Beschlüsse über die Verwendung des Bilanzgewinns, die Kapitalerhöhung unter

Ausschluss des Bezugsrechts, sowie die Feststellung des Jahresabschlusses.

Hinweis

Unterscheiden Sie nichtige oder anfechtbare Beschlüsse von unwirksamen Beschlüssen. Ein solcher ist fehlerfrei zustande gekommen, muss aber noch eine weitere „Hürde“ nehmen, um wirksam zu werden. Diese „Hürde“ kann z. B. die Eintragung ins Handelsregister sein oder eine noch einzuholende Zustimmung eines Dritten. Bis die „Hürde“ beseitigt ist, ist ein solcher Beschluss schwebend unwirksam.

Nicht angefochten werden können Beschlüsse,

- bei denen der Anfechtungsgrund für das Beschlussergebnis nicht kausal war. Beispiel: Eine Einladung zur Gesellschafterversammlung ist entgegen § 51 Abs. 1 GmbHG nicht durch eingeschriebenen Brief erfolgt, hat aber dennoch alle Gesellschafter tatsächlich erreicht;
- die geheilt worden sind;
- die in einer erneuten fehlerfreien Beschlussfassung bestätigt worden sind;
- bei denen die Klage darauf zielt, die GmbH zu einer Leistung zu veranlassen, auf die kein Anspruch besteht;
- die verfristet sind, bei denen also eine angemessene Frist (= in der Regel ein Monat analog § 246 Abs. 1 AktG) seit der Beschlussfassung verstrichen ist.

Für Anfechtungs- und Nichtigkeitsklage gilt:

- Generell sind die Regeln des Aktiengesetzes analog anwendbar.
- Voraussetzung für die Erhebung einer Anfechtungsklage ist die

Feststellung des Beschlusses (Feststellungsbeschluss), der inhaltlich vorliegt, wenn in der Gesellschafterversammlung Einigkeit über das Abstimmungsergebnis und Wirksamkeit des sachlich gefassten Beschlusses besteht.

- Zuständig für die Klagen ist das Landgericht am Sitz der Gesellschaft.
- Die Geschäftsführer haben die Gesellschafter unverzüglich über die Klagerhebung zu informieren.
- Klagebefugt sind die Gesellschafter, der Testamentsvollstrecker, der Insolvenzverwalter.
- Richtiger Beklagter ist die GmbH.

Hinweis

Damit niemand einen angefochtenen Gesellschafterbeschluss während der Anfechtung ausführt und so Tatsachen schafft, die möglicherweise nicht mehr zu beseitigen sind, sollte der klagende Gesellschafter eine einstweilige Verfügung erwirken, die der GmbH und ihrer Geschäftsführung untersagt, den zwar noch wirksamen, aber angefochtenen Beschluss durchzuführen.

Führt ein Geschäftsführer einen Beschluss, von dem er weiß, dass er angefochten ist oder bestimmt angefochten werden wird, dennoch aus, macht er sich den betroffenen Gesellschaftern gegenüber schadenersatzpflichtig.

6.1.3 Die Einberufung von außerordentlichen Gesellschafterversammlungen

Eine außerordentliche Gesellschafterversammlung erfolgt außerhalb der in der Satzung genannten „regelmäßigen" Gründe. Die Satzung selbst kann Gründe für die Einberufung einer außerordentlichen Gesellschafterversammlung vorsehen. Darüber hinaus beschreibt § 49 GmbHG zwingende Einberufungsgründe, nämlich wenn die Einberufung im Interesse der Gesellschaft erforderlich ist, oder wenn sich aus der Bilanz ergibt, dass die Hälfte des Stammkapitals verloren ist.

Nach § 50 Abs. 3 GmbHG können Gesellschafter, die zusammen mindestens 10 % der Anteile halten, eine Gesellschafterversammlung selbst einberufen. Voraussetzung ist, dass diese Minderheitengesellschafter zuvor dem Geschäftsführer oder demjenigen, der laut Satzung zur Einberufung von Gesellschafterversammlungen berechtigt oder verpflichtet ist, Zweck und Grund der Gesellschafterversammlung genannt haben, er sich aber geweigert hat, eine Versammlung einzuberufen. Natürlich müssen die einberufungswilligen Minderheitengesellschafter dem zur Einberufung Berechtigten eine angemessene Frist lassen, damit er ihre Bitte prüfen und ihr entsprechen kann. Eine solche angemessene Frist beträgt üblicherweise einen Monat. Reagiert der zur Einberufung Berechtigte nicht innerhalb dieses Monats, können die Minderheitengesellschafter zur Selbsthilfe greifen und eine außerordentliche Gesellschafterversammlung einberufen.

Was vorstehend zur Anfechtbarkeit oder Nichtigkeit von Beschlüssen bei formellen Mängeln der Einladung zu (ordentlichen) Gesellschafterversammlungen gesagt wurde, gilt auch für die Einberufung einer außerordentlichen Gesellschafterversammlung, die in aller Regel aus wichtigem Grund erfolgt. Was ein wichtiger Grund ist, richtet sich nicht nur nach dem GmbH-Gesetz, sondern vor allem nach der individuellen Satzung der GmbH. Hilfreich ist es, wenn die Satzung vorsieht, dass z. B. in besonderen Eilfällen Gesellschafterversammlungen mit einer Frist von mindestens 24 Stunden einberufen werden können. Der besondere wichtige Grund, der die beschleunigte Beschlussfassung erforderlich macht, ist in der Einladung anzugeben. Die Einberufungsfrist beginnt insoweit mit dem Zugang bei dem Gesellschafter.

6.2 Gesellschafterrechte gegenüber der GmbH-Geschäftsführung

„Wer bezahlt, bestimmt, was die Musik spielt!“ So oder zumindest so ähnlich ist der Gedanke, der dem GmbH-Gesetz zugrunde liegt. Deshalb hat die Gesellschafterversammlung das Recht, die Geschäftsführung anzuweisen.

6.2.1 Das Weisungsrecht gegenüber der Geschäftsführung

Weder einzelne Gesellschafter noch ein Mehrheitsgesellschafter können der Geschäftsführung Anweisungen geben. Damit eine Weisung vom Geschäftsführer befolgt werden muss, ist ein wirksamer Gesellschafterbeschluss notwendig. Ausnahme: Die GmbH hat nur einen einzigen Gesellschafter, dessen Entschluss aber sofort danach protokolliert und unterschrieben werden muss (§ 48 Abs. 3 GmbHG). Handelt der Geschäftsführer auf Anweisung, kann er nicht für den möglichen Schaden, der durch die Handlung entsteht, schadenersatzpflichtig gemacht werden.

Grundsätzlich haben die Gesellschafter das Recht, dass die Geschäftsführung ihren Weisungen selbst dann folgt, wenn sie diese für unsinnig hält. Ausnahme von der Befolgungspflicht: Die Weisung ist gesetzeswidrig und damit nichtig. Soll also beispielsweise unerlaubterweise Stammkapital an die Gesellschafter zurückgezahlt werden, darf der Geschäftsführer diesen „Beschluss“ nicht befolgen. Er muss sich in einem solchen Fall weigern. Befolgt er die gesetzeswidrige Anweisung, macht er sich den GmbH-Gläubigern gegenüber schadenersatzpflichtig. Ebenfalls nicht befolgt werden dürfen Beschlüsse, mit denen dem Geschäftsführer „untersagt“ wird, Insolvenzantrag zu stellen, obwohl die Gründe dafür gegeben sind. Auch Beschlüsse, mit denen der Geschäftsführer „angewiesen“ wird, beispielsweise Geschäftspartner zu bestechen, gegen Umweltschutzbestimmungen zu verstoßen oder bei Steuerhinterziehung „mitzuspielen“, dürfen nicht befolgt werden.

Werden dem Geschäftsführer Weisungen erteilt, die der GmbH-Satzung widersprechen, muss geprüft werden, ob der Beschluss nichtig oder anfechtbar ist. Ist er nichtig, darf er ihn gar nicht befolgen, ohne sich selbst schadenersatzpflichtig zu machen. Ist er anfechtbar, muss er abwarten, bis er bestandskräftig wird oder sonst wie geheilt wurde.

6.2.2 Das Recht auf Verweigerung der Entlastung

Mit der Entlastung billigen die GmbH-Gesellschafter die Art und Weise, wie die Geschäftsführer die Geschäfte geführt haben und verzichten für den Entlastungszeitraum auch auf die Geltendmachung möglicher Schadenersatzansprüche. Sie verzichten mit der Entlastung auch darauf, mögliche Kündigungsgründe dem Geschäftsführer gegenüber geltend zu machen. Mit der Entlastung sprechen die Gesellschafter dem Geschäftsführer das Vertrauen für die Zukunft aus.

Hinweis

Gesellschafter-Geschäftsführer sind in der Gesellschafterversammlung, in der es um ihre Entlastung geht, in diesem Punkt nicht stimmberechtigt.

Geschäftsführer haben keinen Rechtsanspruch auf Entlastung. Sie können deshalb die Gesellschafter nicht zwingen – auch nicht gerichtlich – sie zu entlasten. Der Grund: Kein Richter kann beurteilen, ob GmbH-Geschäftsführer die Geschäfte tatsächlich zweckmäßig, ordentlich und erfolgreich geführt haben. Das können nur die Gesellschafter. Ferner bedeutet die Entlastung auch, dass die Gesellschafter dem Geschäftsführer für seine weitere Tätigkeit Vertrauen aussprechen und das Vertrauen dadurch auch bekunden, dass sie ihn weiter mit der Geschäftsführung beauftragen.

Wird die Entlastung verweigert, kann der Geschäftsführer sein Amt (auch fristlos) niederlegen. Mit der Amtsniederlegung ist in aller Regel auch eine Kündigung des Anstellungsvertrags verbunden. Falls nicht, könnte die Amtsniederlegung den Gesellschaftern einen Grund geben, den Geschäftsführer fristlos aus wichtigem Grund zu kündigen. Wenn die Entlastung „willkürlich“ oder gar „böswillig“ verweigert wird, kann der Geschäftsführer der GmbH gegenüber Schadenersatz geltend machen.

Mit der Entlastung verzichten die Gesellschafter nicht auf sämtliche Rechte gegenüber dem Geschäftsführer. Die Gesellschafter behalten immer das Recht auf Kündigung und Schadenersatz, wenn es um nicht ersichtliche Fehlhandlungen des GmbH-Geschäftsführers geht. Auch das Recht auf Abberufung bleibt unberührt von Entlastungen. Hat aber mindestens ein Gesellschafter (selbst „ nur“ privat) von Fehlhandlungen des GmbH-Geschäftsführers Kenntnis erlangt und entlastet ihn trotzdem, so gilt das Fehlverhalten als entschuldigt. Dieser Gesellschafter muss aber die anderen Gesellschafter von seinen Kenntnissen unterrichten: Das erfordert die gegenseitige Treuepflicht der Gesellschafter untereinander.

Hinweis

Kann oder soll ein Geschäftsführer nicht entlastet werden, weil die Gesellschafter kein Vertrauen mehr haben, soll er aber dennoch von der Vergangenheit „unbelastet“ sein, bietet sich eine Generalbereinigung, eine Art „Kehraus“ an. Die Generalbereinigung muss streng von der Entlastung unterschieden werden. Sie ist ein Vertrag zwischen den Gesellschaftern und dem Geschäftsführer. Generalbereinigung kann den Verzicht auf alle denkbaren Ersatzansprüche umfassen, unabhängig davon, ob sie überhaupt erkennbar waren. Die Grenze findet der Vertrag über eine Generalbereinigung dort, wo Gläubigerschutzvorschriften oder das Gesetz berührt werden.

6.2.3 Das Recht auf Ressort-Einteilung

Haben mehrere Geschäftsführer ihre Aufgabenbereiche untereinander aufgeteilt, haften sie dennoch solidarisch. Um hier das Haftungsrisiko zu mindern, müssen sie sich gegenseitig unbedingt umfassend, regelmäßig und zeitnah informieren. Dass GmbH-Geschäftsführer untereinander die Geschäfte aufteilen und nicht immer „alle zusammen“ etwas tun, ist wirtschaftlich sinnvoll. Die Kontrollpflichten für die anderen Bereiche bleiben aber bestehen.

Nur wenn die Aufteilung mit Zustimmung oder sogar auf Veranlassung der Gesellschafter vorgenommen worden ist, haftet ein Geschäftsführer im Innenverhältnis nicht für die Bereiche der anderen Geschäftsführer. Damit eine Haftungseinschränkung auf das von den Gesellschaftern zugewiesene Ressort auch im Außenverhältnis greift, muss die Ressortverteilung ins Handelsregister eingetragen werden.

Eine GmbH ist verpflichtet, dem Geschäftsführer die ordnungsgemäße Ausübung seines Amtes zu ermöglichen. Er hat Anspruch auf Unterrichtung über alle Angelegenheiten der GmbH. Das gilt auch, wenn einzelne Ressorts von den Gesellschaftern einzelnen Geschäftsführern zugeteilt werden.

6.3 Informationsrechte des Gesellschafters

Jeder einzelne Gesellschafter hat nach § 51a GmbHG individuelle und unbeschränkte Auskunfts- und Einsichtsrechte. Grundsätzlich hat ein Gesellschafter also – unabhängig von der Entwicklung des Stammkapitals – ein umfassendes Informationsrecht, das der Geschäftsführer ihm gegenüber erfüllen muss, selbst wenn die Satzung hierzu keine weiteren Details festlegt. Das bedeutet, dass jedem Gesellschafter auf Verlangen – und zwar auch außerhalb von Gesellschafterversammlungen – unverzüglich Auskunft über die Angelegenheiten der GmbH zu geben und Einsicht in die Bücher und Schriften zu gestatten ist. Eine Auskunft darf nur verweigert werden, wenn die Gefahr besteht, dass der auskunftsbegehrende Gesellschafter die Auskunft und die Einsicht zu gesellschaftsfremden Zwecken verwendet und der Gesellschaft ein nicht unerheblicher Nachteil zugefügt wird. Die Auskunft muss auf Verlangen über alle Angelegenheiten der GmbH erteilt und die Einsicht in alle Unterlagen gewährt werden. Das Recht ist gegenüber der GmbH geltend zu machen, und zwar durch formlose empfangsbedürftige Erklärung an den Geschäftsführer. Wird weder Auskunft erteilt noch Einsicht gewährt, kann der Gesellschafter sein Recht gerichtlich geltend machen.

Lediglich der aktuelle Gesellschafter hat ein Informationsrecht – dies aber so lange, wie er Gesellschafter ist! Des Weiteren muss ein Informationsbedürfnis vorhanden sein und der Gesellschafter muss den Grundsatz der Verhältnismäßigkeit wahren, darf also weder im Übermaß (Übermaßverbot) noch zur Unzeit Informationen verlangen. Der Gesellschafter muss die Rangordnung von (zunächst) Auskunfts- und (dann) Einsichtsrecht beachten.

Eine rechtswidrige Informationsverweigerung rechtfertigt die Abberufung ebenso wie die fristlose Kündigung des Geschäftsführers.

6.4 Das Recht auf Gewinnausschüttung

Erwirtschaftet eine GmbH in einem Wirtschaftsjahr einen Gewinn, sind zunächst die möglicherweise aufgelaufenen Verlustvorträge ganz oder teilweise zu „tilgen', also auszugleichen. Bleibt dann noch Gewinn „übrig“, kann die Gesellschafterversammlung über dessen Verwendung (Thesaurierung in Form von Gewinnvortrag und/oder Einstellung in eine – steuerfreie und/oder aus versteuertem Gewinn gebildete – Rücklage und/oder Ausschüttung) beschließen wie sie will – es sei denn wiederum, das Gesetz oder die Satzung schreibt eine bestimmte Gewinnverwendung, etwa eine Zuführung in Rücklagen, oder einen von der Beteiligung abweichenden Gewinnverteilungsschlüssel vor.

Hinweis

Beachten Sie, dass bei einer Unternehmergesellschaft (UG) mit beschränkter Haftung von Gesetzes wegen ein Vollausschüttungsverbot herrscht, nicht nur bis das potenzielle Stammkapital in Höhe von 25.000 Euro „angespart“ ist, sondern bis die Unternehmergesellschaft sich „umgewandelt“ hat in eine „richtige“ GmbH. Die Pflicht zur Rücklagenbedienung besteht so lange, wie das Unternehmen als UG firmiert. Die Rücklage, gleichgültig, wie hoch sie ist, darf nur für eine Kapitalerhöhung (auf mindestens 25.000 Euro) verwendet werden.

6.4.1 „Reguläre" Gewinnausschüttungen

Grundsätzlich muss die Geschäftsführung der Gesellschafterversammlung, die den von ihr erstellten Jahresabschluss feststellen soll, einen Vorschlag für die Gewinnverwendung unterbreiten. Ob die Gesellschafterversammlung aber dem Vorschlag der Geschäftsführung folgt, liegt allein in ihrem Ermessen.

Ein von dem oder den Mehrheitsgesellschaftern durchgesetztes „willkürliches“ Ausschüttungsverbot für den gesamten Gewinn, also eine Vollthesaurierung, die nicht nachvollziehbar auf wirtschaftlichen Gründen beruht, treuwidrig sein kann, weil es den oder die Minderheitengesellschafter einkunftslos stellt (BGH vom 21.06.2010 – II ZR 113/09).

Kann der Mitgesellschafter deswegen etwa den zum Anteilskauf aufgenommenen Kredit nicht bedienen, wiegt die Willkür noch schwerer, weil sie als „Rausekeln“ betrachtet werden kann.

Hinweis

Wer eine gleichmäßige Ausschüttungspolitik betreiben will, sollte dafür sorgen, dass Gewinne zumindest teilweise vorgetragen oder in eine Gewinnrücklage eingestellt werden, so dass in „schlechten" Zeiten Gewinnausschüttungspotenzial vorhanden ist. Steuerlich macht dies keinen Unterschied – der Gewinn ist zu versteuern (15 % Körperschaftsteuer plus Solidaritätszuschlag). Mittels eines vorhandenen Gewinnvortrags können entstandene Verluste „elegant" verrechnet werden und dennoch Gewinne ausgeschüttet werden, ohne dass eine Gewinnrücklage aufgelöst werden müsste. Natürlich aber können auch Gewinnrücklagen aufgelöst werden, um die darin „gebunkerten" Gewinne an die Gesellschafter auszuschütten.

Das Kapitalerhaltungsgebot darf durch Gewinnausschüttungen nicht unterlaufen werden. Dies gilt vor allem für verdeckte Gewinnausschüttungen, die als Ausplünderung der GmbH verstanden werden können.

6.4.2 Vorabgewinnausschüttungen

Ist aktuell noch kein Gewinn in der GmbH erwirtschaftet worden, besteht aber die konkrete Aussicht, dass Gewinn erwirtschaftet werden wird, kann dieser erwartete Gewinn ganz oder teilweise vorab an die Gesellschafter ausgeschüttet werden. Vorabausschüttungen können während des laufenden Geschäftsjahres beschlossen und durchgeführt werden, wenn die GmbH ein entsprechendes Vermögen hat, also entweder einen Gewinnvortrag in der Bilanz ausweisen kann; eine nicht satzungsgemäß für bestimmte Ereignisse gebundene Gewinnrücklage passiviert hat oder einen Gewinn im laufenden Geschäftsjahr erwartet. Es ist nicht notwendig, dass Vorabausschüttungen in der Satzung ausdrücklich erwähnt (= Öffnungsklausel) oder gar erlaubt sind. Eine Gesellschafterversammlung kann einen Beschluss mit der dafür in der Satzung vorgesehenen Mehrheit oder – falls diese keine Aussage dazu trifft – gesetzlich bestimmten einfachen Mehrheit über die Vorabausschüttung treffen.

Ist die Vorabausschüttung „versehentlich" zu hoch ausgefallen, kann sie korrigiert werden. Dabei kommt es darauf an, wie der Beschluss über die Vorabausschüttung gefasst worden ist:

- Beruht der Beschluss über die Vorabausschüttung auf der Annahme eines (Handels-)Bilanzgewinns, steht der Gewinnausschüttungsbeschluss unter dem Vorbehalt, dass der Jahresüberschuss zuzüglich eines Gewinnvortrags und/oder einer freie Gewinnrücklage zu einer entsprechenden Ausschüttung ausreichen (§ 29 GmbHG, § 272 HGB). Sind im Beschluss keine Angaben darüber gemacht, wie die Höhe des Gewinns festzustellen sein soll, gilt der Bilanzgewinn als Maßstab.
- Beruht der Gewinnausschüttungsbeschluss dagegen konkret auf einem erwarteten Jahresüberschuss, der aber im Vergleich zum tatsächlich erwirtschafteten Jahresabschluss zu optimistisch, also zu hoch, geschätzt worden war, dann ist die Ausschüttung nur in Höhe des erzielten Jahresüberschusses erfolgt. Dies gilt selbst dann, wenn der Handelsbilanzgewinn (einschließlich Gewinnvortrag oder freie Gewinnrücklage) für die Gewinnausschüttung ausreichen würde. Denn der Vorabgewinnausschüttungsbeschluss steht unter dem Vorbehalt der Erzielung eines bestimmten Jahresüberschusses. Der „überschießende" Betrag ist von den Gesellschaftern an die GmbH zurückzuerstatten. Dazu muss der Gewinnvorabausschüttungsbeschluss noch nicht einmal explizit einen Rückforderungsanspruch der GmbH für den Fall vorsehen, dass das Jahresergebnis später eine Ausschüttung nicht ermöglicht – selbst, wenn dies immer besser ist. Aber selbst ohne weitere Regelung wäre der „zu Unrecht" erhaltene Vorabgewinn wegen ungerechtfertigter Bereicherung (§ 812 BGB) an die GmbH zurückzuzahlen.

Die teilweise Rückgängigmachung der Vorabausschüttung hat eine Korrektur der Abgeltungsteuer zur Folge, wenn die Ausschüttung ins Privatvermögen eines Gesellschafters erfolgt. Wird die Vorabausschüttung rückgängig gemacht, weil kein Gewinn erzielt wurde, so führt das zu einer verdeckten Einlage.

Hinweis

Schon bei den „regulären" Gewinnausschüttungen ist das Kapitalerhaltungsgebot zu beachten. Ihm muss bei Vorabgewinnausschüttungen ein noch größeres Augenmerk geschenkt werden. Wird dies versäumt, kann es zu erheblichen Haftungsproblemen für den Geschäftsführer und/oder die Gesellschafter kommen. Vor allem sind die Vorschriften zu Ausschüttungssperren wegen der geänderten Wertansätze nach dem Bilanzrechtsmodernisierungsgesetze (BilMoG) zu beachten.

6.4.3 Disquotale Gewinnausschüttung

Regelt die Satzung oder – möglichst mit einer darin vorhandenen Öffnungsklausel – ein Gesellschafterbeschluss keine Abweichungen, ist ein zur Ausschüttung bestimmter Gewinn nach § 29 Abs. 3 Satz 1 GmbHG grundsätzlich nach dem Verhältnis der nominellen Gesellschafterbeteiligung am Stammkapital zu verteilen.

Die Satzung kann aber Abweichungen von dieser Grundregel zulassen (§ 29 Abs. 3 Satz 2 GmbHG). In diesem Fall spricht man von inkongruenten oder disquotalen Gewinnausschüttungen. Ein möglicher disquotaler Gewinnverteilungsschlüssel kann etwa auf das Verhältnis der tatsächlich geleisteten Einlagen abstellen oder bestimmten Anteilseignern eine Vorzugsdividende zugestehen.

Hinweis

Der BFH hat (Urteil vom 19.08.1999 – I 77/96) entschieden, dass von den Beteiligungsverhältnissen abweichende inkongruente Gewinnausschüttungen und inkongruente Wiedereinlagen steuerrechtlich anzuerkennen sind und grundsätzlich auch dann keinen Gestaltungsmissbrauch im Sinne des § 42 AO darstellen, wenn andere als steuerliche Gründe für solche Maßnahmen nicht erkennbar sind. Dieses Urteil wird von der Finanzverwaltung nicht über den entschiedenen Einzelfall hinaus angewendet (Nichtanwendungserlass des BMF vom 07.12.2000 – IV A 2 – S 2810 – 4/00, BStBl I 2001, 47). Aber auch nach Auffassung der Finanzverwaltung sind Ausnahmen denkbar, bei denen eine inkongruente Gewinnausschüttung steuerlich anzuerkennen sein kann, etwa wenn besondere Leistungen eines oder mehrerer Gesellschafter für die Kapitalgesellschaft die Ursache für die disquotale Gewinnverteilung sind.

Beachten Sie, dass dann, wenn keine wirtschaftlich beachtlichen Gesellschafterleistungen vorliegen, die nach Auffassung der Finanzverwaltung eine vom gesetzlichen Verteilungsschlüssel abweichende Gewinnausschüttung zulassen, die Ausschüttungen den Gesellschaftern im Verhältnis ihrer Beteiligung am Stammkapital der GmbH zuzurechnen sind. Sprechen Sie hier unbedingt mit Ihrem Steuerberater, bevor Sie Beschlüsse zur abweichenden Ausschüttung fassen.

6.4.4 Formen und Fristen für Gewinnverwendungsbeschlüsse

Gewinnverwendungsbeschlüsse werden meist nach einem Vorschlag der Geschäftsführung im Rahmen der – körperlich durchgeführten – Gesellschafterversammlung beschlossen, die den Jahresabschluss feststellt. Das muss aber nicht so sein. Es können auch andere Formen der Beschlussfassung gewählt werden, wenn die Satzung das zulässt.

Die Gesellschafter sind verpflichtet, den Jahresabschluss jährlich festzustellen und dabei einen Beschluss über die Ergebnisverwendung zu treffen. Für kleine GmbHs gilt dafür eine zwingend einzuhaltende Frist von elf Monaten nach Ende des Wirtschaftsjahrs, bei mittelgroßen und großen GmbHs sind es acht Monate.

6.4.5 Überblicke über die steuerlichen Folgen einer Ausschüttung

Welche steuerlichen Folgen eine Ausschüttung – gleichgültig, ob offen oder verdeckt – hat, hängt von der Person des empfangenen Gesellschafters ab. Ist er eine (weitere) Kapitalgesellschaft, also z. B. eine AG oder GmbH, erfolgt die Ausschüttung zu 95 % steuerfrei. Ausnahme: Es handelt sich um Streubesitz, denn dann ist die Ausschüttung steuerpflichtig.

Erfolgt die Ausschüttung dagegen in das Vermögen einer natürlichen Person, kann diese – wenn die übrigen Voraussetzungen gegeben sind – wählen zwischen der Abgeltungsteuer (25 % plus Solidaritätszuschlag plus mögliche Kirchensteuer) und Teileinkünfteverfahren (60 % steuerpflichtig zu 40 % steuerfrei).

Hinweis

Sprechen Sie hier mit Ihrem Steuerberater über die Wahl des für Sie günstigsten Versteuerungsverfahrens. Dies gilt vor allem dann, wenn sie hohe Werbungskosten haben. Denn während bei der Abgeltungsteuer über die Pauschale hinaus keine individuellen Werbungskosten geltend gemacht werden können, werden beim Teileinkünfteverfahren 60 % der individuellen Werbungskosten steuermindernd berücksichtigt.

6.5 Das Recht auf Anteilsübertragung

GmbH-Anteile können frei veräußert und vererbt werden. Es können aber auch in der Satzung der GmbH Restriktionen vereinbart werden, die der Gesellschafter beachten muss, da ansonsten die Anteile nicht wirksam übertragen werden können.

6.5.1 Verkauf der Anteile

Der Verkauf und die Abtretungsvereinbarung müssen notariell beurkundet werden (§ 15 Abs. 3, 4 GmbHG). Die Abtretung ist nichtig, wenn die Formvorschrift missachtet wird. Wird der Verpflichtungsvertrag nicht notariell beurkundet, ist er ebenfalls nichtig. Die Nichtigkeit kann jedoch durch eine formgerechte Abtretung geheilt werden.

Es ist zulässig – und in Familien-GmbHs etwa – auch durchaus häufig, dass die GmbH-Satzung die freie Übertragbarkeit der Anteile einschränkt. Dabei gibt es mehrere Möglichkeiten der zulässigen Beschränkung:

- Vereinbarung eines Vorkaufsrechts der GmbH selbst, eines oder bestimmter oder aller (anderen) Gesellschafter;
- Ausschluss bestimmter Käufer (Firmen, Firmengruppen, Personen);
- Vereinbarung, dass die GmbH oder die Gesellschafterversammlung dem Verkauf zustimmen müssen.

Beachtet der verkaufende Gesellschafter diese Restriktionen nicht, ist der Verkauf entweder ungültig, muss also rückgängig gemacht werden oder schwebend unwirksam, bis die GmbH respektive die Gesellschafterversammlung ihre Einwilligung gegeben hat. Falls sie nicht einwilligt, ist die Abtretung der GmbH-Anteile unwirksam.

Der Verkauf von Geschäftsanteilen kann steuerliche Konsequenzen nach sich ziehen. Gehörte die Beteiligung zu einem Betriebsvermögen des Verkäufers, ist der Verkaufsgewinn immer steuerpflichtig. Befand sich der Anteil dagegen im Privatvermögen, ist der Gewinn nur dann steuerpflichtig, wenn es sich um ein „privates Veräußerungsgeschäft" (§ 23 EStG) handelt oder der Verkäufer innerhalb der letzten fünf Jahre vor der Veräußerung unmittelbar oder mittelbar zu mindestens 1 % beteiligt war (§ 17 EStG).

6.5.2 Vererben des Anteils

Geschäftsanteile sind vererblich (§ 15 Abs. 1 GmbHG). Es richtet sich zwingend nach dem Erbrecht, wer Erbe wird.

Der Bestand der GmbH wird also ebenso wenig wie der Bestand des Geschäftsanteils dadurch gefährdet, dass ein Gesellschafter stirbt. Im Fall des Todes des Gesellschafters geht also sein Geschäftsanteil mit allen Rechten und Pflichten im Wege der gesetzlichen Erbfolge oder – sofern ein Erbvertrag geschlossen wurde oder ein Testament verfasst wurde – im Weg der gewillkürten Erbfolge auf die Erben des verstorbenen Gesellschafters über, ohne dass es einer besonderen Abtretung bedarf (§ 16 GmbHG). Ausgenommen von dem automatischen Übergang sind höchstpersönliche Rechte wie etwa eine Befugnis zur Geschäftsführung, die nicht mit dem Geschäftsanteil, sondern mit der Person des verstorbenen Gesellschafters zusammenhingen.

Hinweis

Die Vererblichkeit des Geschäftsanteils kann weder ausgeschlossen noch beschränkt werden. Die Satzung der GmbH kann allerdings vorsehen, dass (bestimmte) Erben oder Erbengemeinschaften nicht Gesellschafter der GmbH bleiben dürfen. In solchen Fällen sind die Erben abzufinden. Es ist ratsam, die Höhe der Abfindung für einen solchen Fall ebenfalls bereits in der Satzung festzulegen. Ist keine Regelung getroffen worden, richtet sich die Abfindung nach dem Verkehrswert des vererbten Anteils.

Vor allem für Existenzgründer und Jungunternehmer ist diese Regelung zur Absicherung Ihrer Familie für einen Notfall, z. B. einen tödlichen Unfall, wichtig, wenn der Partner nicht über die notwendigen Kenntnisse und Fähigkeiten zur Weiterführung des Unternehmens verfügt.

6.6 Das Recht auf Abfindung

Wird einem GmbH-Gesellschafter sein Mitgliedschaftsrecht entzogen oder ist der Gesellschafter in seinem Recht, frei über seinen Anteil verfügen zu können, durch die GmbH gehemmt, hat er Anspruch auf eine Abfindung. Fraglich ist aber häufig, wie hoch die Abfindung ist. Im GmbH-Gesetz (§ 27) ist die Höhe der Abfindung eines Gesellschafters lediglich für die beiden Sonderfälle Ausschluss oder Austritt bei unbeschränkter Nachschusspflicht geregelt. Wie hoch die Abfindung in anderen Fällen des Ausscheidens aus der GmbH ist, muss entweder in der Satzung geregelt werden, oder es wird eine gesonderte Vereinbarung darüber zwischen GmbH (= verbleibenden Gesellschaftern) und (ausscheidendem) Gesellschafter getroffen. Ist beides nicht erfolgt, bemisst sich die Abfindung nach dem Verkehrswert. Der Verkehrswert selbst kann durch verschiedene Methoden, beispielsweise dem vereinfachten Ertragswertverfahren, dem Stuttgarter Verfahren oder der Discounted Cash Flow-Methode, ermittelt werden. Welche Methode wie modifiziert angewendet wird, ist in das freie Ermessen der Vertragsparteien gestellt. Es gibt weder gesetzliche noch richterliche Vorgaben zur „richtigen" Wertermittlungsmethode.

Die Auszahlung einer Abfindung darf nicht zu einer Unterbilanz führen, (§ 34 Abs. 3 i. V. m. § 30 GmbHG). Um eine Unterbilanz zu vermeiden, kann das Stammkapital herabgesetzt werden, wobei natürlich die gesetzliche Untergrenze von 25.000 Euro zu beachten ist.

Ob die vertraglichen Vereinbarungen über die Höhe der Abfindungen Bestand haben oder nicht, wird in letzter Instanz an der möglichen Sittenwidrigkeit (§ 138 BGB) gemessen. Sittenwidrig ist eine Abfindungsklausel, die den Gesellschafter im Übermaß einschränkt. Das kann von vornherein so sein oder sich erst im Laufe der Zeit so entwickeln. Im ersten Fall ist die Abfindungsklausel dann schon zu der Zeit nichtig, zu der sie in die Satzung aufgenommen wurde. Im zweiten Fall wird eine ursprünglich gültige Abfindungsregelung durch den Geschäftsverlauf unangemessen und dadurch dann nichtig. Grundsätzlich aber gilt: Sofern es nicht sittenwidrig ist, können auch Abfindungshöhen vereinbart werden, die deutlich unter dem Verkehrswert des Anteils liegen. Es ist auch möglich, lediglich den Buchwert des Anteils als Abfindung zu vereinbaren. Dann erhält der Gesellschafter genau die Summe Geld zurück, die er als Einlage in die GmbH gegeben hat. Mögliche stille Reserven und ein möglicher Geschäftswert bleiben dann unberücksichtigt.

Abfindungsklauseln dürfen sich nicht nur auf den Insolvenzfall oder die Zwangsvollstreckung beschränken, sondern müssen allgemein gelten.

6.7 Der Nießbrauch an einem Anteil

An GmbH-Beteiligungen kann ein Nießbrauchsrecht bestellt werden. Die rechtlich wirksame Nießbrauchsbestellung folgt den Formvorschriften der Übereignung. Das wiederum bedeutet: Die Bestellung des Nießbrauchs an einem GmbH-Geschäftsanteil muss notariell beurkundet werden (§ 1069 Abs. 1 BGB i.V.m. § 15 Abs. 3 GmbHG). Sieht die Satzung der GmbH vor, dass die Abtretung der Anteile nur mit Zustimmung oder Genehmigung der übrigen Gesellschafter erfolgen kann (§ 15 Abs. 5 GmbHG), muss diese Einschränkung auch für die Nießbrauchsbestellung beachtet werden. Bevor also der Nießbrauch wirksam bestellt werden kann, müssen die anderen GmbH-Gesellschafter zustimmen oder den Nießbrauch genehmigen.

Hinweis

Diese Möglichkeit ist für Existenzgründer sehr interessant, wenn sie nicht auf „der grünen Wiese" gründen, sondern etwa in ein bestehendes Unternehmen in der Rechtsform einer GmbH einsteigen. Bei einem Nießbrauch gehört der Anteil Ihnen, aber der übergebende Gesellschafter hat bestimmte Rechte. Eine solche Nießbrauchsbelastung – aus Sicht des Verpflichteten – mindert natürlich den Übernahme-Preis. Hier sollten Sie unbedingt mit Hilfe Ihres Steuerberaters rechnen, denn je nachdem, was Sie vereinbaren, haben Sie daran „ein Leben lang" zu zahlen.

6.7.1 Bestellung des Nießbrauchsrechts

Ein Nießbrauch kann auf verschiedene Arten bestellt werden, meist wird er entweder als Zuwendungs- oder Vorbehaltsnießbrauch bestellt. In beiden Fällen kann er entgeltlich, unentgeltlich oder teilentgeltlich bestellt werden.

Beim Zuwendungsnießbrauch bleibt der bisherige Gesellschafter Eigentümer der Geschäftsanteile, räumt aber einer anderen Person das gesamte Nutzungsrecht an den Anteilen oder das Nutzungsrecht an den Erträgen aus den Geschäftsanteilen ein. Ein Zuwendungsnießbrauch ist beispielsweise eine Möglichkeit, Einkünfte zu verlagern.

Beim Vorbehaltsnießbrauch werden die Geschäftsanteile vom bisherigen Gesellschafter auf eine andere Person übertragen, wobei der „alte" Gesellschafter sich entweder das gesamte Nutzungsrecht oder das Nutzungsrecht an den Erträgen vorbehält. Ein Vorbehaltsnießbrauch ist eine Möglichkeit, die Gesellschafter- und möglicherweise Unternehmensnachfolge einzuläuten.

Mit der Bestellung des Nießbrauchsrechts gehen aber lediglich die Rechte über, die einen vermögenswirksamen Charakter haben. Dies ist die ausschüttungsfähige anteilige Gewinnquote, aber nicht die möglicherweise realisierten stillen Reserven eines Wirtschaftsguts des Anlagevermögens. Rechte, die mit der Gesellschafterstellung als solche verbunden sind, gehen ebenfalls nicht mit auf den Nießbraucher über. Sie stehen dem (neuen) Gesellschafter zu.

Hinweis

Der Nießbrauch sollte analog zu § 16 GmbHG (= Rechtsstellung bei Wechsel der Gesellschafter oder Veränderung des Umfangs ihrer Beteiligung) der GmbH und dem Handelsregister gemeldet werden, damit der Nießbraucher seine Rechte gegenüber der Gesellschaft geltend machen kann.

6.7.2 Ansprüche des Nießbrauchers

Der Anspruch auf Auszahlung des anteiligen Gewinns, also der konkrete Gewinnanspruch, ist eine „Frucht" (§ 99 Abs. 2 BGB). Damit steht der Anspruch dem Nießbraucher zu. Nießbraucher wie Gesellschafter müssen die Gewinnausschüttungs- bzw. -einbehaltungspolitik der GmbH respektieren.

Wird die Gesellschaft beendet oder scheidet der Erwerber aus der GmbH aus und hat der Gesellschafter Anspruch auf einen anteiligen Liquidationserlös oder ein Abfindungsguthaben, setzt sich der Nießbrauch daran fort. Dies gilt auch dann, wenn während der Nießbrauchszeit Gewinne in Rücklagen eingestellt wurden, die nun im Liquidationserlös enthalten sind.

Wird der GmbH-Anteil verkauft, ändert sich an dessen dinglicher Belastung durch das Nießbrauchsrecht nichts. Demzufolge ist der Verkaufserlös nießbrauchsfrei, auch wenn die Gesellschaft eigene Anteile erwirbt.

Wird der Anteil eingezogen (§ 34 GmbHG), geht er unter und folglich wird auch der Nießbrauch, der auf der Mitgliedschaft lastet, vernichtet. Bei der freiwilligen Einziehung muss neben dem Gesellschafter auch der Nießbraucher zustimmen. Ausnahme: Der Gesellschafter hat einen wichtigen Grund für seinen Austritt aus der Gesellschaft. Der Nießbrauch erstreckt sich dann auch auf den Anspruch auf das Einziehungsentgelt.

Die Zwangsabtretung eines Geschäftsanteils als Maßnahme der Ausschließung eines Gesellschafters führt in gleicher Weise wie die Einziehung zum Untergang des Nießbrauchs. Auch hier setzt sich der Nießbrauch an dem Abfindungsanspruch des Gesellschafters fort.

Stellt ein Gesellschafter der Gesellschaft seinen Geschäftsanteil zur Verfügung, weil er der betragsmäßig unbestimmten Nachschusspflicht nicht genügen kann (§ 27 GmbHG), hat dies den Untergang des Nießbrauchs zur Folge, wenn die Nachschusspflicht und die Möglichkeit der Preisgabe des Anteils bereits im Zeitpunkt der Nießbrauchsbestellung bestanden. Der Nießbrauch setzt sich dann an einem etwaigen

Erlösüberschuss im Sinne des § 27 Abs. 2 S. 3 GmbHG fort, weil der Gesellschafter diesen Betrag beanspruchen kann.

Wird ein Geschäftsanteil, der mit einem Nießbrauch belastet ist, kaduziert, wird der Gesellschafter also zwangsausgeschlossen, weil er mit seinen Zahlungen auf die Stammeinlage in Verzug ist, bedeutet dies für den Nießbraucher, dass sein Nutzungsrecht bereits im Zeitpunkt der Verlustigerklärung (§ 21 Abs. 2 GmbHG) untergeht. Bei der Kaduzierung steht – anders als beim Abandon, wenn also auf ein Recht verzichtet wird, um der damit verbundenen Pflicht zu entgehen – ein Überschusserlös für die Veräußerung des Anteils nicht dem Gesellschafter zu. Folglich kann sich der Nießbrauch an diesem Teil des Erlöses nicht fortsetzen.

Bei einer Kapitalerhöhung gegen Einlagen wird der Nießbraucher nicht Gläubiger des Bezugsanspruchs auf neue Anteile. Aber er hat einen Anspruch auf Bestellung des Nießbrauchs an dem neuen Anteil oder an dem Erlös für den Verkauf des Bezugsrechts, soweit das nach wie vor belastete Mitgliedschaftsrecht dem Werte nach verringert ist.

Bei einer Kapitalerhöhung aus Gesellschaftsmitteln wird der Nießbraucher automatisch Nutzungsberechtigter an dem neuen Anteil.

Im Fall der Verschmelzung einer GmbH als übertragende Rechtsträgerin setzt sich der Nießbrauch an dem neuen Anteil seines Gesellschafters an dem übernehmenden Rechtsträger fort (§ 20 Abs. 1 Nr. 3 S. 2 UmwG). Dies gilt auch, wenn bare Zuzahlungen geleistet werden müssen. Wählt der Gesellschafter die Abfindung, setzt sich der Nießbrauch an diesem Anspruch fort. Entsprechendes gilt im Rahmen der Spaltung, des Formwechsels und der Vermögensübertragung.

Wird keine gesonderte Vereinbarung getroffen, hat der Nießbraucher kein Stimmrecht in Gesellschafterversammlungen; dem Gesellschafter steht das alleinige Stimmrecht zu. Stehen aber Entscheidungen an, die einschneidenden Maßnahmen in das nießbrauchbelastete Mitgliedschaftsrecht darstellen oder Satzungsänderung sind, muss die Gesellschaft auch die Zustimmung des Nießbrauchers einholen, wenn dem Gesellschafter ein Zustimmungsrecht zusteht.

Originäre Gesellschafterrechte hat der Nießbraucher nicht. So hat er beispielsweise kein Recht, an Gesellschafterversammlungen teilzunehmen. Der Gesellschaft steht es aber natürlich frei, den Nießbraucher insgesamt, zu einzelnen Sitzungen und/oder zu einzelnen Tagesordnungspunkten als Gast mit oder ohne Rederecht zuzulassen.

Der Nießbraucher an einem GmbH-Anteil hat einen – eng begrenzten – Anspruch auf Auskünfte gegen die Geschäftsführung. Dieses Recht beruht auf § 242 BGB. Die Geschäftsführung muss dem Nießbraucher am Ende des Wirtschaftsjahrs Auskunft über den ausgeschütteten und den einbehaltenen Gewinn erteilen. Darüber hinaus hat der Nießbraucher lediglich noch das Recht, über die Höhe des Gewinnanspruchs informiert zu werden. Anders ausgedrückt bedeutet dies: Dem Nießbraucher steht das Gesellschafterrecht zur Einsicht und Auskunft (§ 51a GmbHG) nicht zu. Für die GmbH überwiegt ihr Geheimhaltungsinteresse gegenüber einem Nicht-Gesellschafter. Natürlich aber kann der Gesellschafter den Nießbraucher als Berater bei der Ausübung seiner Gesellschafterrechte mit hinzuziehen.

Der Nießbraucher hat keine Rechte in Bezug auf ihm nicht genehme Gesellschafterbeschlüsse. Lediglich ein Gesellschafter kann Beschlüsse anfechten oder auf Nichtigkeit klagen. Dieses Recht steht dem Nießbraucher nicht zu. Er kann lediglich wie andere Nichtgesellschafter auch – eine Feststellungsklage (§ 256 ZPO) erheben, mit der er die Unwirksamkeit des Gesellschafterbeschlusses feststellen lassen kann. Dieses Recht hat er aber nur, wenn er ein Feststellungsinteresse hat.

Der Nießbraucher hat weder eine Einlage- noch eine Nachschusspflicht. Diese Pflichten treffen nur den Gesellschafter. Der Nießbraucher unterliegt auch keiner gesellschaftlichen Treuepflicht, weil er nur wenige bis keine Möglichkeiten hat, die Gesellschaftsgeschicke zu beeinflussen.

Fließen verdeckte Gewinnausschüttungen an den Nießbraucher, so sind diese nach den allgemeinen Regeln über die Rechtsfigur „nahe stehende Person" dem Inhaber des nießbrauchsbelasteten GmbH-Anteils zuzurechnen. Es sollte geregelt werden, wie ein Ausgleich im Innenverhältnis Gesellschafter – Nießbraucher vorzunehmen ist.

6.8 Die Unterbeteiligung an einem Anteil

Die Unterbeteiligung vermittelt eine Beteiligung an der Gesellschafterstellung eines Gesellschafters. Es entsteht eine bürgerlich-rechtliche Innengesellschaft. Diese Innengesellschaft bezieht sich nicht auf das kaufmännische Hauptunternehmen als solches, sondern lediglich auf den Gesellschaftsanteil des Hauptbeteiligten.

Hinweis

Auch diese Form der (verdeckten) Finanzierung ist für einen Existenzgründer recht interessant, da ihm der GmbH-Anteil gehört. Natürlich aber muss er die Bedingungen, zu denen er einem anderen eine Unterbeteiligung gewährt oder zu denen ein „Alt-Unternehmer", der seinen Anteil offiziell abgibt, unterbeteiligt bleiben will, genau überdenken.

Bei einer Unterbeteiligung wird vertraglich zwischen den Parteien ein gemeinsamer Zweck geregelt, nämlich die Beteiligung mit einer Einlage am vom Hauptbeteiligten gehaltenen Geschäftsanteil sowie des auf diesen Anteil entfallenen Gewinns. Wer nun das Gefühl hat, hier würde von einer stillen Gesellschaft geredet, der liegt so verkehrt nicht. Der Unterschied von einer Unterbeteiligung zur stillen Gesellschaft liegt darin, dass eine stille Gesellschaft eine Beteiligung am Handelsgeschäft als Ganzem begründet, also eine Innengesellschaft mit der GmbH begründet, während eine Unterbeteiligung nur an einem Gesellschaftsanteil besteht und eine Innengesellschaft mit einem GmbH-Gesellschafter begründet. Auch die Abgrenzung zur Treuhandschaft ist offensichtlich: Bei einer Unterbeteiligung hält der Hauptbeteiligte seinen Anteil im eigenen Interesse. Bei einer Treuhandschaft dagegen handelt der Treuhänder im Interesse und für Rechnung des Treugebers.

Der Hauptgesellschafter muss jährlich den auf seinen Hauptgesellschaftsanteil entfallenden Ertrag aufstellen und die Zusammensetzung dabei festhalten. Darüber hinaus sollten die Entwicklung des Kapitalkontos und des Unterbeteiligungsanteils hieran aufgestellt werden.

Eine Unterbeteiligung muss den anderen Gesellschaftern gegenüber nicht offen gelegt werden. Ausnahme: Die Offenlegungspflicht ist im Gesellschaftsvertrag der Hauptgesellschaft zwischen den Gesellschaftern vereinbart.

Hinweis

Wer eine Unterbeteiligung im Wege der Schenkung vornehmen will, muss beachten, dass dies als Schenkungsversprechen der notariellen Beurkundung bedarf (§ 518 Abs. 1 BGB).

Nach § 179 Abs. 2 Satz 3 Abgabenordnung wird ein gesondertes Gewinnfeststellungsverfahren durchgeführt.

6.8.1 Typische und atypische Unterbeteiligung

Es wird unterschieden zwischen der „typischen Unterbeteiligung" und der „atypischen Unterbeteiligung". Bei der typischen Unterbeteiligung wird lediglich eine Gläubigerstellung für den Unterbeteiligten vermittelt. Dies führt zu Einkünften aus Kapitalvermögen. Wird eine „typische" Unterbeteiligung an GmbH-Geschäftsanteilen verschenkt, wird nicht bereits durch den Vertragsschluss ein schenkungsteuerpflichtiger Vermögensgegenstand zugewendet, sondern es ist erst der tatsächliche Bezug von Gewinnen und Erlösen aus der Unterbeteiligung schenkungssteuerpflichtig (BFH vom 16.01.2008 – II R 10/06).

Bei der so genannten atypischen Unterbeteiligung an Geschäftsanteilen an einer reinen GmbH erzielt der atypisch Unterbeteiligte als wirtschaftlicher Inhaber selbst Einkünfte nach § 20 Abs. 1 Nr. 1 EStG (Gewinnanteile und sonstige Bezüge) als auch nach § 17 EStG (Gewinne oder Verluste aus der Anteilsveräußerung). Es kommt nicht auf die Kriterien der Mitunternehmerschaft, wie sie für Unterbeteiligungen an

Personengesellschaften gelten (BFH vom 18.05.2005 – VIII R 34/01). Diese wiederum gelten aber nach wie vor für Anteile an einer GmbH & Co. KG.

Damit die Unterbeteiligung an einer reinen GmbH als atypisch anerkannt wird, müssen alle mit der Beteiligung verbundenen wesentlichen Rechte (Vermögensrechte, § 29 GmbHG), und Verwaltungsrechte, wie z. B. Stimm- und Kontrollrechte, vom Unterbeteiligten ausgeübt und im Konfliktfall durchgesetzt werden können.

Hinweis

Die wirtschaftliche Inhaberschaft des Unterbeteiligten dürfte auch erbschaft- und schenkungsteuerliche Folgen haben. Liegen die Voraussetzungen des § 13b ErbStG vor (z. B. also die über 25 %-ige Beteiligungsquote), müssten auch die schenkungsteuerlichen Privilegien des § 13a ErbStG (Freibetrag und Fristen) greifen. Hier, wie überhaupt, wenn eine atypische Unterbeteiligung gewollt ist, sollten Sie unbedingt Ihren Steuerberater kontaktieren.

6.8.2 Die Ergebnisverwendung in einer Unterbeteiligung

Der Unterschied von einer Unterbeteiligung zur stillen Gesellschaft liegt darin, dass eine stille Gesellschaft eine Beteiligung am Handelsgeschäft als Ganzem begründet, also eine Innengesellschaft mit der Gesellschaft begründet, während eine Unterbeteiligung nur an einem Gesellschaftsanteil besteht und eine Innengesellschaft mit einem GmbH-Gesellschafter begründet.

Der Hauptgesellschafter muss jährlich den auf seinen Hauptgesellschaftsanteil entfallenden Ertrag aufstellen und die Zusammensetzung dabei festhalten. Darüber hinaus sollten die Entwicklung des Kapitalkontos und des Unterbeteiligungsanteils hieran aufgestellt werden.

Eine Unterbeteiligung muss den anderen Gesellschaftern gegenüber nicht offen gelegt werden. Ausnahme: Die Offenlegungspflicht ist im Gesellschaftsvertrag der Hauptgesellschaft zwischen den Gesellschaftern vereinbart.

Nach § 179 Abs. 2 Satz 3 Abgabenordnung (AO) wird ein gesondertes Gewinnfeststellungsverfahren durchgeführt. Es wird unterschieden zwischen der „typischen Unterbeteiligung" und der „atypischen Unterbeteiligung". Bei der typischen Unterbeteiligung wird lediglich eine Gläubigerstellung für den Unterbeteiligten vermittelt. Dies führt zu Einkünften aus Kapitalvermögen. Bei der so genannten atypischen Unterbeteiligung wird die Unterbeteiligungsgesellschaft Mitunternehmerin der Hauptgesellschaft im Sinne des § 15 Nr. 1 Satz 2 EStG. Bei dieser atypischen Unterbeteiligung stellen die Einkünfte des Unterbeteiligten dann Einkünfte aus Gewerbebetrieb dar. Eine Mitunternehmereigenschaft des Unterbeteiligten kann steuerlich vorteilhaft sein, da die Errichtung der Unterbeteiligung durch Schenkung zum Buchwert nach § 6 Abs. 3 EStG möglich ist. Zusätzlich ist diese Schenkung der Unterbeteiligung auch schenkungsteuerlich nach § 13a ErbStG privilegiert (Freibetrag und Schenkungsfrist).

6.8.3 Kündigung der Unterbeteiligung

Die in der Unterbeteiligung vereinbarte Kündigungsfrist sollte etwas länger bemessen sein als die Kündigungsfrist, die dem Hauptgesellschafter innerhalb des Gesellschaftsvertrags bei der Kündigung seiner eigenen Gesellschafterbeteiligung zugestanden wird. Damit kann sich der Hauptgesellschafter gegebenenfalls die Mittel für die Auszahlung des Unterbeteiligten durch Kündigung seiner Gesellschafterstellung zuvor durch die eigene Kündigung beschaffen.

Für den Unterbeteiligten führt die Kündigung des Vertrages zum Entstehen eines Abfindungsanspruchs.

6.9 Der gesetzliche Aufgabenkreis der GmbH-Gesellschafter

§ 46 GmbHG umschreibt den gesetzlichen Aufgabenkreis der Gesellschafter. Danach unterliegen der Bestimmung der Gesellschafter:

1. die Feststellung des Jahresabschlusses und die Verwendung des Ergebnisses;
   - 1a. die Entscheidung über die Offenlegung eines Einzelabschlusses nach internationalen Rechnungslegungsstandards (§ 325 Abs. 2a HGB) und über die Billigung des von den Geschäftsführern aufgestellten Abschlusses;
   - 1b. die Billigung eines von den Geschäftsführern aufgestellten Konzernabschlusses;
2. die Einforderung der Einlagen;
3. die Rückzahlung von Nachschüssen;
4. die Teilung, die Zusammenlegung sowie die Einziehung von Geschäftsanteilen;
5. die Bestellung und die Abberufung von Geschäftsführern sowie die Entlastung derselben;
6. die Maßregeln zur Prüfung und Überwachung der Geschäftsführung;
7. die Bestellung von Prokuristen und von Handlungsbevollmächtigten zum gesamten Geschäftsbetrieb;
8. die Geltendmachung von Ersatzansprüchen, welche der Gesellschaft aus der Gründung oder Geschäftsführung gegen Geschäftsführer oder Gesellschafter zustehen, sowie die Vertretung der Gesellschaft in Prozessen, welche sie gegen die Geschäftsführer zu führen hat.

6.10 Die Einzahlung des Geschäftsanteils

Als den Gläubigern haftendes Kapital (= Stammkapital) benötigt eine GmbH mindestens 25.000 Euro. Die Satzung kann ein höheres Stammkapital vorsehen. Das Stammkapital muss zur Hälfte einbezahlt sein, sonst wird die GmbH nicht ins Handelsregister eingetragen. Die zweite Hälfte muss spätestens bei Liquidation der GmbH oder ihrer Insolvenz in ihr Vermögen überführt werden. Es gilt der Grundsatz, dass das vereinbarte Stammkapital auf jeden Fall gegenüber den Gläubigern haften muss. Insoweit haften die Gesellschafter also weiter, bis das Stammkapital in der vereinbarten Höhe einbezahlt worden ist.

Das Stammkapital ist die Summe der Stammeinlagen, die jeder Gesellschafter sich verpflichtet hat, aufzubringen. Die Stammeinlage bezeichnet also den Anteil eines Gesellschafters am Stammkapital. Seit dem 01.11.2008 werden Stammeinlagen in Anlehnung an das Aktienrecht Geschäftsanteile genannt.

Jeder Geschäftsanteil muss auf mindestens einen Euro lauten. Damit kann die Höhe eines Geschäftsanteils individuell bestimmt werden.

Hinweis

In wie viele Geschäftsanteile die GmbH ihr Stammkapital aufteilt, ist eine Frage, die sich die Gesellschafter schon bei der Gründung stellen sollten. Die Antwort hängt davon ab, ob den Gesellschaftern die Möglichkeit gegeben werden soll, Teile ihrer Geschäftsanteile veräußern, verschenken oder vererben zu können. Die Grundregel lautet: Je kleinteiliger das Stammkapital in Geschäftsanteile aufgeteilt ist, desto einfacher können neue Gesellschafter integriert werden, ohne dass der oder die „Alt-Gesellschafter" sich völlig aus der GmbH zurückziehen müssen.

Der Gesellschafter kann bei Gründung der GmbH mehrere Geschäftsanteile übernehmen. Sofern die Satzung der GmbH dies nicht einschränkt, ist die Übertragung von Geschäftsanteilen möglich, muss aber zur Wirksamkeit notariell beurkundet werden.

6.11 Kapitalerhöhung / Kapitalherabsetzung

Nachdem die Angabe des Stammkapitals einer der zwingenden Inhalte der Satzung ist, erfordert dessen Erhöhung immer eine Satzungsänderung, die ausschließlich von der Gesellschafterversammlung mit der gesetzlichen oder satzungsgemäßen Mehrheit entschieden werden muss. Die Kapitalerhöhung unterliegt den Vorschriften der §§ 53 f. GmbHG (Satzungsänderung) und 55 ff. GmbHG (Kapitalerhöhung) und umfasst stets die Erhöhung der Ziffer des Stammkapitals sowie je nach Erhöhungsart die Schaffung neuer Geschäftsanteile.

Eine Kapitalerhöhung kann für eine GmbH auf zweierlei Arten durchgeführt und notwendig werden, und zwar entweder

- durch Zuführung neuer finanzieller Mittel oder
- aus Gesellschaftsmitteln.

Hinweis

Gerade schnell wachsende, erfolgreiche Startups sollten von Anfang an die Beschaffung neuen Kapitals durch eine Kapitalerhöhung im Auge behalten. Sie sollten sich auch darüber im Klaren sein, was die mögliche Aufnahme neuer Gesellschafter für Ihre eigene Stellung bedeutet.

6.11.1 Kapitalerhöhung durch Zuführung neuer finanzieller Mittel

Bei der Kapitalerhöhung durch Zuführung neuer finanzieller Mittel wird nicht nur das Stammkapital, sondern auch das Eigenkapital der GmbH erhöht. Der Beschluss zur Kapitalerhöhung muss die bisherigen und/

oder künftigen Gesellschafter zur Zeichnung des Erhöhungsbetrags (§ 55 Abs. 2 GmbHG) zulassen. Die Entscheidung darüber, wer zur Übernahme des erhöhten Kapitals zugelassen wird (§ 55 Abs. 2 Satz 1 GmbHG), kann mit einfacher Mehrheit oder der in der Satzung dafür vorgesehenen Mehrheit beschlossen werden. Danach ist die Übernahme des Erhöhungsbetrags durch die zugelassenen Personen (§ 55 Abs. 1 GmbHG) zu erklären und die Einlage durch den Übernehmer zu leisten (§ 57 Abs. 2 GmbHG).

Die Kapitalerhöhung erfolgt durch Bildung neuer Geschäftsanteile. Die (neuen) Geschäftsanteile müssen nicht zum Nennbetrag ausgegeben werden. Mit einem Aufgeld (Agio) können beispielsweise stille Reserven oder offene Rücklagen ausgeglichen werden.

Hinweis

Auch wenn Gesellschafter im Erhöhungsbeschluss überstimmt wurden, führt dies zu einer Erhöhung ihrer Haftung, da sie im Hinblick auf das erhöhte Kapital genauso haften wie etwa neu eintretende Gesellschafter für die noch offenen Einlageschulden der Altgesellschafter (§ 24 GmbHG). Das kann für den Gesellschafter ein Austrittsrecht aus wichtigem Grund sein.

Die Frage des Bezugsrechts bisheriger Gesellschafter ist umstritten. Zumindest bei Vorliegen vernünftiger Gründe (die beispielsweise in der Person des neuen Gesellschafters liegen können) kann die Gesellschaft per Gesellschafterbeschluss einzelne oder alle Gesellschafter vom Bezugsrecht ausschließen.

Die Einlagen können sowohl in Geld als auch in Sachen geleistet werden. Gemischte Einlagen sind ebenfalls zulässig.

Die Kapitalerhöhung wird zur Eintragung ins Handelsregister angemeldet, sobald die Einlagen auf das neue Stammkapital geleistet sind (§ 57 GmbHG). Die Geschäftsführer haben lediglich eine Pflicht gegenüber der GmbH zur Anmeldung der Kapitalerhöhung. Niemand außer den Gesellschaftern kann somit eine Anmeldung erzwingen.

Mit Eintragung und Bekanntmachung des geänderten Stammkapitalbetrags ist die Kapitalerhöhung wirksam (§ 54 Abs. 3 GmbHG).

6.11.2 Kapitalerhöhung aus Gesellschaftsmitteln

Bei einer Kapitalerhöhung aus Gesellschaftsmitteln werden freie Rücklagen (§ 272 HGB) durch satzungsändernden und deshalb notariell zu beurkundenden Gesellschafterbeschluss zu Stammkapital gemacht. Bilanztechnisch handelt es sich um eine „Umbuchung", das Eigenkapital der GmbH erhöht sich also nicht. Der Erhöhungsbeschluss muss den Betrag der Erhöhung konkret benennen und muss darauf hinweisen, dass die Kapitalerhöhung durch Umwandlung von Rücklagen erfolgt. Im Beschluss müssen unter anderem neben der zugrunde gelegten festgestellten Bilanz, die höchstens acht Monate alt sein darf, die Rücklagen, zu deren Lasten die Umwandlung stattfinden soll, angegeben werden (§§ 57c ff GmbHG). Mit der Kapitalerhöhung aus Gesellschaftsmitteln können neue Anteile geschaffen werden, müssen aber nicht. Mit ihr kann auch „einfach nur" der Nennwert der bestehenden Anteile erhöht werden.

Hinweis

Bei der Kapitalerhöhung aus Gesellschaftsmitteln bedarf es weder einer Zulassung zur Teilnahme noch einer Übernahmeerklärung, da die Gesellschafter hieran immer entsprechend ihrer bisherigen Beteiligungsquote teilnehmen. Die übrigen Formalien, z. B. die Eintragung der Kapitalerhöhung ins Handelsregister, sind die wie bei der „normalen" Kapitalerhöhung.

Wird bei einer Unternehmergesellschaft mit beschränkter Haftung die gesetzlich zu bildende Gewinnrücklage „umgewandelt" in das GmbH-

(Mindest-)Stammkapital, handelt es sich um eine Kapitalerhöhung aus Gesellschaftsmitteln.

6.11.3 Kapitalherabsetzung

Die Kapitalherabsetzung führt umgekehrt zu einer Reduzierung des Stammkapitals und damit des haftenden Gesellschaftsvermögens. Auch hier liegt eine Satzungsänderung vor, deren Formalien zu beachten sind (§§ 53 und 54 GmbHG).

Durch eine Kapitalherabsetzung kann eine Unterbilanz beseitigt oder es können Auszahlungen an die Gesellschafter oder Rückzahlungen auf die Stammeinlagen erfolgen oder ausstehende Einlageverpflichtungen erlassen werden. Der Zweck der jeweiligen Kapitalherabsetzung ist in den satzungsändernden Gesellschafterbeschluss mit aufzunehmen.

Eine Kapitalherabsetzung kann ordentlich (§ 58 GmbHG) und nominell, vereinfacht (§§ 58a ff. GmbHG) erfolgen. Bei der ordentlichen Kapitalherabsetzung darf das gesetzliche Mindestkapital von 25.000 Euro nicht unterschritten werden, während bei der vereinfachten (nominellen) Kapitalherabsetzung eine Unterschreitung zulässig ist, wenn gleichzeitig eine Erhöhung auf die Mindesthöhe gegen Bareinlage beschlossen wird.

Der ordentliche Kapitalherabsetzungsbeschluss muss von den Geschäftsführern, verbunden mit dem Aufruf an die Gläubiger, sich zu melden, in den Gesellschaftsblättern bekannt gemacht werden. Die Anmeldung des Herabsetzungsbeschlusses zum Handelsregister kann frühestens nach Ablauf eines Sperrjahrs erfolgen. Nach Eintragung der Herabsetzung ins Handelsregister ist die Kapitalherabsetzung entsprechend des Beschlusses vorzunehmen, so ist z. B. das Stammkapital umzubuchen und der Herabsetzungsbetrag auszuzahlen.

Eine vereinfachte Kapitalherabsetzung darf nur zum Ausgleich von Wertminderungen oder zur Deckung von Verlusten vorgenommen werden. Solange die GmbH über einen Gewinnvortrag oder über Rücklagen, die höher sind als 10 % des Stammkapitals nach der geplanten Kapitalherabsetzung, verfügt, ist eine vereinfachte Kapitalherabsetzung nicht zulässig.

Wird die vereinfachte Kapitalherabsetzung vorgenommen, sind im Gesellschafterbeschluss die Nennbeträge der Geschäftsanteile dem herabgesetzten Stammkapital anzupassen (§ 58a Abs. 3 GmbHG). Die Herabsetzung kann nur im gleichen Maßstab anteilig erfolgen. Innerhalb von fünf Jahren nach dem Herabsetzungsbeschluss darf die GmbH nur dann Gewinne ausschütten, wenn die Kapital- und Gewinnrücklagen zusammen 10 % des herabgesetzten Stammkapitals erreichen (§ 58d Abs. 1 GmbHG). In den ersten zwei Jahren gilt eine gesonderte Ausschüttungssperre. Der Herabsetzungsbeschluss muss innerhalb von drei Monaten nach der Beschlussfassung im Handelsregister eingetragen sein. Der Gläubigeraufruf und das Sperrjahr entfallen bei der vereinfachten Kapitalherabsetzung.

6.12 Genehmigtes Kapital

Nach § 55a GmbHG können auch GmbHs genehmigtes Kapital bilden. Beim genehmigten Kapital werden die GmbH-Geschäftsführer von den Gesellschaftern ermächtigt, innerhalb von höchstens fünf Jahren nach Eintragung der GmbH-Gründung oder der Satzungsänderung ins Handelsregister das Stammkapital der GmbH um insgesamt bis zu 50 % des bei der Ermächtigung vorhandenen Stammkapitals zu erhöhen.

Mit dem Instrument des genehmigten Kapitals erübrigt sich bei absehbarem Kapitalbedarf – ein neuer Kapitalerhöhungsbeschluss, der notariell beurkundet werden müsste.

6.13 Die Ausfallhaftung / Solidarhaftung

Nicht alle GmbH-Gesellschafter wissen, dass sie für ihre Mit-Gesellschafter haften. In einer GmbH gilt das Prinzip der so genannten Ausfallhaftung. Zwar ist die Haftung in der GmbH beschränkt auf das Stammkapital, also auf mindestens 25.000 Euro. Die Haftung des einzelnen Gesellschafters ist beschränkt auf die von ihm übernommene Stammeinlage mit der Folge, dass er üblicherweise nicht mehr haftet, wenn er seinen Anteil voll einbezahlt hat. Aber: § 24 GmbHG bestimmt eine weitergehende Haftung für folgende Fälle:

- Beträge wurden an einen Gesellschafter ausbezahlt, die zur Erhaltung des Stammkapitals notwendig gewesen wären;
- ein Gesellschafter hat seine Stammeinlage nach der GmbH-Gründung nicht eingezahlt, sein Anteil wurde deswegen eingezogen, und von diesem Gesellschafter können keine Geldbeträge eingefordert werden;
- ein Gesellschafter hat bei einer Kapitalerhöhung in der GmbH einen weiteren Geschäftsanteil übernommen, aber kann die entsprechende Einlage nicht erbringen.

Ist das Stammkapital (noch nicht voll) einbezahlt, und sind die ausstehenden Stammeinlagen fällig oder werden fällig gestellt, und kann derjenige Gesellschafter, der seinen übernommenen Anteil(noch) nicht (voll) einbezahlt hat, nicht leisten, müssen die anderen Gesellschafter für den Ausfall einstehen. Von dieser Ausfallhaftung gibt es keine Freistellung, weder durch Vertrag noch durch die Satzung. Die Ausfallhaftung ist ein Unterprinzip des Gläubigerschutzprinzips und damit unabdingbares GmbH-Recht. Wer der (drohenden) Solidarhaftung entgehen will, hat nur die Möglichkeit, selbst aus der GmbH auszutreten.

Die Ausfallhaftung droht auch bei einer Kapitalerhöhung. Da bei einer Kapitalerhöhung das Stammkapital, das den Gläubigern haftet, aufgestockt wird, gelten exakt dieselben Regeln wie bei der erstmaligen Ausstattung der GmbH mit haftendem Kapital bei der Gründung. Dabei haftet ein Gesellschafter für den Ausfall der übrigen Gesellschafter so lange, wie er GmbH-Gesellschafter ist. Das bedeutet also auch, dass ein Gesellschafter selbst dann haftet, wenn er bei einer Kapitalerhöhung gegen Einlagen keine neuen Geschäftsanteile übernommen hat. Er muss gerade stehen für die Gesellschafter, die einer Kapitalerhöhung zustimmten und nun ihren übernommenen Anteil nicht einzahlen können.

Wer für die Einlage eines Mit-Gesellschafters eintreten muss, erwirbt natürlich eine Ausgleichsforderung gegenüber eben diesem. Und zwar auch dann, wenn der Betreffende zwischenzeitlich aus der GmbH ausgeschlossen wurde. Allerdings steht geradezu regelmäßig zu befürchten, dass die Ausgleichforderung recht wertlos ist, da der „Zahlungsunwille“ des Gesellschafters mit hoher Wahrscheinlichkeit auf mangelnde Liquidität zurückzuführen ist. Wäre er liquide gewesen, hätte er wahrscheinlich auch seine fällige Einlage bei der GmbH bezahlt. Nur in wenigen Fällen kann also ein Gesellschafter, der für den Ausfall eines anderen haftet, damit rechnen, dass er sein im Rahmen einer Ausfallhaftung bezahltes Geld wiedersieht.

Wer selbst nach der Leistung der eigenen Einlage über kein weiteres nennenswertes Vermögen verfügt, kann sich deswegen nicht von der Zahlungspflicht befreien lassen. In solchen Fällen droht sogar eine Gehaltspfändung. Diese Art des „Schuldenabstotterns“ wird sogar dann in Kauf genommen, wenn sich die Zahlung auf diese Art und Weise über einen längeren Zeitraum hinzieht (OLG Köln vom 19.08.2004 – 18 W 29/04). In dem Fall, der dem Urteil zu Grunde liegt, musste der GmbH-Gesellschafter den offenen Betrag über 55 Monate – also über mehr als zweieinhalb Jahre hinweg – abbezahlen.

Wird Stammkapital verbotenerweise – offen oder verdeckt – an den oder die Gesellschafter ausbezahlt, muss der Betrag wieder zurückbezahlt werden (§ 30 GmbHG, § 31 Abs. 1 GmbHG). Wenn der betreffende Gesellschafter aber nichts mehr zurückzahlen kann, müssen die übrigen Gesellschafter nach dem Verhältnis ihrer Geschäftsanteile für den Fehlbetrag einstehen (§ 31 Abs. 3 GmbHG). Die Ausfallhaftung erfasst hier nicht den gesamten durch das Eigenkapital nicht gedeckten Betrag, sondern ist auf den Betrag des Stammkapitals beschränkt, der zur Befriedigung der Gläubiger benötigt wird (BGH vom 25.02.2002 – II ZR 196/00). Problematisch ist, dass die Ausfallhaftung des § 31 Abs. 3 GmbHG auch dann besteht, wenn die GmbH überschuldet ist, also das Aktivvermögen der Gesellschaft nicht nur den rechnerischen Betrag des Stammkapitals, sondern auch die vorhandenen Verbindlichkeiten nicht mehr deckt.

6.14 Kaduzierung des Geschäftsanteils, Gesellschafterausschluss, Gesellschafteraustritt

Auch „junge Unternehmen" sind vor Streit nicht gefeit. Und leider häufig geht das, was einmal in schönster Eintracht begonnen hat in ebenso schönster Zwietracht auseinander.

„Lästige Gesellschafter" sind in der Regel diejenigen, auf deren Zusammenarbeit in der Gesellschaft von anderen Gesellschaftern kein Wert (mehr) gelegt wird. Die Mitgliedschaft in der GmbH kann auf verschiedene Arten beendet werden, etwa durch Ausschluss, durch eine zwangsweise Einziehung des Anteils, durch Austritt und durch Kündigung.

6.14.1 Ausschluss und Austritt eines Gesellschafters

Die Kaduzierung, also der Ausschluss aus der GmbH, ist in § 21 GmbHG für den Fall der verzögerten Einzahlung der Stammeinlage und in § 28 GmbHG für den Fall der verzögerten Zahlung von Nachschüssen geregelt. Die Rechtsprechung hat weiterhin die grundsätzliche Möglichkeit eines Ausschlusses (oder Austritts) eines Gesellschafters unter Hinweis auf die bestehende gesellschaftsrechtliche Treuepflicht einerseits und andererseits den Charakter eines Dauerschuldverhältnisses entwickelt.

Es besteht also ein unabdingbares Recht der GmbH auf Ausschluss oder des Gesellschafters auf Austritt aus der GmbH. Dieses Recht kann zwar durch die Satzung modifiziert und etwa auf das Vorliegen von wichtigen Gründen beschränkt werden, aber es kann nicht vollständig abbedungen oder unmöglich gemacht werden – etwa durch überhöhte Abfindungsregelungen.

Was als wichtiger Grund für einen Ausschluss oder einen Austritt anzusehen ist, ist – wie bei allen Vertragskündigungen aus wichtigem Grund – höchst individuell und meist sehr streitanfällig.

Hinweis

Hilfreich ist es, wenn die Satzung wichtige Gründe beispielhaft aufzählt. Selbst wenn der dann zitierte wichtige Grund nicht mit genannt worden ist, ermöglicht eine solche Aufzählung eine Vorstellung zu entwickeln, was die Gesellschafter als wichtige Gründe ansehen (wollten).

Ein wichtiger sachlicher Grund, der allgemein als solcher anerkannt wird, liegt vor, wenn ein Gesellschafter durch seine Person oder durch sein Verhalten die Erreichung des Gesellschaftszwecks unmöglich macht oder erheblich gefährdet oder wenn sonst die Person des Gesellschafters oder sein Verhalten ein Verbleiben in der Gesellschaft untragbar erscheinen lässt.

Auch persönliche Gründe, also solche, die in der Person des Gesellschafters liegen, können so wichtig sein, dass sie zum Ausschluss berechtigen. Dies können etwa schwere, dauerhafte Krankheiten sein, die die Mitwirkung in der GmbH verhindern, oder ungeordnete Vermögensverhältnisse, wie beispielsweise eine Privatinsolvenz oder Spielsucht.

Wichtige Gründe, die verhaltensbedingt sind, wie z. B. Betrug, Untreue, Unterschlagung, schwerste Verletzungen der Treuepflicht, unsittliches Verhalten, mehrfache Schädigung der Gesellschaft, berechtigen ebenfalls zum Ausschluss.

Hinweis

Der Ausschluss muss „ultima ratio“ sein und darf nur dann angewendet werden, wenn es keine anderen Möglichkeiten mehr gibt oder diese etwa wegen der Schwere der Verfehlung nicht ausreichen.

Die Gesellschafterversammlung muss zunächst einen Beschluss über den Ausschluss fassen, der – wegen der Satzungsänderung - eine Mehrheit von 3/4 der Stimmen erreichen muss oder die Mehrheit, die die Satzung selbst für Satzungsänderungen vorsieht. Der betroffene Gesellschafter hat in diesem Punkt kein Stimmrecht. Danach muss die GmbH auf Ausschließung klagen. Das Urteil, das in diesem Prozess ergeht, ist ein „Gestaltungsurteil“, führt also unmittelbar zum neuen Rechtszustand. Selbst wenn die GmbH-Satzung präzise genau regelt, wann der Gesellschafterausschluss aus wichtigem Grund gegeben ist, muss eine Klage geführt werden. Es genügt nicht zum Ausschluss, wenn der Gesellschafterbeschluss mit der satzungsändernden Mehrheit –zustande gekommen ist (BGH vom 20.09.1999 – II ZR 345/97).

Auch bei einer GmbH mit nur zwei Gesellschaftern ist ein Ausschluss möglich. Voraussetzung ist allerdings, dass die GmbH nach Ausschließung des einen Gesellschafters fortbestehen kann. Dabei ist unklar, ob bei der zweigliedrigen GmbH ein unmittelbares Klagerecht besteht, oder ob vor der Ausschlussklage ein Gesellschafterbeschluss herbeigeführt werden muss. Da der betroffene Gesellschafter aber kein Stimmrecht in Bezug auf seinen eigenen Ausschluss hat, käme es in solchen Fällen zum „Wettrennen“ darum wer als erster abstimmt. Eine Abstimmung sei hier „Förmelei“ und deshalb unnötig (OLG Thüringen vom 05.10.2005 – 6 U 162/05).

6.14.2 Die Einziehung von Geschäftsanteilen

Die in § 34 GmbHG zugelassene Einziehung eines Geschäftsanteils (Amortisation) ist die einzige gesetzlich geregelte Möglichkeit, die zum Ausscheiden des Gesellschafters aus der GmbH führt. Nach der Einziehung ist der Geschäftsanteil nicht mehr vorhanden, aber das Stammkapital bleibt in voller Höhe erhalten.

Damit ein Anteil überhaupt zwangsweise eingezogen werden darf, muss er voll einbezahlt sein.

Hinweis

Ist der Anteil, der zwangsweise eingezogen werden soll, nur teilweise eingezahlt, können die übrigen Gesellschafter den fehlenden Betrag einbezahlen. Sie können dann ihren Erstattungsanspruch an die GmbH abtreten, die ihrerseits dann wieder den Anspruch mit dem zu zahlenden Einziehungsentgelt (Abfindung) verrechnen kann.

Die zwangsweise Einziehung muss im Gesellschaftsvertrag zugelassen sein. Es muss ein wichtiger Grund für die Einziehung vorliegen. Es ist ein – mit einfacher oder in der Satzung dafür vorgesehener Mehrheit gefasster – Gesellschafterbeschluss notwendig. Der betroffene Gesellschafter hat kein Stimmrecht. Ausnahme: Die Einziehung ist bei seinem Eintritt in die GmbH nicht im Gesellschaftsvertrag geregelt gewesen (§ 34 Abs. 2 GmbHG). Sieht die Satzung einer GmbH keinen Gesellschafterbeschluss über die Erhebung einer Ausschließungsklage gegen einen Mitgesellschafter aus wichtigem Grund vor, bedarf der Beschluss eine qualifizierte Mehrheit von ¾ der abgegebenen Stimmen – unter Ausschluss derjenigen des Betroffenen (BGH vom 13.01.2003 – II ZR 227/00).

Dem auszuschließenden Gesellschafter wird der Einziehungsbeschluss formlos mitgeteilt.

Die Zahlung der Abfindung, also des Einziehungsentgelts darf das Stammkapital der GmbH nicht angreifen.

Durch die Einziehung geht der entsprechende Geschäftsanteil inklusive etwaiger Rechte Dritter am Geschäftsanteil unter. Die Stammeinlagen stimmen folglich nicht mehr mit dem Stammkapital überein. Dieser „Makel“ hat keine rechtlichen Folgen. Ob er also korrigiert wird oder nicht, ist – rechtlich – gleichgültig. Wer ihn beseitigen will, muss einen Aufstockungsbeschluss fassen und so die Nennwerte der Stammeinlagen an das Stammkapital anpassen.

Wird ein Geschäftsanteil eingezogen, ändern sich die Beteiligungsverhältnisse der verbleibenden Gesellschafter, da die Summe der Stammeinlagen der verbleibenden Gesellschafter danach 100 % sind und nicht mehr das Stammkapital.

Statt der Einziehung kann die Satzung vorsehen, dass der betroffene Gesellschafter seine Gesellschaftsanteile an die GmbH oder einen Dritten abtreten muss.

6.14.3 Gesellschafteraustritt

Ein Gesellschafter kann aus wichtigem Grund austreten. Voraussetzung ist, dass er zuvor versucht hat, den Austritt durch andere, zumutbare Mittel abzuwenden. Als zumutbare Mittel gilt beispielsweise die Erhebung einer Anfechtungs- oder Nichtigkeitsklage oder die Abberufung des Geschäftsführers. Damit ein Austritt zulässig ist, muss zuvor klar sein, dass das Stammkapital nicht angegriffen wird.

Wichtig ist ein Grund dann, wenn dem austrittswilligen Gesellschafter nicht mehr zugemutet werden kann, seine Mitgliedschaft in der GmbH aufrecht zu erhalten. Ob der wichtige Grund in der Person des Gesellschafters, eines anderen Gesellschafters oder in den Verhältnissen der Gesellschaft liegt, ist rechtlich unwichtig.

Der Austritt vollzieht sich nach den Regeln, die in der Satzung genannt sind. Schweigt die Satzung zu diesem Punkt, muss der austrittswillige Gesellschafter zunächst der GmbH gegenüber – möglichst schriftlich und mit Empfangsbestätigung – eine Austrittserklärung abgeben. Liegt der GmbH die Austrittserklärung vor, kann sie den betroffenen Geschäftsanteil gegen Zahlung einer Abfindung einziehen (§ 34 GmbHG) oder dessen Abtretung an einen Dritten oder die übrigen Gesellschafter (§ 15 GmbHG) verlangen oder als eigenen Anteil erwerben, wenn dadurch das Stammkapital nicht angegriffen wird. Die Stammeinlage muss voll einbezahlt sein.

Bis zur endgültigen Einigung über das Abfindungsentgelt bleibt der Austretende Gesellschafter mit allen Rechten und Pflichten.

6.15 Die Bedeutung der Gesellschafterliste

Nach dem Vorbild des Aktienregisters gilt nur derjenige als Gesellschafter, der in der im Handelsregister aufgenommenen Gesellschafterliste eingetragen ist (§ 16 GmbHG). Es ist die Aufgabe des GmbH-Geschäftsführers, dafür zu sorgen, dass die Liste erstens fehlerfrei erstellt und zweitens dem Handelsregister zur Aufnahme zugeleitet wird.

Die Gesellschafterlisten können dem Handelsregister elektronisch übermittelt werden. Die Aufnahme ins Handelsregister erfolgt dann binnen kurzer Zeit.

Eine Gesellschafterliste ist dann im Handelsregister aufgenommen, wenn sie in den für das entsprechende Registerblatt bestimmten Registerordner aufgenommen ist. Die Liste kann ab der Aufnahme im Handelsregister eingesehen werden. So können Geschäftspartner der GmbH, etwa Kunden und Lieferanten, aber auch potenzielle Neugesellschafter lückenlos und einfach nachvollziehen, wer hinter der Gesellschaft steht. Somit besteht ein Eigeninteresse der Anteilsverkäufer und Erwerber von Gesellschaftsanteilen, dass die Gesellschafterliste von dem GmbH-Geschäftsführer aktuell gehalten wird.

Die erhöhte Bedeutung der Gesellschafterliste führt aber nicht dazu, dass die Eintragung und die Aufnahme der Liste in das Handelsregister Wirksamkeitsvoraussetzung für den Erwerb des Geschäftsanteils wären. Eine Ausnahme besteht nur beim gutgläubigen Erwerb. Ansonsten aber ist eine Übertragung von Geschäftsanteilen auch weiterhin unabhängig von der Eintragung in die Gesellschafterliste möglich.

Der eintretende Gesellschafter erhält einen Anspruch darauf, in die Liste eingetragen zu werden. Dem (Neu-)Gesellschafter bleibt die Ausübung seiner Mitgliedschaftsrechte verwehrt, wenn er nicht in die Gesellschafterliste eingetragen ist und/oder wenn die Liste nicht ins Handelsregister aufgenommen wird. Denn erst mit Aufnahme der entsprechend geänderten Gesellschafterliste in das Handelsregister kommt ihm gegenüber der Gesellschaft die Gesellschafterstellung zu.

In § 16 Abs. 1 Satz 2 GmbHG ist eine Sonderregelung vorgesehen, nach der ein Anteilskäufer bereits unmittelbar nach dem Kauf Rechtshandlungen in Bezug auf das Gesellschaftsverhältnis vornehmen können soll. Er kann also noch bevor die Gesellschafterliste, in der er als Gesellschafter benannt ist, ins Handelsregister aufgenommen wurde, beispielsweise an einem satzungsändernden Gesellschafterbeschluss oder einer Bestellung neuer Geschäftsführer teilhaben. Zunächst sind diese Handlungen allerdings schwebend unwirksam. Wird die Liste unverzüglich nach Vornahme der Rechtshandlung ins Handelsregister aufgenommen, werden auch die Rechtshandlungen wirksam. Wird hier dagegen „gezögert", sind die Rechtshandlungen endgültig unwirksam, Gesellschafterbeschlüsse, die unter Mitwirkung des neuen Gesellschafters getroffen wurden, sind dann entsprechend nichtig.

In der Gesellschafterliste sind die Geschäftsanteile durchgehend zu nummerieren (§ 8 Abs. 1 Nr. 3 GmbHG). Die Nummerierung vereinfacht die eindeutige Bezeichnung eines Geschäftsanteils. So werden Anteilsübertragungen leichter.

Eine zusätzliche Bedeutung erhält die Nummerierung durch die Freigabe der Teilung von Geschäftsanteilen. Die Nennbeträge der von jedem der Gesellschafter übernommenen Geschäftsanteile sollten zudem aus der mit der Anmeldung eingereichten Liste hervorgehen, da die Geschäftsanteile jeweils mit einem Nennwert bezeichnet werden sollen, der auch als Identitätsbezeichnung dient.

Die Umnummerierung der abgetretenen Geschäftsanteile unter Kennzeichnung ihrer Herkunft ist zulässig (§ 40 Abs. 2 S. 1, Abs. 1 S. 1 GmbHG). Es besteht keine Pflicht zur Gliederungskontinuität (BGH vom 01.03.2011 – II ZB 6/10). Das wäre auch ziemlich „hinderlich", denn spätestens dann, wenn Geschäftsanteile geteilt oder zusammengelegt werden, muss die alte Zählweise aufgegeben werden. Was „laufende Nummern" sind, lässt das GmbH-Gesetz offen.

6.16 Gesellschafter-Treuepflichten und Wettbewerbsverbote

Nach einem Wettbewerbsverbot und einem Treuegebot für GmbH-Gesellschafter sucht man vergeblich im Gesetz. Die Rechtsprechung hat aber eine Treuepflicht für GmbH-Gesellschafter bejaht. Ein GmbH-Gesellschafter unterliegt gegenüber der GmbH einer besonderen Treuepflicht, die es ihm beispielsweise verbietet, besondere Kenntnisse aus der Gesellschafterstellung zum eigenen wirtschaftlichen Vorteil zu nutzen. Dies vor allem dann, wenn die GmbH die Möglichkeit gehabt hätte, das Geschäft selbst mit Gewinn zu tätigen. Die Verletzung der Treuepflicht begründet einen Schadenersatzanspruch der GmbH gegenüber ihrem Gesellschafter in Höhe des eingetretenen Vorteils.

Das Treuegebot gilt hauptsächlich für beherrschende Gesellschafter oder solche Gesellschafter, die einen maßgeblichen Einfluss auf die Geschäftsführung ausüben können. Aber auch Minderheiten-Gesellschafter müssen das Treuegebot beachten, z. B. dann, wenn sie gleichzeitig Geschäftsführer der GmbH sind. Die Treuepflicht ist jedoch unterschiedlich streng: Bei einer Familien-GmbH oder einer personalistischen GmbH, bei der es nur wenige GmbH-Gesellschafter gibt, sind die Treuepflichten höher anzusetzen als bei einer kapitalistischen GmbH, die viele Gesellschafter hat.

Kann die GmbH vom Gesellschafter Schadenersatz verlangen und unterlässt es, ist der Verzicht eine verdeckte Gewinnausschüttung, weil der Verzicht der GmbH im Gesellschaftsverhältnis begründet ist. Einem – im wahrsten Wortsinne – unbeteiligten Dritten gegenüber würde die GmbH niemals auf einen ihr zustehenden Schadenersatz verzichten.

Hinweis

Das Wettbewerbsverbot für GmbH-Gesellschafter wird aus der Treuepflicht des Gesellschafters hergeleitet. Diese Ausprägungen sind nicht klar umrissen. Deshalb sollte ein gewünschtes Gesellschafterwettbewerbsverbot in der Satzung verankert wird.

Enthält die Satzung lediglich eine Öffnungsklausel, wird also „nur" die Möglichkeit dafür geschaffen, dass ein Wettbewerbsverbot mit einem, mehreren oder allen Gesellschaftern gesondert vereinbart werden kann, dann muss ein Wettbewerbsverbot auch tatsächlich vereinbart werden.

In keinem Fall darf die Treuepflicht eines Gesellschafters so ausgelegt werden, dass einem Gesellschafter der Wettbewerb gegenüber der GmbH komplett untersagt wird. Dies würde gegen §§ 1, 25 GWB ebenso wie gegen Art. 85 Abs. 1 und 2 des EWG-Vertrags verstoßen.

Ein Alleingesellschafter hat naturgemäß kein Wettbewerbsverbot. Mehrheitsgesellschafter unterliegen der Treuepflicht. Sie müssen alles unterlassen, was der Gesellschaft unmittelbar Nachteile bringt oder bringen kann. Minderheitsgesellschafter – vor allem in einer nicht personalistisch geprägten GmbH – können vollständig von einem Wettbewerbsverbot befreit sein.

Ein nachvertragliches Wettbewerbsverbot muss, damit es wirksam ist, entweder in der Satzung niedergelegt sein oder in einem gesonderten Vertrag geregelt werden. Geschieht dies nicht, kann jeder Gesellschafter nach seinem Ausscheiden der GmbH Konkurrenz machen.

Ein gesellschaftsvertragliches Wettbewerbsverbot ist nur zulässig, wenn es nach Ort, Zeit und Gegenstand nicht über die schützenswerten Interessen des Begünstigten (= die GmbH) hinausgeht und den Verpflichteten (= den Gesellschafter) nicht übermäßig einschränkt. Ob das so ist, kann immer nur im Einzelfall entschieden werden, denn dazu müssen die Interessen der jeweils Betroffenen genau abgewogen werden. Übermäßige Wettbewerbsverbote sind sittenwidrig (§ 138 BGB) und damit nichtig (OLG München vom 11.11.2010 – U (K) 2143/10).

6.17 Die Insolvenzantragspflicht bei führungsloser GmbH

Jeder Gesellschafter ist dann, wenn er von der Führungslosigkeit der Gesellschaft weiß, verpflichtet, bei Zahlungsunfähigkeit und Überschuldung einen Insolvenzantrag zu stellen (§ 15a Abs. 3 InsO). Hat die Gesellschaft also keinen Geschäftsführer mehr, muss jeder Gesellschafter an deren Stelle Insolvenzantrag stellen, es sei denn, er hat vom Insolvenzgrund oder von der Führungslosigkeit keine Kenntnis. Hintergrund dieser Regelung: Die Insolvenzantragspflicht soll nicht mehr durch „Abtauchen“ des oder der Geschäftsführer umgangen werden können.

Hinweis

In der Praxis ist diese Pflicht im Moment wohl noch eher bedeutungslos, weil das „Wissen um die Führungslosigkeit“ oder das „Wissen um die Insolvenzreife“ doch recht großen Freiraum lassen.

6.18 Die freiwillig eingegangenen Chancen und Risiken eines GmbH-Gesellschafters

Aus laienhaftem Rechts- und vor allem aus mangelndem Unrechtsbewusstsein heraus agieren viele GmbH-Gesellschafter – gerade auch als Existenzgründer oder Jungunternehmer – als „Einzel-Unternehmer“, ohne sich über die Konsequenzen bewusst zu sein.

6.18.1 Die faktische Geschäftsführung

Ein Gesellschafter ist sowohl strafrechtlichen als auch zivilrechtlichen Risiken ausgesetzt, wenn er als faktischer Geschäftsführer auftritt.

Faktischer Geschäftsführer ist, wer ohne förmlich wirksam bestellt und ohne ins Handelsregister eingetragen zu sein, mit Kenntnis und – zumindest stillschweigender – Billigung des für die Bestellung zuständigen Organs wie ein Geschäftsführer handelt und dessen Funktion ausübt.

Trotz dieser vermeintlichen Klarheit ist die Rechtsfigur des faktischen Geschäftsführers in Teilbereichen durchaus umstritten. Grundsätzlich sind drei Fallgestaltungen denkbar:

1. Faktische Geschäftsführung liegt vor, wenn ein aktiver, dominanter Gesellschafter oder auch ein Angestellter der GmbH wie ein Geschäftsführer auftritt und die üblicherweise von einem Geschäftsführer zu erledigenden Aufgaben im Außenverhältnis gegenüber Dritten wahrnimmt.
2. Ebenso liegt ein Fall faktischer Geschäftsführung dann vor, wenn ein Mehrheitsgesellschafter derart bestimmenden Einfluss auf den Geschäftsführer nimmt, dass dieser nur noch Weisungen dieses Gesellschafters ausführt.
3. Und schließlich ist auch dann von faktischer Geschäftsführung die Rede, wenn die Person des tatsächlich Auftretenden durchaus identisch mit derjenigen ist, die von den Gesellschaftern zum Geschäftsführer bestellt wurde, aber der Bestellungsakt unwirksam ist.

Hinweis

Es gilt zu beachten, dass derjenige Gesellschafter, der nach außen auftritt und handelt wie ein Geschäftsführer, sowohl straf- als auch zivilrechtlich nach den Grundsätzen der Geschäftsführer-Haftung haftet.

Der Bundesgerichtshof hat die Behandlung eines „aktiven" Mehrheitsgesellschafters als faktischer Geschäftsführer und somit dessen strafrechtliche Verantwortung für Insolvenzverschleppung nach § 84 Abs. 1 GmbHG anerkannt mit dem Argument der überragenden Stellung in der Geschäftsführung. Zivilrechtlich zog der BGH nach und übertrug diese Adressatenausdehnung auf die zivilrechtliche Haftung im Falle der Insolvenzantragspflicht. Es gilt der Grundsatz, dass, wer, ohne dazu berufen zu sein, wie ein Geschäftsführer handelt, auch die Verantwortung eines Geschäftsführers tragen und wie ein solcher haften muss, wenn nicht der Schutzzweck des Gesetzes gefährdet werden soll. Dazu ist nicht erforderlich, dass er die gesetzliche Geschäftsführung völlig verdrängt. Umgekehrt werden dem faktischen Geschäftsführer auch gewisse Rechte, wie z. B. ein Vergütungsanspruch gegen die Gesellschaft zugebilligt, wenn er mit Billigung des Bestellungsorgans tätig geworden ist.

6.18.2 Schuldübernahmen

Rein von der Rechtsform her gesehen, ist die Haftung bei einer GmbH auf deren Gesellschaftsvermögen begrenzt. Die Gesellschafter haften nicht mit ihrem Privatvermögen. Es sei denn, sie gehen – meistens nolens volens – vertragliche Verpflichtungen zu Lasten ihres privaten Vermögens ein.

Bürgschaften

Wohl kaum ein Gesellschafter, dessen GmbH Fremdkapital aufnehmen will, wird um eine Bürgschaft herumkommen. Die Bürgschaft ist ein einseitig verpflichtender Vertrag. Mit seiner Bürgschaft erklärt sich der Bürge bereit, gegenüber dem Gläubiger eines Dritten (= die GmbH, die Hauptschuldnerin) für die Erfüllung der Verbindlichkeiten des Dritten einzustehen. Eine Bürgschaft bedarf der Schriftform (§ 766 BGB), nur dann ist sie wirksam.

Bürgschaften können sowohl zeitlich als auch betragsmäßig begrenzt werden. Es ist auch möglich und ratsam, die Bürgschaft nicht so zu erklären, dass von ihr auch zukünftige Verbindlichkeiten erfasst werden.

Allerdings ist eine Bürgschaft eines Allein-Gesellschafter-Geschäftsführers einer GmbH für deren Kredite, auch dann für zukünftige Forderungen wirksam, wenn sie auf einen Höchstbetrag begrenzt ist (BGH vom 10.11.1998 – XI ZR 437/97). Dagegen kann sich ein Minderheitengesellschafter, der nicht Geschäftsführer ist, darauf berufen, dass er keinen Einfluss auf die GmbH hat. Folglich kann er auch die Höhe der Kreditverbindlichkeiten der Gesellschaft weder kontrollieren noch reduzieren. Die Höhe seiner Haftung wäre ihm also völlig aus der Hand genommen, wenn er eine Globalhaftung auch für künftige Forderungen der Bank an die GmbH unterschrieben hat.

Eine solche formularmäßige Bürgschaft verstößt gegen das Gesetz über die Allgemeinen Geschäftsbedingungen (BGH, vom 15.07.1999 – IX ZR 243/98). In diesem Fall beschränkt sich die Haftung nur auf die Forderung, die Anlass zu der Bürgschaft gegeben hat.

Von GmbH-Gesellschaftern werden meist so genannte selbstschuldnerische Bürgschaften verlangt. Bei einer selbstschuldnerischen Bürgschaft kann der Bürge vom Kreditgeber unmittelbar und in voller Höhe zur Begleichung der Schulden in Anspruch genommen werden, wenn der eigentliche Schuldner seinen Zahlungsverpflichtungen nicht nachgekommen ist. Damit haftet der Gesellschafter, der eine solche Bürgschaft zeichnet, voll und ganz mit seinem Privatvermögen.

Hinweis

Auch wenn eine verheiratete Person eine Bürgschaft zeichnet, bleibt das Vermögen des Ehepartners verschont. Bei Gütertrennung ohnehin, aber auch bei einer Zugewinngemeinschaft. Entgegen der landläufigen Meinung bedeutet Zugewinngemeinschaft nämlich nicht, dass der Ehepartner mithaftet. Ausnahme natürlich: Der Ehepartner unterzeichnet die Bürgschaft mit. Sehr häufig verlangen die Banken dies, angeblich, um Vermögensverschiebungen unter den Eheleuten zuvorzukommen. Nicht immer sind die ausufernden Wünsche der Fremdkapitalgeber hier aber auch tatsächlich rechtswirksam.

Der Bürge, der in Anspruch genommen worden ist, hat einen Rückforderungsanspruch an den eigentlichen Schuldner.

Der Gesellschafter, der für die GmbH bürgt, kann eine Avalprovision von der GmbH verlangen. Sie sollte schriftlich vereinbart werden, um eine verdeckte Gewinnausschüttung zu vermeiden.

Wenn ein Gesellschafter-Geschäftsführer für die Gesellschaft gebürgt hat, so wird vermutet, dass die Bürgschaft ihren Grund im Gesellschaftsverhältnis hat. Bei ihm rechnen die Bürgschaftsleistungen zu seiner GmbH-Beteiligung, und zwar in Form von verdeckten Einlagen. Allerdings nur unter der Voraussetzung, dass die GmbH-Anteile entweder in einem Betriebsvermögen gehalten wurden oder – wenn die Anteile Privatvermögen sind – der Gesellschafter innerhalb der letzten fünf Jahre wesentlich, also zu genau 1 % oder mehr an der GmbH beteiligt war.

Dagegen ist es gleichgültig, wie lange der Gesellschafter wesentlich beteiligt war, im Extremfall reicht ein Tag. Genauso gleichgültig ist es, ob er die Bürgschaft zu dem Zeitpunkt eingegangen ist, zu dem er wesentlich beteiligt war oder nicht.

Wenn eine der beiden Bedingungen (Anteile in einem Betriebsvermögen oder 1-%ige Beteiligung) erfüllt ist und der Gesellschafter seine

Rückforderungsansprüche der GmbH gegenüber nicht mehr geltend machen kann, weil sie z. B. liquidiert worden ist, errechnet sich der Verlust aus der GmbH-Liquidation wie folgt:

Liquidationserlös

./. ursprüngliche Anschaffungskosten

./. Bürgschaftszahlungen (=nachträgliche Anschaffungskosten)

= Liquidationsverlust

Diesen Liquidationsverlust kann der Gesellschafter im Rahmen seiner Einkünfte aus Gewerbebetrieb geltend machen.

Wenn der Ehepartner eines GmbH-Allein-Gesellschafters sich für dessen GmbH verbürgt und daraus in Anspruch genommen wird, gehören diese Bürgschaftsleistungen zu den nachträglichen Anschaffungskosten des Anteils des Allein-Gesellschafters. Voraussetzung: Er ist verpflichtet, seinem Ehepartner die Aufwendungen zu ersetzen. Soweit dies der Fall ist, kann er den ausgleichspflichtigen Anteil als nachträgliche Anschaffungskosten geltend machen (BFH-Urteil vom 12.12.2000 – VIII R 22/92). Die Ehefrau hat dann einen Aufwendungsersatzanspruch gegen ihren Gesellschafter-Ehemann, wenn sich beide Ehepartner wie dies in aller Regel geschieht – gesamtschuldnerisch verbürgen, beide werden aus der Bürgschaft in Anspruch genommen werden und der Nicht-Gesellschafter-Ehepartner einen höheren Beitrag zur Bürgschaft als es seinem Anteil nach § 426 BGB entspricht, leistet.

Wer bürgt, weiß meist, worauf er sich einlässt. Wer unter emotionalem Stress (Lebenspartner, Kinder von Gesellschaftern) steht oder geschäftlich unerfahren ist, der hat die Möglichkeit, nicht aus der Bürgschaft verpflichtet werden zu können, wenn er finanziell überfordert ist. In solchen Fällen ist die Bürgschaft sittenwidrig. Das gilt nicht für GmbH-Gesellschafter (BGH vom 15.01.2002 – XI ZR 98/01), denn ein Gesellschafter ist geschäftlich erfahren genug, damit er weiß, worauf er sich bei einer Bürgschaft einlässt. Eine (absolute) Ausnahme hier kann gegeben sein, wenn der Gesellschafter nachweislich reiner Strohmann ist.

Patronatserklärungen

Unter einer Patronatserklärung versteht man eine Vielzahl unterschiedlicher Erklärungen einer Person (= Patron), gegenüber dem Gläubiger eines Schuldners (= der patronierten GmbH) gegenüber. Diese Erklärungen haben gemeinsam, dass der Patron ein Verhalten in Aussicht stellt oder verspricht, das die Aussichten auf Rückzahlung des Kredites verbessert. Oft verspricht der Patron im Falle der Insolvenz der Gesellschaft die Übernahme bzw. die Zahlung der Kreditverbindlichkeiten.

Eine Patronatserklärung genießt ein höheres Prestige als eine Bürgschaft oder Garantie. Der Grund: Sie begünstigt nicht nur einzelne Gläubiger, sondern sie verbessert generell die Bonität der patronierten GmbH.

Der erklärende Patron als Verpflichteter haftet nicht direkt und persönlich. Da der Inhalt einer Patronatserklärung nicht gesetzlich geregelt ist, kann sie frei formuliert werden, so dass individuelle Sondersituationen gut berücksichtigt werden können.

In Konzernen geben häufig die Muttergesellschaften Patronatserklärungen für ihre Tochtergesellschaften ab. Aber auch im mittelständischen Bereich finden sich zunehmend Patronatserklärungen, die von den Gesellschaftern einer GmbH oder einer (GmbH & Co.) KG für die Gesellschaft abgegeben werden.

Stellt der Patron lediglich eine bestimmte Geschäftspolitik in Aussicht, handelt es sich um eine Absichtserklärung ohne unmittelbare Zahlungsverpflichtung – eine so genannte „weiche“ Patronatserklärung. So können beispielsweise lediglich moralisch verpflichtende Absichtsbekundungen Inhalt der Patronatserklärung sein, z. B.: „Ich betrachte wegen meiner gesellschaftsrechtlichen Verbundenheit zu meiner GmbH Schulen als die meinen“, oder Auskunfts- und Mitteilungsverträge etwa Hauptgläubigern oder „Triple A“-Lieferanten oder -Kunden gegenüber sowie eine Verpflichtung, den Hauptschuldner (= die GmbH) bis zur vollständigen Kreditrückzahlung hinreichend auszustatten. Der weiche Patronatsvertrag wird je nach Erklärungsinhalt als Auskunfts-, Mitteilungs- oder einseitig verpflichtender Vertrag gewertet. Der oder die Gläubiger müssen den Vertrag annehmen.

Sofern der Patron konkrete Liquiditätszusagen in seiner Erklärung gegenüber dem begünstigten Unternehmen ausspricht, stellt dies ein aufschiebend bedingtes Darlehensversprechen dar. Der Patron soll dann zu einer Überlassung von Fremdkapital verpflichtet sein, wenn das patronierte Unternehmen von seinen Gläubigern in Anspruch genommen wird und ihm keine hinreichenden Eigenmittel zur Verfügung stehen. Gläubiger der patronierten Gesellschaft haben die Möglichkeit, diesen Anspruch der Gesellschaft gegen den Patron pfänden und sich überweisen zu lassen (§ 829, 835 ZPO).

Werden dagegen Maßnahmen oder Unterlassungen versprochen, die die Kreditwürdigkeit des patronierten Unternehmens fördern oder erhalten, so werden unmittelbare rechtliche Verpflichtungen begründet, so genannte „harte" Patronatserklärung. Der harte Patronatsvertrag wird allgemein als „unechter Vertrag" zugunsten Dritter eingeordnet. Der Patron ist grundsätzlich nicht zur Zahlung an den Gläubiger des patronierten Unternehmens verpflichtet, sondern hat das Unternehmen mit den nötigen Mitteln auszustatten. Das Unternehmen kann aus der Patronatserklärung regelmäßig selbst keine Rechte herleiten. Es handelt sich daher um einen einseitig verpflichtenden Vertrag. Dies bedeutet für den Vertragsschluss, dass es zu der Erklärung des Patrons noch die Annahme des begünstigten Gläubigers bedarf.

Hier kommt also eine garantieähnliche Haftung des Patrons zustande. Diese Garantieerklärung kann darauf gerichtet sein, die Kredit aufnehmende GmbH mit den erforderlichen Mitteln auszustatten oder dem Kreditgeber entsprechenden Schadenersatz wegen Nichterfüllung zu leisten. Wird die GmbH insolvent oder erfüllt sie ansonsten die gesicherte Verbindlichkeit nicht, so kann der Kreditgeber unmittelbar vom Patron Zahlung verlangen.

Bei einer harten Patronatserklärung haftet der Patron gleichrangig mit der GmbH. Es gelten also nicht die Regeln für eine Ausfallbürgschaft. Hier kann der Patron sofort gemeinsam mit der GmbH oder anstatt der GmbH in Haftung genommen werden, ähnlich wie bei einer selbstschuldnerischen Bürgschaft, also einer Bürgschaft ohne Einrede der Vorausklage.

Hinweis

Ob im Einzelfall eine weiche oder harte Patronatserklärung vorliegt, ergibt sich aus der Formulierung der Erklärung einerseits und danach, ob der Patron mit einem so genannten Rechtsbindungswillen gehandelt hat oder nicht. Dabei ist zu unterscheiden, ob die Erklärung gegenüber Gläubigern der Gesellschaft oder nur gegenüber der Gesellschaft selbst abgegeben wird.

Folgende Formulierungen von Patronatserklärungen wurden bereits durch Obergerichte und durch den BGH entschieden. Danach war es jeweils streitentscheidend, ob die Formulierung in der Patronatserklärung zu einer Haftung des Patrons führt oder nicht:

Formulierung	Ergebnis
Es ist meine Absicht, meine derzeitige Beteiligung an der GmbH während der Laufzeit des Kredites nicht aufzugeben."	Keine Haftung des Patrons
„Ich bin mit der Kreditaufnahme durch unsere Tochtergesellschaft einverstanden."	Keine Haftung des Patrons
„Es ist meine Geschäftspolitik, die Bonität meiner Gesellschaft aufrechtzuerhalten."	Haftung des Patrons
„Ich werde darüber wachen, dass meine Gesellschaft jederzeit zur Rückzahlung des Kredites in der Lage ist."	Haftung des Patrons
Ich habe von der Kreditaufnahme durch meine Tochtergesellschaft Kenntnis genommen."	Keine Haftung des Patrons

Gesellschafterdarlehen

Gesellschafterdarlehen sind deshalb „beliebt", weil sie keiner Kapitalbindung unterliegen und zudem auch rechtlich flexibel handhabbar sind: Zwei übereinstimmende Willenserklärungen genügen – es bestehen keine rechtlich zwingenden Formvorschriften. Wirtschaftlich/steuerlich dagegen gilt, dass wegen der „Beweisbarkeit der Vereinbarungen" eine schriftliche Vereinbarung im Vorhinein – vor allem bei beherrschenden Gesellschaftern, also solchen, die die Mehrheit der Anteile halten – getroffen wird.

Des Weiteren ist die Vereinbarung von individuellen Rückzahlungsmodalitäten möglich und üblich. Auch ohne eine solche Vereinbarung gelten die gesetzlichen Kündigungsmöglichkeiten. Wird die GmbH insolvent, sind alle Gesellschafterdarlehen nachrangig, eine Rückzahlung ist anfechtbar. Das heißt: Gesellschafterdarlehen müssen, wenn sie bis zu einem Jahr vor der Insolvenz getilgt worden sind, der GmbH zurückerstattet werden.

Wird der Darlehensvertrag nicht so vereinbart wie unter fremden Dritten üblich, und/oder wird er nicht so durchgeführt wie vereinbart, und/ oder sind die Zinsen für ein Gesellschafterdarlehen unangemessen hoch im Vergleich zu dem, was ein fremder Dritter, z. B. eine Bank, von der GmbH an Zinsen fordern würde, liegt eine verdeckte Gewinnausschüttung vor.

Verzichtet ein Gesellschafter auf seine Darlehensforderung gegenüber der GmbH, so liegt eine verdeckte Einlage vor, wenn der Verzicht nur durch die Gesellschafterstellung erklärt werden kann. Ist das Darlehen im Zeitpunkt des Verzichts nicht mehr vollwertig, so ist die verdeckte Einlage mit dem tatsächlichen Wert des Darlehens anzusetzen.

Verzichtet der Gesellschafter unter der auflösenden Bedingung, dass bei Besserung der wirtschaftlichen Lage der GmbH die Forderung wieder aufleben soll (Verzicht gegen Besserungsschein oder Besserungsklausel), ist das Darlehen in der Handelsbilanz zwar erfolgswirksam auszubuchen, dennoch aber ist der Verzicht als verdeckte Einlage zu werten. Verbessert sich die wirtschaftliche Lage der GmbH, lebt die Verbindlichkeit der GmbH wieder auf. Dann ist eine Passivierung geboten. Der Wert entspricht dem Zeitwert des Darlehens, wohl meist dem Rückzahlungsbetrag.

Steuerlich ist der Bedingungseintritt teilweise einkommensneutral, da außerhalb der Bilanz eine Hinzurechnung zur Ermittlung des Einkommens durchzuführen ist.

6.18.3 Verdeckte Sacheinlagen sowie Hin- und Herzahlen

Eine verdeckte Sacheinlage liegt vor, wenn formell eine Bareinlage vereinbart und geleistet wird, die Gesellschaft bei wirtschaftlicher Betrachtung aber einen Sachwert erhalten soll. Grundsätzlich wäre es in einem solchen Fall nicht nur möglich, sondern sachgerecht, das betreffende Wirtschaftsgut direkt als Sacheinlage einzubringen. Davor schrecken aber viele in der Praxis zurück, denn Sachgründungen oder Kapitalerhöhungen gegen Sacheinlagen sind nicht nur zeitlich aufwändig. Die Gesellschafter müssen einen Sachgründungsbericht erstellen (§ 5 Abs. 4 GmbHG). Das mit der Eintragung befasste Gericht kann ein Werthaltigkeitsgutachten anfordern, soweit es von der Werthaltigkeit der Sacheinlage nicht überzeugt ist.

Wegen der „Unbeliebtheit“ von Sachgründungen, wurden und werden wohl immer noch Bargründungen verbunden mit dem anschließenden Erwerb des Wirtschaftsguts vom Gesellschafter vorgezogen. Dies hat in der Vergangenheit zu teilweise existenzbedrohenden Situationen geführt, wenn beispielsweise im Verlauf einer Insolvenz vom Insolvenzverwalter die in der Satzung vereinbarte Bareinlage aus der Sicht des betroffenen Gesellschafters ein zweites Mal gefordert wurde, weil sie nicht erbracht oder im Austausch mit einer nicht gleichwertigen Gegenleistung zurückerstattet worden sei. Dieser Interessenskonflikt wurde in aller Regel vor Gericht ausgefochten und hat dazu geführt, dass – aus Sicht des betroffenen Gesellschafters – die Einlage ein zweites Mal geleistet werden musste.

Von „Hin- und Herzahlen“ spricht man dann, wenn vor der Einlage eine Leistung an den Gesellschafter vereinbart wird, die wirtschaftlich einer Rückzahlung der Einlage entspricht und die nicht als verdeckte Sacheinlage zu werten ist.

Ein Gesellschafter kann sich seiner Bareinlagepflicht nicht durch eine „verdeckte Sacheinlage“ entziehen. Er bleibt also nach wie vor verpflichtet, die Einlage in bar zu leisten. Aber: Nach der Eintragung ins Handelsregister wird der Wert der Sacheinlage auf die fortbestehende Geldeinlageverpflichtung angerechnet (§ 19 Abs. 4 GmbHG). Der Gesellschafter muss den Wert der verdeckten Sacheinlage zum Zeitpunkt der Einlage nachweisen.

Die Fälle des Hin- und Herzahlens sind in § 19 Abs. 5 GmbHG geregelt. Der Gesellschafter ist beim Hin- und Herzahlen nur dann von seiner Bareinlagepflicht befreit, wenn die von ihm erbrachte Leistung durch einen vollwertigen Rückgewähranspruch gedeckt ist, der jederzeit fällig ist oder durch fristlose Kündigung durch die Gesellschaft fällig werden kann. Eine solche Leistung oder die Vereinbarung einer solchen Leistung muss bei der Handelsregister-Anmeldung (§ 8 GmbHG) angegeben werden.

6.19 Rechte und Pflichten eines GmbH-Geschäftsführers

Da eine GmbH eine juristische Person ist, hat sie zwar jede Menge Pflichten und ebenso viele Rechte, aber sie kann sie selbst nicht geltend machen. Sie braucht ein „Sprachrohr", eine handelnde Person, in Juristen-Deutsch ein Organ, das für sie die Pflichten erfüllt und die Rechte wahrnimmt. Dieses Organ ist die GmbH-Geschäftsführung.

6.19.1 Überblick

Eine GmbH kann einen oder mehrere Geschäftsführer haben. Der oder die GmbH-Geschäftsführer müssen zwingend natürliche Personen sein. Es geht also nicht, dass eine andere GmbH, eine Aktiengesellschaft oder ein Verein die Geschäftsführung einer GmbH übernimmt.

Der Geschäftsführer einer GmbH ist – nach innen, also der GmbH selbst und ihren Gesellschaftern, und nach außen, also beispielsweise den Gläubigern der GmbH – dafür verantwortlich, dass die GmbH ordnungsgemäß geführt wird. Dabei hat er, wie jeder Unternehmer die allgemeinen Gesetze zu beachten und zu befolgen. Da ein GmbH-Geschäftsführer mit „fremdem Geld", nämlich dem der GmbH wirtschaftet, hat er Pflichten, die über die gewöhnlichen Unternehmerpflichten hinausgehen.

Wer als GmbH-Geschäftsführer seine Aufgaben nicht pflichtgemäß erfüllt, haftet. Dass ein GmbH-Geschäftsführer grundsätzlich haftet, ergibt sich direkt aus dem GmbH-Gesetz. § 43 GmbHG enthält die allgemeine Regelung bezüglich der Pflichten, die ein GmbH-Geschäftsführer erfüllen muss, bezüglich seiner Verantwortung und bzgl. des Maßstabs, den er bei seiner Sorgfalt anzulegen hat.

Das GmbH-Gesetz bestimmt, dass Geschäftsführer so sorgfältig sein müssen, wie es jeder ordentliche Geschäftsmann wäre (§ 43 Abs.1 GmbHG). Geschäftsführer haben aber nicht nur die Sorgfalt eines ordentlichen Geschäftsmanns, sondern die weitergehende Sorgfalt eines selbstständigen, treuhänderischen Verwalters fremder Vermögensinteressen zu beachten. Die Grundregel dabei: Je größer die GmbH ist und je vielfältiger die Art ihrer Geschäftsfelder, die im Geschäftszweck der Satzung genannt sind, ist, desto bedeutsamer sind die Treuepflichten.

Ob (einer) der Geschäftsführer übrigens gleichzeitig GmbH-Gesellschafter ist, ist dem GmbH-Gesetz herzlich gleichgültig: Gesellschafter, deren Verwandte oder fremde Dritte, die „sonst nichts mit der GmbH zu tun" haben, können Geschäftsführer sein (§ 6 GmbHG).

Die Geschäftsführer werden durch Gesellschaftsvertrag oder durch die Gesellschafter ernannt – der Fachausdruck ist „bestellt" – und auch abberufen. Die Bestellung wird ins Handelsregister eingetragen. Die Abberufung des Geschäftsführers kann jederzeit, ohne Angabe von Gründen erfolgen. Allerdings kann die Abberufung in der Satzung oder im Anstellungsvertrag auf wichtige Gründe beschränkt werden.

Häufig wird die Organvertretung, also die juristische Geschäftsführung mit dem Führen der wirtschaftlichen Geschäfte der GmbH verwechselt oder zumindest in einen Topf geworfen. Dabei hat das eine nichts mit dem anderen zu tun. Zum Organ der GmbH wird man durch förmlichen Gesellschafter-Beschluss bestellt. Die Bestellung zum GmbH-Geschäftsführer wird öffentlich kundgetan und ins Handelsregister eingetragen. Die wirtschaftliche Geschäftsführung dagegen bezieht sich auf den Unternehmensgegenstand, also die Geschäfte, mit denen das Unternehmen Geld verdienen möchte, unabhängig davon, in welcher

Rechtsform es geführt wird. Um die Geschäfte der GmbH wirtschaftlich zu führen, wird der Geschäftsführer angestellt - mit Vertrag. Die Rahmenbedingungen für seine wirtschaftliche Geschäftsführung kann er mit den Gesellschaftern – häufig also mit sich selbst – aushandeln.

Die Abberufung eines Geschäftsführers durch die Gesellschafterversammlung wird meistens mit einer Kündigung des Anstellungsverhältnisses verbunden. Wurde der Geschäftsführer aus wichtigem Grund abberufen, zieht dies meist sogar eine fristlose Kündigung nach sich. Das gilt auch, wenn der Geschäftsführer gleichzeitig an der GmbH beteiligt ist. Selbstverständlich aber hat seine Gesellschafterstellung nicht mit seinem Geschäftsführeramt zu tun. Beides sind „getrennte Paar Stiefel“. Im Klartext: Auch wenn ein Gesellschafter-Geschäftsführer aus wichtigem Grund abberufen und fristlos gekündigt wurde, ist und bleibt er nach wie vor Gesellschafter der GmbH.

Die Anstellung des Geschäftsführers kann zeitlich beschränkt werden. In der Regel wird dann der Zeitraum der Anstellung auf fünf Jahre - mit oder ohne Verlängerungsoption – gewählt. Diese Variante wird aber fast ausschließlich dann gewählt, wenn der Geschäftsführer ein fremder Dritter ist.

Bei einem Gesellschafter-Geschäftsführer dagegen läuft die Anstellung meist auf unbeschränkte Zeit, aber mit der Möglichkeit versehen, den Anstellungsvertrag fristgemäß – oder aus wichtigem Grund fristlos – zu kündigen.

Mit der Art und Weise, wie die Vertretung geregelt ist, ist auch nach außen klargestellt, welche Befugnisse der oder die Geschäftsführer haben. Es gibt die Möglichkeit der Alleinvertretung. In diesem Fall kann der Geschäftsführer allein die GmbH rechtswirksam nach außen vertreten und für sie Verträge abschließen.

Bei der Gesamtvertretung wird unterschieden zwischen der echten Gesamtvertretung, wenn also ein Geschäftsführer nur zusammen mit einem oder mehreren oder allen anderen Geschäftsführern die GmbH nach außen vertreten darf, und der unechten Gesamtvertretung. In diesem Fall darf der Geschäftsführer die GmbH nur zusammen mit einem

Prokuristen vertreten. Der Prokurist kann dabei entweder von der eigenen GmbH kommen; er kann aber auch von außen kommen, z. B. von der Mutter-GmbH. Möglich ist auch, dass es in einem mehrköpfigen Geschäftsführergremium einen Vorsitzenden gibt, der über Sonderrechte und -pflichten verfügt.

Vertretungsregelungen müssen, damit sie wirksam sind, im Handelsregister eingetragen sein. Nur sie gelten nach außen! Interne Regelungen, z. B. darüber, welche Geschäfte nicht ohne vorherige Absprache untereinander getätigt werden, gelten aber ebenfalls für den Geschäftsführer! Verstößt er dagegen, begibt er sich in die Gefahr einer möglichen Schadensersatzpflicht der GmbH gegenüber.

Da der GmbH-Geschäftsführer auf der einen Seite die GmbH vertritt, aber auf der anderen Seite auch (noch) Privatperson ist, ist es vorstellbar, dass er mit sich selbst Verträge abschließen können muss. Z. B. dann, wenn er als Privatperson ein Bürogebäude besitzt, in dem er der GmbH ein Stockwerk als Büroetage vermieten will. Oder er besitzt in einem Einzelunternehmen einen LKW, den er der GmbH gegen Entgelt zum Gebrauch überlassen will. Um solche Geschäfte tätigen zu können, muss der Geschäftsführer vom Verbot der Insichgeschäfte (Selbstkontrahieren, § 181 Bürgerliches Gesetzbuch/BGB) befreit sein. Diese Befreiung vom Verbot der Insichgeschäfte muss im Handelsregister eingetragen sein, damit sie wirksam ist.

6.19.2 Die Haftung nach innen

Der Geschäftsführer steht zur Gesellschaft regelmäßig in einem Vertragsverhältnis. Meist handelt es sich dabei um einen Dienstvertrag. Besondere Haftungsregelungen können und sollten, müssen aber nicht unbedingt im Dienstvertrag vereinbart werden. Denn die Haftung des Geschäftsführers als Leistungsschuldner gegenüber der Gesellschaft ergibt sich aus § 276 BGB. Danach hat jeder Leistungsschuldner in einem Vertrag für Vorsatz und Fahrlässigkeit einzustehen. Und es gibt eine Besonderheit im Verhältnis GmbH und Geschäftsführer, das besondere Treueverhältnis, das die Haftung des Geschäftsführers ausdehnt.

Befreiung vom vertraglichen Wettbewerbsverbot

GmbH-Geschäftsführer müssen immer bedenken: Die GmbH und ihre Geschäfte haben Vorrang. Kollidieren seine und die Interessen der GmbH, muss er für einen angemessenen Interessenausgleich sorgen. Unter keinen Umständen darf er die GmbH übervorteilen oder gar schädigen. Deshalb darf ein Geschäftsführer (dies gilt auch für den Gesellschafter-Geschäftsführer) während seiner Amtszeit keine Geschäfte auf eigenen Namen und eigene Rechnung machen, wenn die GmbH diese Geschäfte hätte auch machen können. Ausnahme: Er ist vom vertraglichen Wettbewerbsverbot rechtswirksam befreit.

Geschäftsführer können sich vom vertraglichen Wettbewerbsverbot befreien lassen – auch als Gesellschafter-Geschäftsführer. Ein Betroffener kann sich natürlich bereits in der Satzung definitiv vom vertraglichen Wettbewerbsverbot befreien lassen. Aber dies muss nicht sein. Es genügt, wenn die Satzung eine so genannte „Öffnungsklausel" enthält, nach der die Gesellschafter-Versammlung zu gegebener Zeit wirksam über die Befreiung vom vertraglichen Wettbewerbsverbot beschließen darf. Um aber dann Konkurrenzgeschäfte tätigen zu können, ohne Sanktionen fürchten zu müssen, muss die Gesellschafterversammlung nachweislich einen entsprechenden Befreiungsbeschluss fassen.

Aber Achtung bei der Formulierung, sonst streiten sich die Parteien darüber, ob denn die Satzung den Geschäftsführer generell von dem vertraglichen Wettbewerbsverbot befreit und die Gesellschafterversammlung lediglich über Einschränkungen beschließen kann. Oder ob der Geschäftsführer generell dem vertraglichen Wettbewerbsverbot unterliegt und nur von der Gesellschafterversammlung davon befreit werden kann.

Hinweis

Wer auf Nummer sicher gehen will, der macht zu allen Verträgen, die er schließt oder ändert– also auch zur GmbH-Satzung – eine Art Protokoll in eigenen Worten, was er bezweckt. So weiß man auch noch nach Jahren, was einem damals bewogen hat, die dann zur Debatte stehende Formulierung zu wählen. Solche „deutschen" und nicht juristisch formulierten „Denkhilfen" empfehlen sich gerade bei komplizierten Verträgen oder bei solchen Verträgen, die eine lange Laufzeit haben.

Formulierungsmuster: Satzungs-Öffnungsklausel für Befreiung vom vertraglichen Wettbewerbsverbot

Die Geschäftsführer/der Geschäftsführer unterlieg/t/en grundsätzlich dem vertraglichen Wettbewerbsverbot. Allerdings kann die Gesellschafterversammlung mit ...... (Prozentzahl) Mehrheit beschließen, die /Geschäftsführer/den Geschäftsführer während der Dauer ihres/seines Anstellungsvertrags von ihren/seinen gesetzlichen Treuepflichten der Gesellschaft gegenüber zu befreien und ihnen/ihm eine Konkurrenztätigkeit in ihrem Geschäftszweig gestatten. Diese Erlaubnis kann die Gesellschafterversammlung generell erteilen oder auf genau benannte Einzelfälle einschränken. Mögliche Folgegeschäfte, die sich aus diesen erlaubten Einzelgeschäften ergeben, sind nicht von der Erlaubnis für den zugrunde liegenden Einzelfall gedeckt. Für sie ist eine weitere Erlaubnis erforderlich.

Über die im gegebenen Fall zu zahlende Entschädigung beschließt ebenfalls die Gesellschafterversammlung.

Die Treuepflichten in einer GmbH

Jeder GmbH-Geschäftsführer muss „seiner" GmbH treu sein, solange er aktiv in ihren Diensten steht. Er darf nichts tun, was der GmbH schaden würde. Dieses „vertragliche Treuegebot" und damit quasi „Wettbewerbsverbot" gilt von Gesetzes wegen – also auch ohne, dass es gesondert zwischen Geschäftsführern und Gesellschaftern vereinbart worden wäre. Und es gilt auch unabhängig davon, ob der Geschäftsführer an der GmbH beteiligt ist oder nicht.

Geschäftsführer müssen nicht nur aktiv Geschäfte betreiben oder unterlassen, sondern sie schulden der GmbH immer loyales Verhalten. Wann und wo Geschäftsführer von einem möglichen Geschäft für die GmbH erfahren, ist gleichgültig. Auch wenn sie nur privat von einer Angelegenheit Kenntnis erlangen, die das Interesse der GmbH berührt, müssen sie aus ihrer Treuepflicht heraus der GmbH den Vorteil verschaffen – sie dürfen ihn nicht für sich selbst nutzen.

Wie weit die Treuepflicht und damit das vertragliche Wettbewerbsverbot reichen, ist im Einzelnen ziemlich umstritten. Es ist also nicht mehr so, dass lediglich der Unternehmenszweck in der Satzung als maßgeblich für die Abgrenzung der „wettbewerbsunschädlichen" Tätigkeit angesehen wird. Heute wird die Abgrenzung nach der so genannten Geschäftschancenlehre vorgenommen. Danach kommt es darauf an, ob „eine Kapitalgesellschaft eine sich ihr bietende Geschäftschance" auch wahrgenommen hätte, ob also das Geschäft einerseits für die Gesellschaft nötig oder auch nur dringend wünschenswert ist oder ob andererseits die Gesellschaft z. B. mangels entsprechender finanzieller Mittel es gar nicht wahrnehmen kann.

Die Behinderung oder Unterlassung der Nutzung von Geschäftschancen durch den Geschäftsführer ist treuwidrig und sogar sittenwidrig, wenn es zum eigenen Vorteil geschieht.

Hinweis

Wer als Geschäftsführer im Zweifel ist, ob ein Geschäft von der GmbH durchgeführt werden soll oder nicht, sollte zu seiner eigenen Absicherung und um sich nicht wegen möglicher „Änderung der Geschäftspolitik“ schadensersatzpflichtig zu machen, die Gesellschafterversammlung um Zustimmung bitten. Vertritt die Gesellschafterversammlung die Auffassung, das Geschäft solle nicht von der GmbH durchgeführt werden, kann der Geschäftsführer es sich gegebenenfalls noch als eigenes Geschäft gestatten lassen.

Dies ist vor allem für die Existenzgründer wichtig, die nicht nur Gesellschafter, sondern auch Geschäftsführer ihrer GmbH sind, die „noch nicht leben können“ von ihrem Unternehmen und deshalb „nebenher“ arbeiten müssen oder ein weiteres Unternehmen parallel zur GmbH aufbauen.

Aus den allgemeinen Treuepflichten ergibt sich auch, dass Geschäftsführer Stillschweigen über Betriebsgeheimnisse wahren müssen. Dennoch wird gerade diese Ausprägung des Treuegebots als so wichtig angesehen, dass sie fast immer im Anstellungsvertrag noch einmal gesondert herausgestellt wird.

Üblich und auch selbstverständlich ist es, dass geschäftliche und betriebliche Unterlagen (gleich welcher Art) nur zu geschäftlichen, nicht aber zu privaten Zwecken verwendet werden dürfen. Im Anstellungsvertrag wird meistens auch ausdrücklich untersagt, dass solche Unterlagen an dritte Personen weitergegeben werden dürfen. Auch in § 85 GmbHG ist eindeutig festgelegt, dass sich ein GmbH-Geschäftsführer strafbar macht, wenn er Betriebs- oder Geschäftsgeheimnisse verrät. Eine solche Tat wird allerdings nur auf Antrag der GmbH verfolgt.

Hinweis

Im eigenen Interesse sollte darauf geachtet werden, dass im Anstellungsvertrag die Folgen einer Verletzung von Treuepflichten (Sorgfalts- und Geheimhaltungspflichten) eindeutig geregelt sind, sei es, dass sie Grund für eine außerordentliche Kündigung sind, verbunden mit sofortiger Freistellung, oder sei es, dass sie den Geschäftsführer zum Schadensersatz verpflichten.

Die Treuepflicht verbietet es auch, dass der GmbH-Geschäftsführer Zahlungen (Provisionen, Schmiergelder, ...) dafür annimmt, dass er etwas Bestimmtes tut oder lässt. Ein GmbH-Geschäftsführer muss auf die „guten Sitten" achten. Das hat zwar auch mit Moral, aber erheblich mehr mit der Tatsache zu tun, dass er persönlich seinen Kopf in der Haftungsschlinge hat. Entsteht nämlich der GmbH oder einem ihrer Gläubiger durch sein sittenwidriges Verhalten ein Schaden, muss er mit seinem Privatvermögen dafür geradestehen.

Wer als Geschäftsführer beispielsweise bestimmte Mitarbeiter der GmbH zugunsten eines Konkurrenten freigibt und für diese „Gefälligkeit" eine Provision – zahlbar auf das Privatkonto – verlangt respektive ein entsprechendes Angebot nicht entrüstet von sich weist, verstößt schon gegen die guten Sitten, nur weil er ein Provisionsversprechen annimmt. Der Grund: Wer ein solches Versprechen annimmt, der verstößt gegen seine vertragliche Treuepflicht der GmbH gegenüber. Denn damit entzieht er der GmbH – hier in diesem speziellen Fall – und auch mittelbar den GmbH-Gesellschaftern den „Gegenwert" für die Freigabe der Mitarbeiter.

Die Treuepflicht der GmbH gegenüber hat aber auch die Ausprägung, dass der Geschäftsführer auch dann haftet, wenn er der GmbH seine privaten Interessen aufdrängt. Denn ein Geschäftsführer verletzt seine Treue- und Interessenswahrungspflicht gegenüber der GmbH, wenn er diese veranlasst, Leistungen mit privatem Bezug allein in seinem Eigeninteresse zu erbringen, ohne dass die Gesellschaft adäquate Gegenleistungen erhält.

6.19.3 Die Haftung nach außen im Überblick

Die Haftung eines GmbH-Geschäftsführers beginnt in dem Moment, in dem er das Amt annimmt. Ob er bereits ins Handelsregister eingetragen ist, oder ob er einen Dienstvertrag abgeschlossen hat oder Entgelt erhält, ist in diesem Zusammenhang völlig uninteressant.

Die Haftung endet mit dem Abschluss der Tätigkeit als Geschäftsführer. Es ist somit möglich, dass die Haftung auch über die Beendigung des Anstellungsvertrags hinaus reicht.

Hat die GmbH die Geschäfte aufgenommen, erstreckt sich die Verantwortung des Geschäftsführers nicht nur darauf, dass er ihr zum in der Satzung definierten Erfolg verhilft. Er muss auch die Interessen all derjenigen berücksichtigen, die mit der GmbH in Berührung kommen, also der Gesellschafter, der Arbeitnehmer, der Kunden und der Gläubiger, des Umfeldes, der Umwelt ...

Darüber hinaus ist natürlich die GmbH selbst ebenfalls ein Objekt, das der Geschäftsführer zu schützen hat. Das bedeutet, dass Geschäftsführer und Gesellschafter nicht zusammenwirken dürfen, um der GmbH zu schaden. Auch ein „Stillhalten" der Gesellschafter oder des Geschäftsführers löst unter Umständen Schadensersatzpflicht aus. Denn selbst wenn sich die Gesellschafter mit bestimmten Maßnahmen der Geschäftsführung einverstanden erklärt haben, kann die Durchführung Untreue zu Lasten der Gesellschaft sein, weil sie gegen das Gesellschaftsinteresse verstößt. Dasselbe gilt, wenn der Geschäftsführer Maßnahmen von Gesellschaftern duldet, die die GmbH in ihrem Bestand gefährden.

Verstößt ein Geschäftsführer im Rahmen seiner GmbH-Geschäftsführung gegen strafbewehrte Gesetze, dann haftet er persönlich. Denn nur eine natürliche Person kann eine strafrechtliche Verantwortung übernehmen. Der Umfang der Haftung richtet sich nach der Art der Vorschriften, die verletzt worden sind, und nach dem Grad der Verantwortlichkeit.

Ein GmbH-Geschäftsführer hat für die GmbH Steuerpflichten zu erfüllen und – sofern sie sozialversicherungspflichtige Mitarbeiter hat – auch

Sozialversicherungsbeiträge abzuführen. Er muss für ein geordnetes Rechnungswesen und für die Erfüllung der Publizitätspflichten sorgen. Kommt er diesen Verantwortlichkeiten nicht nach, haftet er persönlich.

6.19.4 Die Geschäftsführerhaftung bei Gründung

Eine GmbH entsteht in mehreren Stadien. Erst wenn sie ins Handelsregister eingetragen ist, ist sie rechtlich vollständig errichtet und ihre (eigene) Haftung ist auf das Gesellschaftsvermögen beschränkt. Die Geschäftsführer-Haftung richtet sich in Ausprägung und Umfang ebenfalls nach dem Stadium, in dem sich die zu entstehende GmbH befindet.

Haftung in der Vorgründungsgesellschaft

Vor Abschluss des notariellen Gesellschaftsvertrages entsteht die Vorgründungsgesellschaft. Üblicherweise entwickelt die Vorgründungsgesellschaft keine Aktivitäten am Markt. Sollten Gesellschafter jedoch bereits erste Ingangsetzungsmaßnahmen vornehmen, entsteht nach außen zwingend eine Gesellschaft bürgerlichen Rechts (GbR). Wird ein Handelsgewerbe nach § 1 Abs. 2 HGB betrieben, entsteht eine offene Handelsgesellschaft (OHG).

Sollte in diesem frühen Stadium der Vorgründungsgesellschaft bereits ein Geschäftsführer von den Gesellschaftern bestellt worden sein, haftet er nach den Regeln der Haftung des Vertreters ohne Vertretungsmacht (§ 179 BGB).

Voraussetzung für die Haftung ist, dass die vertretene Gesellschaft die Genehmigung des Geschäfts verweigert oder diese gemäß § 177 BGB als verweigert gilt.

Was in der Gründungsphase nicht getan werden sollte:

- Es sollte kein Bankkonto für die spätere GmbH eröffnet werden.
- Es sollten keine Ausgaben für die GmbH getätigt werden, auch nicht, wenn beispielsweise gerade günstig eine Maschine angeboten wird. Wird die Maschine angeschafft, so gehört diese zum Betriebsvermögen der Vorgründergesellschaft. Sie geht später nicht

automatisch in das Vermögen der GmbH über. Die Maschine muss an die GmbH verkauft werden. Abgesehen davon, dass der Käufer persönlich (und nicht die GmbH) Geschäftspartner des Maschinenhändlers ist, muss darüber hinaus für die Vorgründungsgesellschaft eine Gewinnermittlung erstellt und zusammen mit den Steuererklärungen beim Finanzamt eingereicht werden.

- Es sollten keine Verträge, insbesondere keine Miet- oder Pachtverträge, die über einen langen Zeitraum verpflichten, geschlossen werden.
- Der Gesellschaftsvertrag sollte nicht auf die lange Bank geschoben werden. Im Idealfall ist die einzige Handlung in der Gründungsphase die Erarbeitung des Gesellschaftsvertrags (= Satzung) für die GmbH.
- Es sollte schnellstmöglich ein Termin mit einem Notar vereinbart werden. Nach § 2 Abs. 1 GmbHG bedarf die Satzung der notariellen Beurkundung.

Die Haftung in der Vor-GmbH

Mit Errichtung, also der notariellen Beurkundung des GmbH-Gesellschaftsvertrags entsteht die Vor-GmbH. Die Vorgründungsgesellschaft ist aufgelöst, weil sie ihren vereinbarten Zweck erreicht hat (§ 726 BGB). Allerdings besteht die GmbH immer noch nicht (§ 11 Abs. 1 GmbHG). Dazu muss sie im Handelsregister eingetragen sein.

Rechtlich wird die Vor-GmbH teilweise bereits wie eine GmbH behandelt und unterliegt den Vorschriften des GmbH-Gesetzes. Ausnahme: Es wird die Existenz der GmbH im Handelsregister vorausgesetzt.

Die Vor-GmbH kann Trägerin eines Unternehmens sein. Eine Vor-GmbH ist rechtsfähig, also haftungs-, handlungs- und insolvenzfähig. Es kann ein Bankkonto auf den Namen der Vor-GmbH eröffnet werden. Die Gründer müssen die vereinbarten Bar- oder Sacheinlagen erbringen. Der oder die Geschäftsführer werden entweder nach dem Gesellschaftsvertrag oder nach den Vorschriften im GmbH-Gesetzes (§ 6 Abs. 3 Satz 2 GmbHG, §§ 35ff GmbHG) bestellt.

Die GmbH i.G. haftet direkt gegenüber den Gläubigern der Gesellschaft für eingegangene Verbindlichkeiten. Daneben sind die Gründer, sofern die Geschäftsführer mit Zustimmung der Gründer den Geschäftsbetrieb aufnehmen, haftungsrechtlich „noch nicht aus dem Schneider“: Gemäß § 11 Abs. 2 GmbHG haften die Handelnden persönlich und solidarisch (gemeinschaftlich), wenn vor der Eintragung in das Handelsregister im Namen der Gesellschaft – also für die Vor-GmbH – gehandelt wurde. So sollen die Vertragspartner für den Fall geschützt werden, dass die GmbH nicht entsteht, also nicht ins Handelsregister eingetragen wird.

Bereits aus dem Wortlaut des § 11 Abs. 2 GmbH folgt, dass Handelnder im haftungsrechtlichen Sinne immer nur sein kann, wer – im Namen der GmbH – tätig wird. Handelnder im Sinn von § 11 Abs. 2 GmbHG ist nach der Rechtsprechung des BGH nur der Geschäftsführer.

Für den Umfang der Haftung gilt, dass der Gläubiger nicht schlechter, aber auch nicht besser gestellt werden soll, als dann, wenn die GmbH bei Vertragsabschluss bereits eingetragen gewesen wäre.

Wurden Dauerschuldverhältnisse von der Vor-GmbH eingegangen, hat sie also beispielsweise längerfristige Mietverträge geschlossen, die dann auf die GmbH übergehen, gilt: Fallen Verbindlichkeiten aus Dauerschuldverhältnissen in die Zeit nach Entstehung der GmbH, haftet der Handelnde nicht. Der Grund: Sobald die Vor-GmbH ins Handelsregister eingetragen ist, ist die GmbH entstanden. Damit gehen alle Aktiva und Passiva der Vor-GmbH automatisch auf die GmbH über.

Eine Haftung des Handelnden kommt nur gegenüber Geschäftspartnern oder anderen Dritten, nicht auch gegenüber den Gesellschaftern in Betracht – dies folgt aus der Schutzfunktion der Haftungsvorschrift.

Sobald die GmbH entstanden ist – und das ist sie mit der erfolgten Eintragung ins Handelsregister, erlischt die Haftung.

Was aber geschieht, wenn die Vor-GmbH nicht eingetragen wird? In der Praxis kommt es vor, dass aus rechtlichen oder tatsächlichen Gründen eine Eintragung ins Handelsregister nicht zustande kommt. Hier müssen zwei Konstellationen unterschieden werden:

- Die Gründer beenden die Geschäftstätigkeit der Vor-GmbH, sobald sie erkennen, dass eine Eintragung nicht mehr zustande kommt.
- Die Gründer führen die Geschäftstätigkeit erst einmal weiter.

Wenn die Gründer die Geschäftstätigkeit der Vor-GmbH beenden, haften sie im Rahmen der als Innenhaftung ausgestalteten Verlustdeckungshaftung. Die Gläubiger haben zunächst nur die Möglichkeit, ihre Forderungen gegen die Vor-GmbH selbst geltend zu machen. Daraus erwachsen der Vor-GmbH Ansprüche gegen die Gründer (deswegen Innenhaftung). Im Gegensatz zur Außenhaftung können die Gläubiger die Gründer somit nicht direkt in Anspruch nehmen. Um letztendlich gegen die Gesellschafter vorgehen zu können, bleibt den Gläubigern oft nur der Weg, den Anspruch der Vorgesellschaft gegen die Gründer zu pfänden. Erst dann ist die Verwertung oder Vollstreckung möglich. In Ausnahmefällen (z.B., wenn die Vor-GmbH vermögenslos ist, kein Geschäftsführer oder keine weiteren Gläubiger vorhanden sind) ist der direkte Zugriff auf die Gesellschafter möglich. Gründer haften im Rahmen der Innenhaftung mit dem gesamten privaten Vermögen. Ihr Haftungsumfang hängt dabei von der Höhe ihrer Beteiligungsquote an der Gesellschaft ab.

Kann ein Gründungsgesellschafter den auf ihn entfallenden Anteil der Verbindlichkeiten nicht begleichen, so müssen die anderen neben dem eigenen Anteil auch noch für die Schulden des Mitgründers einstehen (Ausfallhaftung nach § 24 GmbHG).

Führen die Gründer die Geschäfte der Vor-GmbH zunächst einmal weiter, obwohl erkennbar die Eintragung nicht zustande kommt, tritt die Haftung verschärft ein. Die Gründer haften dann für alle Schulden der Vor-GmbH nach den Grundsätzen der Personengesellschaft, nämlich direkt in Form der unbeschränkten und gesamtschuldnerischen Außenhaftung. Nicht abschließend geklärt ist dagegen, ob die Gründer auch dann haften, wenn sie mit der Aufnahme des Geschäftsbetriebes durch den Geschäftsführer gar nicht einverstanden waren.

Die Haftung erlischt bei Eintragung ins Handelsregister.

Rechtsscheinhaftung in der Vor-GmbH

Wer für eine GmbH handelt, gleichgültig, ob der Handelnde Geschäftsführer ist oder nicht, und dabei das „Gegenüber" nicht darüber aufklärt, dass er für eine Gesellschaft, deren Haftung auf das Gesellschaftsvermögen beschränkt ist, handelt, erweckt den Rechtsschein, als würde zumindest eine natürliche Person unbeschränkt, also auch mit ihrem Privatvermögen, haften. Wer also den Rechtsformzusatz „GmbH" bei der Nennung seiner Firma weglässt, haftet wie eine natürliche Person.

Die Grundsätze der Rechtsscheinhaftung gelten auch in der Vor-GmbH: Wer als Handelnder für eine Vor-GmbH den Formzusatz „Vor-GmbH" oder „GmbH i.G." respektive „GmbH i.Gr." weglässt, und so den Anschein erweckt, es hafte eine natürliche Person, haftet dann wegen Verstoßes gegen § 4 GmbHG. Diese Rechtscheinhaftung trifft „natürlich" nur den für das Unternehmen handelnden Vertreter selbst (= der Geschäftsführer).

6.19.5 Haftungspotenzial bei Anmeldung der GmbH

Der Geschäftsführer einer GmbH kann sich bereits bei Anmeldung der GmbH zum Handelsregister strafbar machen. Seine Angaben, dass die Einzahlungen auf die Stammeinlagen, die grundsätzlich in Geld zu leisten sind (§§ 5 Abs. 1, 19 Abs. 1 GmbHG), bewirkt sind, und sich der Gegenstand der Leistung endgültig in der freien Verfügung des Geschäftsführers befindet (§§ 82 Abs. 1 Nr. 1, 8 Abs. 2 GmbHG), muss wahr sein. Ist sie falsch, macht er sich strafbar.

Freie Verfügung bedeutet dabei, dass der Geschäftsführer im Zeitpunkt der Abgabe der Versicherung in der Lage sein muss, jederzeit über den eingezahlten Betrag zu verfügen. Dazu muss das Geld auf einem eigenen Sonderkonto, auf das der Geschäftsführer Zugriff hat, oder auf einem Bankkonto, das der GmbH gehört, einbezahlt sein. Vorsicht ist hier bei Einzahlungen auf wegen bereits aufgenommener Geschäftstätigkeiten „defizitären" Konten geboten. Verwendet die Bank die Einzahlungen, um das Konto auszugleichen und sind keine entsprechenden Kreditlinien vereinbart worden, steht das Geld dem Geschäftsführer nicht zur freien Verfügung.

Die eingezahlten Einlagen müssen in den Vermögensbereich der GmbH kommen. Damit verbietet es sich in geradezu „selbstverständlicher“ Weise, Einlagen auf ein persönliches Konto des Geschäftsführers einzuzahlen.

Wird noch vor der Anmeldung die eingezahlte Mindesteinlage in Erfüllung eines Darlehensvertrages einem Dritten als Darlehen zur Verfügung gestellt, so steht die Einlage dem Geschäftsführer zum Zeitpunkt der Anmeldung nicht mehr endgültig zur Verfügung. Daran ändert auch der bestehende Darlehensrückerstattungsanspruch nichts, denn Gegenstand der Leistung ist die Darlehensforderung und damit eine Sache.

Der Geschäftsführer hat stets das Aufrechnungsverbot des § 19 Abs. 2 GmbHG zu beachten, wonach gegen den Anspruch der Gesellschaft auf Einzahlung auf die Stammeinlagen die Aufrechnung nicht zulässig ist. Bei Gründungstäuschung i. S. d. § 82 Abs. 1 GmbHG muss der Geschäftsführer mit einer Geldstrafe oder einer Freiheitsstrafe bis zu drei Jahren rechnen. Für diesen Gründungsschwindel gilt eine Verjährungsfrist von fünf Jahren, § 78 Abs. 3 Nr. 4 StGB; die Tat ist spätestens mit der Eintragung der GmbH in das Handelsregister beendet, so dass die Verjährung mit diesem Zeitpunkt beginnt.

6.19.6 Die Haftung bei laufendem Geschäftsbetrieb

Die Geschäftsführer haften aufgrund ihrer Organstellung gem. § 43 Abs. 1 GmbHG dafür, dass sie die Geschäfte mit der Sorgfalt eines ordentlichen Kaufmannes führen. Diese gesetzliche Haftung ist allumfassend.

Die Sorgfaltspflichten eines „ordentlichen Kaufmannes“ (§ 43 GmbHG)

Zur ordnungsgemäßen Geschäftsführung gehört insbesondere, dass der Geschäftsführer keine risikoreichen Geschäfte eingeht. Das umfasst natürlich nicht das „normale“ Risiko. Erst wenn die Grenzen des erlaubten Risikos überschritten werden, handelt der Geschäftsführer pflichtwidrig und haftet für den entstehenden Schaden.

Was als „normales“ Risiko gilt, hängt vom Geschäftsgebiet ab, auf dem die GmbH tätig ist. Was bei dem einen Geschäftsgegenstand als „hochrisikoreiches“ Geschäft gelten kann, kann bei einem anderen Geschäftsgegenstand zum „normalen“ Geschäft gehören.

Des Weiteren kommt es bei der Beurteilung der Frage, ob ein Risikogeschäft vorliegt, entscheidend darauf an, wie vorgegangen wird. Wie also wurde das Geschäft vorbereitet? Wurde umfassend recherchiert, wurden alle relevanten zur Verfügung stehenden Quellen genutzt? Wurden Vorsichtsmaßnahmen ergriffen, um das Risiko überschaubar zu halten oder zu mindern?

Hinweis

Jeder Geschäftsführer ist gut beraten, hier intensiv und fortlaufend zu dokumentieren, was er wie, warum und wieso getan hat. Dabei sollte er auch die Quellen benennen, die er genutzt hat. Nur so kann er belegen, dass ihn keine Schuld daran trifft, dass sich das dem Geschäft innewohnende Risiko verwirklicht hat. Wer zu den „vorsichtigen“ Naturen gehört, sollte sich bei potenziellen Hochrisikogeschäften die Genehmigung im Voraus oder zumindest die Zustimmung der Gesellschafterversammlung einholen, selbst wenn er es nach seinem Anstellungsvertrag nicht tun müsste.

Ob ein Geschäft als Hochrisikogeschäft anzusehen ist, hängt auch davon ab, welche Schäden die Gesellschaft erleidet, wenn sich das Risiko verwirklicht und wie sich diese auf die Gesellschaft und deren Marktstellung, insbesondere auf deren Überlebensfähigkeit auswirken. Sollte die GmbH in ihrer Existenz gefährdet sein, wenn sich das Risiko verwirklicht, wird geradezu automatisch auch von einer Schuld des Geschäftsführers ausgegangen. Denn zu den Aufgaben eines Geschäftsführers gehört es unbedingt, die GmbH zu erhalten.

Risikomanagement als Geschäftsführungsaufgabe

Häufiger Grund für eine Krisenentwicklung in der GmbH ist eine mangelhafte Risikoeinschätzung. Für einen GmbH-Geschäftsführer besteht hier ein konkreter Handlungsbedarf, wenn er sich nicht der Gefahr aufsetzen will zu haften.

Ein Risikomanagement gehört dazu – nicht nur wegen des „gesunden Menschenverstandes", sondern vor allem auch wegen der hier analogen Anwendung des Aktiengesetzes. Für den Vorstand einer Aktiengesellschaft hat der Gesetzgeber in § 91 Abs. 2 AktG ein Risikomanagement zur Pflicht gemacht. Da es heute ganz einhelliger Auffassung entspricht, dass § 91 Abs. 2 AktG auch auf das GmbH-Recht anwendbar ist, kann der von Rechtsprechung und Literatur für den Vorstand entwickelte Pflichtenkatalog auf den GmbH-Geschäftsführer übertragen werden, sofern dem nicht GmbH-spezifisches Recht entgegen steht.

Zu den allgemeinen Pflichten als GmbH-Geschäftsführer gehört der Aufbau einer rechtmäßigen und effizienten internen Organisation der Gesellschaft, die ihm „aus dem Stand heraus" eine Übersicht über die wirtschaftliche und finanzielle Situation der Gesellschaft ermöglicht. Er muss sich jederzeit ein genaues Bild von der Lage des Unternehmens machen können, insbesondere muss er die Umsatzentwicklung und die Liquiditätslage beurteilen können.

Zu diesem allgemeinen Pflichtenkatalog gehört es auch, dass ein Geschäftsführer eine herannahende Krise des Unternehmens erkennen kann: Die ständige vorausschauende Kontrolle der Solvenz der GmbH ist erforderlich.

Sobald eine Krise erkannt wurde, muss rechtzeitig reagiert und alle notwendigen Maßnahmen zur Unternehmensrettung ergriffen werden. Das setzt wiederum voraus, dass beispielsweise ein funktionsfähiges Controlling oder eine effektive interne Revision aufgebaut worden ist und laufend überwacht wird.

Es gibt keine konkreten Anforderungen, wie ein Risikomanagement ausgestaltet sein muss, damit der Geschäftsleiter Haftungsrisiken für die GmbH und für sich ausschaltet. Aber es gibt gewisse Grundregeln, deren Befolgung das Haftungsrisiko zwar nicht völlig ausschließen, aber doch zumindest teilweise erheblich mildern.

Die Einrichtung eines Frühwarnsystems setzt voraus, dass der Geschäftsführer die in seiner GmbH auftretenden Risikobereiche überhaupt kennt. Er muss sie also benennen können, um Risikofelder für seine Gesellschaft richtig einordnen zu können.

Im Mittelpunkt der Risikoerkennung steht die Risikoinventur. Hierbei sollen sämtliche Risiken vollständig erfasst werden. In der Praxis stellt sich an dieser Stelle wieder die Frage, wie das zu geschehen hat. Vorgeschlagen wird z. B. die Erstellung und Bereitstellung von Risikoerfassungsbögen, anhand derer die Mitarbeiter die in ihrem jeweiligen Arbeitsbereich auftretenden Risiken festhalten. Für die Einführung derartiger Formulare zur Risikoerfassung spricht die Standardisierung des Informationsinhalts.

Ein Formular zur Risikoerfassung sollte folgende Angaben enthalten:

- Abteilung
- Mitarbeiter
- Risikoart
- Datum der Risikorecherche
- Eintrittswahrscheinlichkeit des Risikos
- Zu erwartende Schadenshöhe
- Mögliche vorbeugende Maßnahmen
- Maßnahmen bei tatsächlichem Schadenseintritt
- Die im Schadensfall zu informierenden Stellen innerhalb des Unternehmens

In einem zweiten Schritt müssen die erkannten Risiken analysiert werden. Ziel der Risikoanalyse ist es, Ursachen und Folgen der zuvor identifizierten Risiken zu bestimmen.

Für die Funktionsfähigkeit eines Frühwarnsystems ist es von entscheidender Bedeutung, dass die Informationen über erkannte Risikoquellen an die „richtigen" Stellen im Unternehmen weitergegeben werden. Vom zuständigen Sachbearbeiter über alle Hierarchieebenen bis zur Geschäftsleitung müssen sämtliche Stellen Kenntnis von den Risiken erlangen. Es sollte daher in jedem Betrieb ein Berichtswesen aufgebaut werden, in dessen Rahmen detailliert festgelegt wird, welche Stelle im Unternehmen ab Erreichen welcher Risikoschwelle zu informieren ist.

Dazu gehört dann schließlich auch eine Dokumentation darüber, welche Stelle zu welchem Zeitpunkt welche Information an wen weitergegeben hat.

Notwendiger Inhalt eines wirksamen Risikomanagements ist auch die Einrichtung eines funktionsfähigen Risikoüberwachungssystems. In praktischer Hinsicht sollte dies bedeuten, dass auf jeder Unternehmensebene ein Risiko-Kontrolleur zu benennen ist, der die Einhaltung des Risiko-Berichtswesens überprüft. Der Risiko-Kontrolleur hat dabei insbesondere darauf zu achten, ob die Dokumentation der Risiken von den zuständigen Mitarbeitern lückenlos gehalten wird.

Die Risikoüberwachung muss dabei in enger Verbindung zur Unternehmensleitung stehen. Es hat eine mindestens monatliche Berichterstattung an den Geschäftsführer zu erfolgen, ob die Maßnahmen zur Risikoerfassung eingehalten werden.

Effektives Risikomanagement muss auch eine Vorsorge für den eintretenden Schadensfall enthalten. Die im Risikofall zu ergreifenden Gegenmaßnahmen zur Schadensabwehr müssen aufgestellt und so dokumentiert werden, dass sie im Falle eines Falles sofort ergriffen werden können. Dabei stellt sich das praktische Problem, dass nicht von vornherein sämtliche Krisenfälle bedacht werden können. Um bei Eintritt eines Risikos aber rechtzeitig eingreifen zu können, sollten vom Geschäftsführer selbst oder von den GmbH-Gesellschaftern Orientierungsmaßstäbe entwickelt werden, an denen sich Geschäftsführung und auch Mitarbeiter orientieren können.

Muster
Frühwarnsystem zur Risikoerkennung - Risikoinventur - Risikoanalyse - Ordnungsgemäße Dokumentation der Risiken - effektiver Informationsfluss über die Risiken **Risikoüberwachungssystem** - Benennung eines Risiko-Kontrolleurs - Berichterstattung an den Geschäftsführer - Vorsorgemaßnahmen für den Krisenfall

Steuerfolgen von Risikogeschäften

Hat sich das Risiko, bei dem ein Risikogeschäft für die GmbH tätigenden Geschäftsführer realisiert, ist Streit mit dem Finanzamt vorprogrammiert. Üblicherweise dürften bei einer Außenprüfung spekulative Geschäfte, bei denen sich das Risiko entweder bereits verwirklicht hat oder sich mit hoher Wahrscheinlichkeit verwirklichen wird, der privaten Sphäre des Gesellschafters zugerechnet werden. Sind die Verluste bereits bei der GmbH erfasst, wären eine Gewinnhinzurechnung mit gleichzeitiger verdeckter Gewinnausschüttung (vGA) (§ 8 Abs. 3 Satz 2 KStG) die steuerliche Folge.

Ganz entscheidend ist also die Frage, ob Risikogeschäfte eines Gesellschafter-Geschäftsführers innerhalb einer GmbH als Geschäfte der Gesellschaft oder Geschäfte des Gesellschafters und damit dessen steuerlich nicht interessierenden Privatangelegenheiten sind.

Devisen- oder Warentermingeschäfte sind im Regelfall – so die ständige Rechtsprechung des BFH – spekulative Geschäfte, die dem Privatbereich zuzuordnen sind. Sollen sie betrieblich veranlasst sein, muss ein nach Art, Inhalt und Zweck des zu beurteilenden Geschäfts wirtschaftlicher Zusammenhang mit dem Betrieb bestehen. Das heißt im Umkehrschluss: Tätigt der Geschäftsführer Geschäfte, die nicht als branchenüblich gelten oder die so nicht eindeutig vom in der Satzung manifestierten Geschäftszweck der GmbH gedeckt sind, muss eine eindeutige, nach außen schriftliche Dokumentation belegen, dass das Geschäft der betrieblichen Sphäre zugeordnet werden soll, und dass es zu dem Zeitpunkt, zu dem diese Zuordnung erfolgte, objektiv geeignet war, den Betrieb zu fördern.

Es ist nur anzuraten, hier die Zuordnung zur betrieblichen Sphäre sowie ihre Gründe genau und auch für einen Außenstehenden nachvollziehbar zu begründen. Denn die Finanzverwaltung tut sich vor allem dann schwer, Risikogeschäfte als betriebsbedingt anzusehen, wenn sich bereits Verluste konkretisiert haben, während die Finanzrechtsprechung sich hier tendenziell eher großzügig zeigt.

Hinweis

Um Entscheidungen beispielsweise bei Geldanlagen nachvollziehbar zu machen, sollten alle relevanten Unterlagen aufbewahrt werden, so z. B. interne und/oder externe Renditeberechnungen, schriftliche Empfehlungen der Bank, Artikel aus (Fach-)Zeitschriften ... Je konkreter die Unterlagen sind, desto besser, denn allgemeine Broschüren ohne Konkretisierung auf den Einzelfall sind weniger geeignet als konkrete Anlageempfehlungen in Euro und Cent.

Die Finanzverwaltung legte schon vor zig Jahren (Schreiben des Bundesfinanzministeriums vom 19.12.1996 – IV B 7 – S 2742 – 67/96 „Risikogeschäfte durch den Gesellschafter-Geschäftsführer für Rechnung der Kapitalgesellschaft“) Kriterien zur Risikogeschäfts-Abgrenzung zwischen Gesellschafts- und Gesellschafterebene fest. Nach Meinung der Finanzverwaltung ist die Übernahme risikobehafteter Geschäfte zwar nicht von vornherein als unüblich anzusehen, gleichzeitig aber will sie strenge Beurteilungsmaßstäbe angelegt wissen. Immer dann, wenn ein ordentlicher Geschäftsleiter kein solches Geschäft getätigt hätte, liege eine verdeckte Gewinnausschüttung vor. Und ein „ordentlicher Geschäftsleiter" würde ein Geschäft nicht tätigen, wenn es

- nach Art und Umfang der Geschäftstätigkeit der Gesellschaft völlig unüblich,
- mit hohen Risiken verbunden und
- nur aus privaten Spekulationsabsichten des Gesellschafter-Geschäftsführers

zu erklären ist.

Problem dabei: Es ist nicht eindeutig geklärt, ob alle drei genannten Voraussetzungen gemeinsam erfüllt sein müssen oder eines oder zwei der Maßstäbe bereits ausreichen, um ein Geschäft als unüblich und damit risikoreich anzusehen.

6.19.7 Die verbotene Rückzahlung von Stammkapital

Geschäftsführer dürfen keine Zahlungen an die Gesellschafter leisten, wenn dadurch das Vermögen geschmälert würde, das zur Erhaltung des Stammkapitals erforderlich ist, d. h., wenn durch die Zahlung eine Unterbilanz entstünde. Unterbilanz heißt: Der Verlustvortrag und der Jahresfehlbetrag sind höher als die Rücklagen, es sind also bereits Teile des Stammkapitals (des gezeichneten Kapitals) angegriffen.

Ist Stammkapital an Dritte gezahlt worden, können auch diese rückzahlungspflichtig sein. Dies vor allem dann, wenn es sich bei den Dritten um Angehörige des Gesellschafters oder diesem sonst nahe stehende Personen handelt und durch Zahlungen an sie das Auszahlungsverbot umgangen werden sollte.

Ausgenommen ist die Rückgewähr eines Teiles der Stammeinlage sowie die Zahlung des Entgeltes bei Einziehung eines Geschäftsanteiles, wenn gleichzeitig das Nominalkapital entsprechend herabgesetzt wird (§§ 58, 34 GmbHG).

Hinweis

Geschäftsführer müssen Gesellschafterbeschlüsse, mit denen eine Ausschüttung an die Gesellschafter beschlossen wird, immer darauf überprüfen, ob die Ausführung des Beschlusses mit § 30 Abs. 1 GmbHG (Erhaltung des Stammkapitals) vereinbar ist. Haben die Geschäftsführer Auszahlungen entgegen den Grundsätzen der Kapitalerhaltung verschuldet, so haften sie persönlich für die Erstattung an die Gesellschaft (§ 43 Abs. 3 GmbHG).

6.19.8 Geschäftsführer-Haftung bei Erwerb eigener Anteile

„Eigene Anteile“ sind von einer GmbH selbst erworbene Geschäftsanteile des eigenen Unternehmens. Warum sollte eine GmbH eigene Anteile kaufen? Beispielsweise, um einen Gesellschafter „loszuwerden“, oder um einem Investor Eigenkapital zurückzugewähren.

Für eigene Anteile gilt nach § 272 Abs. 1a HGB, dass

- deren Nennbetrag offen vom „Gezeichneten Kapital“ (Stammkapital) getrennt ausgewiesen wird
- der Teil der Anschaffungskosten für die eigenen Anteile, der deren Nennbetrag übersteigt, mit den frei verfügbaren Rücklagen zu verrechnen ist,
- Nebenkosten in Verbindung mit dem Erwerb als Aufwand des Geschäftsjahrs zu erfassen sind.

Der Geschäftsführer haftet dafür, dass die Bestimmung über den Erwerb eigener Anteile (§ 33 GmbHG) beachtet werden. Im Prinzip können Geschäftsanteile an der GmbH für die GmbH erworben werden, ohne dabei an die Verfolgung bestimmter Zwecke gebunden zu sein. Die GmbH wird Gesellschafter bei sich selbst. Es darf allerdings keine „Kein-Personen-GmbH“ entstehen.

Eigene Anteile dürfen nur erworben werden, wenn die Einlagen auf diese Anteile voll geleistet worden sind. Gleiches gilt, wenn die GmbH ihre eigenen Anteile als Pfand nimmt. Auch geringfügige Rückstände sind schädlich. Rückstände auf Einlagen können auch nicht durch Sicherheiten in Höhe des noch fehlenden Einlageteils ersetzt werden.

Der Kaufpreis muss aus den freien Vermögensmitteln ohne Minderung des Stammkapitals gezahlt werden können, also aus Rücklagen oder einem Gewinnvortrag. In der nächsten Bilanz ist eine Rücklage in Höhe des Kaufpreises zu bilden, die nicht zur Zahlung an die Gesellschafter verwendet werden und auch das Stammkapital nicht mindern darf, auch nicht eine andere nach dem Gesellschaftsvertrag zu bildende Rücklage.

Ein Verstoß gegen das Verbot des § 33 GmbHG macht das Kaufgeschäft nichtig. Der Kaufpreis ist dann Zug-um-Zug gegen Rückgabe des Geschäftsanteiles zurückzuzahlen. Die Geschäftsführer haften der GmbH für alle Schäden, die aus dem nichtigen Geschäft entstanden sind (§ 43 Abs. 2 GmbHG).

6.19.9 Die Steuerhaftung des Geschäftsführers

Die Verwaltung und Abführung der GmbH-Steuern obliegen dem Geschäftsführer der GmbH. Gerade in diesem Bereich ergeben sich erhebliche Haftungsrisiken für den Geschäftsführer. Der Geschäftsführer ist Organ und gesetzlicher Vertreter der GmbH. Als solchen treffen ihn, und nur ihn allein(!), alle steuerlichen Pflichten, deren Erfüllung der GmbH obliegt. Er haftet persönlich für Vorsatz und grobe Fahrlässigkeit (§ 69 AO).

Vorsätzlich handelt der Geschäftsführer, wenn er seine Pflichten kennt und sie willentlich und wissentlich verletzt oder die Pflichtverletzung jedenfalls billigend in Kauf nimmt. Grob fahrlässig ist die Pflichtverletzung dagegen, wenn der Geschäftsführer Sorgfaltspflichten in ungewöhnlich hohem Maße verletzt. Dies ist dann der Fall, wenn der Geschäftsführer Umstände unberücksichtigt lässt, die im gegebenen Fall jedem hätten einleuchten müssen, oder wenn er es versäumt, die nahe liegenden Überlegungen anzustellen.

Wichtig!

Um die geforderten nahe liegende Überlegungen anstellen zu können, sind gewisse Grundkenntnisse des Steuerrechts unabdingbar. Es müssen zumindest die Basisregeln gewusst und beachtet werden.

Die Geschäftsführer-Haftung bei der Lohnsteuer

Beschäftigt die GmbH Arbeitnehmer, hat der Geschäftsführer die Besonderheiten des Lohnsteuerabzugs zu beachten. Steuerschuldner ist der Arbeitnehmer; aber der Arbeitgeber – und damit der GmbH-Geschäftsführer als Organ der Arbeit gebenden GmbH – muss gegenüber dem Finanzamt die Lohnsteuer anmelden und abführen. Die Lohnsteuer entsteht in dem Zeitpunkt, in dem die GmbH den Arbeitslohn ihrem Arbeitnehmer auszahlt.

Die Arbeitgeberin GmbH haftet grundsätzlich. Da aber der Geschäftsführer als handelndes Organ der GmbH sie als Arbeitgeberin vertritt, hat er alle ihre Pflichten zu erfüllen, auch die lohnsteuerlichen. Wenn er gegen diese Pflichten verstößt, haftet er persönlich.

Wichtig!

Da ein GmbH-Geschäftsführer – auch dann, wenn er Gesellschafter-Geschäftsführer ist – lohnsteuerlich als Arbeitnehmer zählt, gelten die hier gemachten Ausführungen nicht nur für die Lohnsteuer der Mitarbeiter, sondern auch für die des oder der Geschäftsführer.

Um nicht zu haften, muss die Lohnsteuer

1. richtig berechnet
2. korrekt einbehalten
3. vollständig und
4. pünktlich ans Finanzamt abgeführt

werden.

Die Lohnsteuerhaftung umfasst sowohl die eigentliche Lohnsteuer als auch die Zuschlagsteuern, also Kirchenlohnsteuer, falls der Arbeitnehmer einer erhebungsberechtigten Kirche angehört, und der Solidaritätszuschlag.

Ist absehbar, dass die zur Verfügung stehenden Gelder an den jeweiligen Fälligkeitstagen nicht ausreichen, um den Arbeitnehmern deren Netto-Entgelt und die Lohnsteuer zu bezahlen, müssen die Bruttoentgelte so gekürzt werden, dass die vorhandenen Mittel reichen, um sowohl (neues, geringeres) Netto-Entgelt als auch die darauf entfallende Lohnsteuer entrichten zu können. Es ist eine Gläubigerbevorzugung, wenn die auf Basis der ungekürzten Bruttoentgelte berechneten Netto-Entgelte ausbezahlt werden, ohne dass sicher gestellt oder zumindest hoch wahrscheinlich ist, dass am Fälligkeitstag der Lohnsteuer (in der Regel der 10. des Folgemonats), Mittel in entsprechender Höhe zur Verfügung stehen. Eine solche Gläubigerbevorzugung führt auf jeden Fall zur persönlichen Geschäftsführer-Haftung. Nur eine unvorhersehbare Verschlechterung der Liquiditätslage kann den Geschäftsführer entlasten.

Der Weg der Bruttoentgeltskürzung führt zur Enthaftung bei der Lohnsteuer, nicht jedoch bei der Sozialversicherung! Dort müssen zumindest die Arbeitnehmeranteile in voller Höhe bezahlt werden, sobald die Lohnforderung entstanden ist, um eine persönliche Haftung zu vermeiden.

Die Geschäftsführer-Haftung bei der Umsatzsteuer

In der Praxis erhebliche Bedeutung hat die Haftung wegen Nichtzahlung der Umsatzsteuer, dabei insbesondere die Beträge laut Umsatzsteuervoranmeldung. Allerdings wird bei der Umsatzsteuer nicht der gleiche strenge Maßstab angelegt, wie bei der Lohnsteuer. Der Geschäftsführer muss dafür sorgen, dass das Finanzamt nach Fälligkeit der Umsatzsteuer in gleichem Maß befriedigt wird, wie die anderen Gläubiger. Er muss also den Grundsatz der anteiligen Tilgung beachten.

Tilgt der Geschäftsführer ausschließlich Gläubigerforderungen, ohne die fällige Umsatzsteuer an das Finanzamt abzuführen, kann er in Höhe der fehlenden quotalen Befriedigung des Finanzamtes persönlich in Anspruch genommen werden.

Ist die GmbH in Liquiditätsschwierigkeiten, hat der Geschäftsführer die Umsatzsteuerschuld nur anteilig zu entrichten. Nach dem Grundsatz der anteiligen Tilgung der Umsatzsteuer kommt es nicht darauf an, ob auch die Voranmeldungen nicht oder nicht ordnungsgemäß abgegeben wurden.

Hinweis

Der Grundsatz der anteiligen Haftung für die Umsatzsteuer greift nicht ein, wenn der Geschäftsführer verpflichtet ist, die Eröffnung des Insolvenzverfahrens über das Vermögen der GmbH zu beantragen, weil die GmbH zahlungsunfähig oder überschuldet ist (§ 64 Abs. 1 GmbHG). Der Geschäftsführer darf keine Zahlungen mehr leisten. Das gilt auch hinsichtlich der Umsatzsteuer! Bei Rückforderung von zu Unrecht geltend gemachten Steuervergütungen (Vorsteuererstattung) gilt der Grundsatz der anteiligen Tilgung auch nicht.

Wäre Geld oder Vermögen zu dem Zeitpunkt, zu dem die Steuererklärung pünktlich hätte abgegeben werden müssen, da gewesen, hat aber der Geschäftsführer die Steuererklärung verspätet abgegeben und so die aussichtsreichen Vollstreckungsmöglichkeiten des Finanzamts vereitelt, haftet er für den eingetretenen Steuerausfall.

Hinweis

Die Finanzverwaltung kann vom Geschäftsführer als Haftungsschuldner wegen nicht entrichteter Umsatzsteuer der GmbH verlangen, dass er Auskunft gibt über die anteilige Gläubigerbefriedigung im Haftungszeitraum (nach §§ 90 Abs. 1, 92 Satz 2 Nr. 1 und 93 AO), damit der Haftungsumfang festgestellt werden kann.

6.19.10 Die Haftung für Sozialversicherungsbeiträge

Die GmbH ist Arbeitgeberin der bei ihr beschäftigten Personen und verpflichtet, alle Arbeitnehmer beim Krankenversicherungsträger anzumelden, für die Beiträge zur Krankenversicherung (§§ 253 ff. SGB V), zur Arbeiter – oder Angestelltenversicherung (§§ 190 ff. SGB VI) und zur Arbeitslosenversicherung (§§ 24 f., 341 f. SGB III) zu entrichten sind.

Hinweis

Auch GmbH-Geschäftsführer oder -Mitarbeiter, die Gesellschafter der GmbH sind, können zu dem sozialversicherungspflichtigen Arbeitnehmerkreis gehören, wenn sie abhängig beschäftigt sind. Beherrschen sie dagegen die GmbH, sind sie sozialversicherungsfrei. Ein Gesellschafter „beherrscht“ die GmbH, wenn er entweder mehr als 50 % der Anteile hält oder über ein Vetorecht respektive eine Sperrminorität verfügt.

Die einzelnen Pflichten des Arbeitgebers und damit auch der GmbH ergeben sich aus den §§ 28a ff. SGB IV. In diesen Vorschriften sind die Meldepflichten des Arbeitgebers geregelt, das Verfahren, die Haftung bei er Beitragsentrichtung und die Auskunfts- und Vorlagepflichten des Beschäftigten.

Die Anmeldefrist für jeden Arbeitnehmer beträgt zwei Wochen ab dem Beginn der Beschäftigung. Der gesamte Sozialversicherungsbeitrag ist an die jeweiligen Einzugsstellen zu entrichten (§ 28 h Abs. 1 SGB IV). Zuständige Einzugsstelle ist die Krankenkasse, bei der die gesetzliche Krankenversicherung durchgeführt wird.

Verstöße gegen die Meldepflicht sowie gegen die Pflicht zur ordnungsgemäßen Abführung der Beiträge stellen eine Ordnungswidrigkeit dar.

Die vom Arbeitsentgelt einzubehaltenden Beiträge sind monatlich pünktlich an die Krankenkasse abzuführen. Werden die Beiträge nicht fristgerecht entrichtet, erhebt die Krankenkasse für jeden angefangenen Monat einen Säumniszuschlag von 1 % der unbezahlten Beträge (§ 24 Abs. 1 SGB IV).

Innerhalb der GmbH ist der Geschäftsführer für die ordnungsgemäße und rechtzeitige Meldung und Abführung der Beiträge zuständig. Ein Verstoß gegen diese Pflichten kann eine Schadensersatzpflicht der GmbH sowie eine persönliche des Geschäftsführers begründen.

Interne Zuständigkeitsvereinbarungen oder die Delegation von Aufgaben können die deliktische Verantwortlichkeit eines einzelnen Geschäftsführers teilweise beschränken. In jedem Fall verbleiben ihm jedoch Überwachungspflichten, die ihn zum Eingreifen verpflichten können. Eine solche Überwachungspflicht ist vor allem in finanziellen Krisensituationen gegeben, in denen die laufende Erfüllung der Verbindlichkeiten nicht mehr gewährleistet erscheint.

Hinweis

Bei der persönlichen Haftung sollte im eigenen Interesse genau zwischen den Arbeitgeber- und Arbeitnehmeranteile unterschieden werden. Der Arbeitgeberanteil ist eine eigene Schuld der GmbH (§ 20 SGB IV). Für die Abführung dieses Anteils haftet der Geschäftsführer nicht persönlich.

Anders liegt es bei den einbehaltenen Arbeitnehmeranteilen. Hier handelt es sich um Fremdgelder, die zweckgebunden zu verwenden sind (§§ 28c, 28g SGB IV). Bei einer treuwidrigen Verwendung bzw. Nichtabführung haftet der Geschäftsführer persönlich.

Es ist kein „Exkulpationsgrund", dass die GmbH nicht leistungsfähig gewesen sei, wenn die Liquiditätsprobleme absehbar waren. In einem solchen Fall muss der Geschäftsführer vorbeugen und die Zahlungsfähigkeit zum Fälligkeitszeitpunkt sicherstellen.

Die Pflicht zur Abführung der Sozialversicherungsbeiträge geht allen anderen Verbindlichkeiten vor. Die Ansprüche der Sozialversicherungsträger sind – zumindest, was die Arbeitnehmeranteile anbelangt – gegenüber den anderen Gläubigern privilegiert (OLG Dresden Urteil vom 16.01.2003 – 7 U 1167/02). Das bedeutet für GmbH-Geschäftsführer:

- Sie müssen immer ausreichende Rücklagen zumindest für die Arbeitnehmerbeiträge zur Sozialversicherung bilden unter Zurückstellung anderweitiger Zahlungsverpflichtungen und notfalls auch die auszuzahlenden Löhne so rechtzeitig kürzen, dass der Lohnanspruch erst gar nicht entsteht.
- Sie haben also eine allgemeine Vorsorge dergestalt zu betreiben, dass in jedem Fall Geldmittel zur arbeitnehmeranteiligen Sozialversicherung vorhanden sind.
- Ist auf dem GmbH-Konto noch Geld vorhanden, müssen die Sozialversicherungsbeiträge auch dann gezahlt werden, wenn die Löhne im abgelaufenen Monat nicht ausgezahlt worden sind.

- Wenn Sie den Arbeitnehmeranteil nicht zahlen, haften Sie persönlich. Sie können sich nicht gegen eine Haftung mit dem Einwand verteidigen, eine Zahlung wäre ohnehin nach Insolvenzeröffnung vom Insolvenzverwalter angefochten worden.

Der oder die Geschäftsführer einer in die Krise geratenen GmbH müssen dann, wenn deutliche Bedenken auftreten, ob am Fälligkeitstag ausreichende Mittel zur Zahlung der Sozialversicherungsbeiträge vorhanden sind, weitere Sicherungshandlungen vornehmen. Sie sollten als besondere Maßnahme die Aufstellung eines Liquiditätsplanes in Angriff nehmen. Dazu kann auch gehören, dass – unter Hintanstellung anderweitiger Zahlungsverpflichtungen – ausreichend Rücklagen gebildet sind. Die so gebildeten Mittel sind gebunden. Sie dürfen nur für die fristgerechte Entrichtung der Arbeitnehmerbeiträge zur Sozialversicherung verwendet werden. Sie dürfen nicht anderweitig, auch nicht zur Befriedigung bestehender Verbindlichkeiten der GmbH eingesetzt werden.

Lässt die Finanzlage der GmbH die Abführung von Arbeitnehmeranteilen nicht mehr zu, müssen Geschäftsführer unverzüglich die Eröffnung des Insolvenzverfahrens beantragen. Tun sie das nicht, können sie sich später nicht darauf berufen, dass die Arbeitgeberin im Fälligkeitszeitpunkt zahlungsunfähig gewesen sei. Für die Dauer eines vorläufigen Insolvenzverfahrens sind die Sozialversicherungsbeiträge durch § 208 Abs. 1 SGB III sichergestellt.

Bei der Nichtabführung von Beiträgen können Geschäftsführer sich auch strafbar machen wegen Vorenthaltens und Veruntreuens von Arbeitsentgelt nach § 266a Abs. 1 StGB. Die Strafvorschrift wird außerordentlich eng zu Lasten des GmbH-Geschäftsführers ausgelegt.

Hinweis

Die Pflicht zur Begleichung der Arbeitnehmeranteile zur Sozialversicherung hängt nicht davon ab, dass die Löhne an die Arbeitnehmer tatsächlich ausgezahlt worden sind. Für die Fälligkeit reicht das Bestehen eines Beschäftigungsverhältnisses aus.

Reichen also die vorhandenen Mittel nicht aus, müssen die Entgelte im Vorhinein in Absprache mit den Mitarbeitern gekürzt werden, so dass die Sozialversicherungsschuld gar nicht erst entsteht. Dies ist ein gravierender Unterschied zur Lohnsteuer.

6.19.11 Die strafrechtliche Verantwortung des Geschäftsführers

Der GmbH-Geschäftsführer riskiert auch im ordentlichen Geschäftsbetrieb Haftung in strafrechtlicher Hinsicht. Hier geht es eher um strafrechtliche Risiken, denen sich der Geschäftsführer im Rahmen seiner Geschäftsführertätigkeit ausgesetzt sieht – oftmals noch nicht einmal zum eigenen, sondern zum Nutzen der GmbH und häufig auch aus vermeintlichen Sachzwängen heraus, ohne Unrechtsbewusstsein.

Hinweis

Wollen Sie als Geschäftsführer strafrechtliche Risiken vermeiden, sollten Sie externe Berater – in der Regel Rechtsanwälte und/oder Steuerberater – damit beauftragen, bestimmte Sachverhalte zu prüfen, bevor sie von der Geschäftsführung entschieden werden. So minimieren Sie Ihr persönliches Haftungsrisiko und können es unter Umständen sogar völlig ausschließen. Grundsätzlich muss ein Geschäftsführer ein Gespür für „kitzelige" Situationen entwickeln und – wenn bei ihm die „Warnlampen" aufgeleuchtet haben, umgehend den externen Berater einschalten, um nicht unter Zeitdruck handeln zu müssen.

Dass immer häufiger Ermittlungs- und Strafverfahren gegen GmbH-Geschäftsführer eingeleitet werden, liegt einmal an der Entwicklung des Umweltstrafrechts, aber auch zum großen Teil an den Steuerstraftaten.

Hier muss nochmals betont werden, dass es für keinen Geschäftsführer ein „Exkulpationsgrund" darstellt, dass er „von nichts gewusst" hat, oder dass er „andere beauftragt" hat. Es liegt allein in seiner Verantwortung, eine entsprechende Organisation aufzubauen und zu kontrollieren, um seine Haftungsrisiken – vor allem auch in strafrechtlicher Hinsicht – zu beschränken.

Von den gesetzlichen Folgen abgesehen: Schon allein die Einleitung eines Verfahrens seitens der Staatsanwaltschaft schädigt sowohl den Ruf der GmbH als auch den ihres Geschäftsführers stark.

Hinweis

Hier werden auch zunehmend die „Compliance-Regelungen" immer bedeutender. Compliance-Regelungen sind solche freiwilligen „Wohlverhaltens-Regelungen", die über die gesetzlichen Verpflichtungen hinaus, Unternehmen zu einem moralisch „richtigen" Verhalten verpflichten. Viele Großunternehmen verlangen von ihren Dienstleistern oder Zulieferern, dass sie sich den Compliance-Regelungen unterwerfen. Verstößt Ihre GmbH dagegen, können Sie als Geschäftsführer haftbar gemacht werden.

Wer sich bestechen lässt, begeht unzweifelhaft eine Straftat. Dies gilt nicht nur im „öffentlichen" Bereich, also in Bezug auf „Amtsträger (§ 334 StGB), sondern auch im geschäftlichen Verkehr (§ 299 StGB):

> *„(1) Wer als Angestellter oder Beauftragter eines geschäftlichen Betriebes im geschäftlichen Verkehr einen Vorteil für sich oder einen Dritten als Gegenleistung dafür fordert, sich versprechen lässt oder annimmt, dass er einen anderen bei dem Bezug von Waren oder gewerblichen Leistungen im Wettbewerb in unlau-*

terer Weise bevorzuge, wird mit Freiheitsstrafe bis zu drei Jahren oder mit Geldstrafe bestraft.

(2) Ebenso wird bestraft, wer im geschäftlichen Verkehr zu Zwecken des Wettbewerbs einem Angestellten oder Beauftragten eines geschäftlichen Betriebes einen Vorteil für diesen oder einen Dritten als Gegenleistung dafür anbietet, verspricht oder gewährt, dass er ihn oder einen anderen bei dem Bezug von Waren oder gewerblichen Leistungen in unlauterer Weise bevorzuge.

(3) Die Absätze 1 und 2 gelten auch für Handlungen im ausländischen Wettbewerb."

Die Grenzen zwischen Bestechung, Schmiergeld und Geschenken sind fließend. Vor allem mit Blick auf die steuerlichen Konsequenzen eines Geschenkes ist anzuraten, hier alle geflossenen Leistungen – auch Geschenke unter dem derzeit geltenden Grenzwert für Kundengeschenke in Höhe von 35 Euro - – erstens dem Vermögensbereich der GmbH zuzuordnen und zweitens dafür zu sorgen, dass dann, wenn der Schenkende nicht klar signalisiert, er habe die Geschenke versteuert, sie als Betriebseinnahmen zu deklarieren und zu versteuern – oder eben: sie abzulehnen!

Wichtig!

Wer einem Gesellschafter-Geschäftsführer Vorteile einräumt, der handelt – vielleicht nicht unbedingt im Sinne der Corporate Compliance, aber auf jeden Fall aus strafrechtlicher Sicht – völlig rechtens. Er besticht also nicht aktiv und der Empfänger macht sich nicht der passiven Bestechung schuldig (BGH vom 28.07.2021 – 1 StR 506/20). Der Grund: Der (Mit-)Inhaber des Unternehmens soll durch § 299 StGB vor korrupten Angestellten oder Beauftragten, die die GmbH schädigen und in ihre eigene Tasche wirtschaften, geschützt werden. Er selbst als Gesellschafter(-Geschäftsführer) ist nicht vom Gesetzeswortlaut erfasst. Voraussetzung: Die anderen Mit-Gesellschafter sind – vergleichbar den zur Untreue (§ 266 StGB) entwickelten Grundsätzen –mit der Zuwendung einverstanden.

Zunehmend werden auch Geschäftsführer für schädliche Auswirkungen der Produkte „ihrer" GmbH auch strafrechtlich verantwortlich gemacht. Gravierendes Beispiel und stellvertretend für viele ist der so genannte Lederspray-Fall (Bundesgerichtshof / BGH vom 06.07.1990 – 2 StR 549/89): Hier hatte der Gebrauch des von dem Unternehmen vertriebenen Ledersprays in einigen Fällen zu Gesundheitsschäden geführt. Die Geschäftsführer wurden wegen fahrlässiger und wegen gefährlicher – weil gemeinschaftlich begangener – Körperverletzung (§ 223 StGB) verurteilt. Die Geschäftsführer hätten das Produkt zurückrufen müssen. Da sie dies in pflichtwidriger Weise unterlassen hatten, machten sie sich strafbar. Für die Richter des Bundesgerichtshofs war es irrelevant, dass die Geschäftsführer die Ursache für eine Gefährlichkeit des von ihrer GmbH vertriebenen Produkts nicht kannten. Die strafrechtliche Schuld sahen sie darin, dass die Geschäftsführung fahrlässiger Weise nichts unternommen habe, obwohl bereits Schäden gemeldet worden waren, die auch nach einer Rezepturänderung nicht vollständig behoben werden konnten.

Ein Geschäftsführer muss damit rechnen, dass die Verantwortung zunächst bei ihm gesucht wird. Die Frage nach der Mitverantwortung der Mitarbeiter wird erst in zweiter Linie gestellt. Die Strafverfolgungsbehörden „nageln" den Geschäftsführer zunächst auf seiner Organisations- und Überwachungsverantwortung fest.

Eine strafrechtliche Haftung ist nicht versicherbar. Deshalb treffen alle Folgen eines Strafverfahrens den Geschäftsführer persönlich. Selbst wenn die GmbH ihn von den finanziellen Folgen seiner Tat frei zeichnen würde – was möglich ist und keine Strafvereitelung darstellt, aber im Falle eines Gesellschafter-Geschäftsführers geradezu unmittelbar zu einer verdeckten Gewinnausschüttung führen dürfte – wäre der Geschäftsführer immer noch derjenige, der in Untersuchungshaft käme und Haftstrafen antreten müsste sowie vorbestraft wäre.

Hinweis

Die GmbH muss den Geschäftsführer im Falle eines Strafverfahrens nicht schutzlos lassen. Neben der Übernahme der finanziellen Folgen kann sie den Geschäftsführer auch dann, wenn er zu einer Freiheitsstrafe verurteilt wird, weiterhin beschäftigen und seine finanzielle Versorgung „weiterlaufen“ lassen.

Argumentativ vorbereitet sein sollte die GmbH auf die nächste Außenprüfung, wenn es sich bei dem Geschäftsführer um jemanden handelt, der gleichzeitig Gesellschafter ist. Denn es könnte sein, dass ein Außenprüfer hierin eine verdeckte Gewinnausschüttung sieht. Kann die GmbH aber wirtschaftliche Gründe dafür ins Feld führen, warum sie die Bezüge weiterlaufen lässt, oder kann sie andere Beispiele aus der Branche oder bei Mitarbeitern aufzeigen, dass dieses Verhalten auch „fremdüblich“, also keinesfalls nur im Gesellschafterverhältnis begründet ist, ist der Vorwurf einer verdeckten Gewinnausschüttung so auszuhebeln.

Die GmbH kann dem Geschäftsführer auch Versicherungsschutz gewähren. Sie kann eine Strafrechtsschutzversicherung abschließen, die Verfahrens- und Verteidigungskosten und möglicherweise Kautionszahlungen übernimmt. Üblicherweise gewähren die angebotenen Versicherungen Versicherungsschutz auch bei Vorsatzvorwurf – allerdings meist nur bis zu einer rechtskräftigen Verurteilung wegen Vorsatzes. Ist dies erfolgt, können die gewährten Leistungen zurückgefordert werden.

Bei Straftaten gegen die Umwelt (§§ 324 ff StGB) wird oft schon der Versuch und fahrlässiges Handeln bestraft. In bestimmten schweren Fällen reichen die Strafdrohungen bis zu zehn Jahren Freiheitsstrafe. Vor allem fahrlässige umweltgefährdende Abfallbeseitigung (§ 326 Abs. 1 Nr. 3 StGB) rückte verstärkt in den Blickpunkt der Behörden und auch der Gesellschaft.

Problematisch ist dabei die Sorgfaltspflichtbestimmung des Geschäftsführers, der ein anderes Unternehmen mit der – auch grenzüberschreitenden – Entsorgung umweltgefährdenden Abfalls betraut. Die Sorgfaltspflicht des GmbH-Geschäftsführers als Auftraggeber bezieht sich insbesondere auf die Auswahl des mit der Abfallbeseitigung zu beauftragenden Unternehmens, das – was die vorschriftsmäßige Erledigung der ihm übertragenen Aufgabe anbetrifft – bestimmten Zuverlässigkeitskriterien entsprechen respektive die notwendigen Voraussetzungen, z. B. für die sachgerechte Entsorgung von Klinikmüll, erfüllen können muss.

Hinweis

Mit dem ab dem 01.01.2023 geltenden „Gesetz über die unternehmerischen Sorgfaltspflichten in Lieferketten" (LieferkettenG), das für alle betroffenen Unternehmen unabhängig von der Rechtsform gilt, sollen Menschen und Umwelt vor Ausbeutung geschützt werden. Im Rahmen des Risikomanagements müssen in Zukunft also folgende Maßnahmen umgesetzt werden:

- Verbindliche Erklärung der Achtung der Menschenrechte,
- Ermittlung nachteiliger Auswirkungen auf die Menschenrechte
- Abwenden potenziell negativer Auswirkungen auf die Menschenrechte
- Einrichtung von Beschwerdemechanismen,
- Dokumentation und Berichterstattung.

6.19.12 Die Haftung beim (drohenden) Ende der GmbH

Eine GmbH kann geplant, gewollt oder unfreiwillig beendet werden. Geplant ist das Ende einer GmbH beispielsweise dann, wenn bereits im Gesellschaftsvertrag das Ende der Gesellschaft festgelegt wird.

Gewollt ist das Ende der GmbH, wenn sie etwa aufgelöst (liquidiert) oder verkauft wird. Hier kann ein Geschäftsführer vor allem bei Due Diligence Prüfungen haften, insbesondere dann, wenn er ihm Rahmen solcher Prüfungen Informationen nur an einen Teil des Gesellschafterkreises gibt und diese dazu führen, dass der Wert der anderen Gesellschaftsanteile sinkt.

Unfreiwillig ist das Ende der GmbH in aller Regel bei Insolvenz, wenn sie nicht (mehr) sanierungsfähig ist. Liegt ein Insolvenzgrund vor, muss der GmbH-Geschäftsführer innerhalb von drei Wochen Insolvenz anmelden. Tut er das nicht, haftet er wegen Insolvenzverschleppung.

Geschäftsführer-Haftung bei Verkauf der GmbH

Vor Verkäufen werden in aller Regel Due Diligence Prüfungen durchgeführt. Da ein Gesellschafter gegenüber dem Geschäftsführer Informationsrechte hat und der Geschäftsführer diesen Auskunfts- und Einsichtsrechten Folge zu leisten hat, muss er dies auch tun, wenn der Gesellschafter Informationen verlangt, mit Hilfe derer der Wert seines Anteils ermittelt werden kann.

Problematisch kann dieses Informationsrecht dann werden, wenn die Due Diligence von gar keinen Kaufabsichten getragen, sondern lediglich zur „Ausspionierung" des Unternehmens diente. Hat der Geschäftsführer Anhaltspunkte oder auch nur einen begründeten Verdacht dafür, dass dies der Fall ist, darf er auch auf Verlangen des Gesellschafters keine weiteren Auskünfte geben oder Einsicht in die GmbH-Bücher gewähren. Da er befürchten muss, dass die so erlangten Informationen zum Nachteil der GmbH verwendet werden, muss er ihr Vermögen und das der (möglichen) anderen Gesellschafter schützen. Nach der Weigerung, weitere Informationen bereit zu stellen, muss der Geschäftsführer einen Beschluss der Gesellschafterversammlung einholen. Weist ihn diese an, die Auskünfte dennoch zu geben und die Einsichtsrechte zu gewähren, muss er dies tun, ist aber insoweit von einer Haftung wegen möglicher Schäden frei gestellt, da er auf Anweisung gehandelt hat.

Ist auch die Gesellschafterversammlung der Meinung, dass keine weiteren Informationen erteilt werden (sollen), muss der Geschäftsführer auch diese Weisung befolgen. Der betroffene Gesellschafter kann dann gegen den Beschluss klagen.

Werden wahrheitswidrige Angaben gemacht oder gar „frisierte" oder gefälschte Bücher vorgelegt, haftet der Geschäftsführer nach dem „ganz normalen" Deliktsrecht.

Haftung bei Liquidation der GmbH

Wenn der Gesellschaftsvertrag oder ein Gesellschafterbeschluss nichts anderes bestimmt, wird der Geschäftsführer, der im Zeitpunkt der Auflösung der Gesellschaft im Amt ist, Liquidator (§ 66 Abs. 1 GmbHG). Für den Liquidator gelten im Großen und Ganzen unter Berücksichtigung der geänderten Zielsetzung der Gesellschaft dieselben Pflichten wie für den Geschäftsführer der werbenden GmbH. Liquidatoren, die gegen Gläubigerschutzprinzipien verstoßen, haften gesamtschuldnerisch (§ 73 Abs. 3, § 43 Abs. 3 und 4 GmbHG). Es besteht aber keine Ersatzpflicht der Liquidatoren gegenüber den einzelnen benachteiligten Gläubigern.

Der Anspruch der Gesellschaft gegen den oder die Liquidatoren auf Ersatz wegen Verletzung des Gläubigerschutzes ist ein vermögenswerter Anspruch, auf den sie nicht verzichten kann. Solange dieser Ersatzanspruch der GmbH besteht, hat sie Vermögen. Weist ein Gläubiger nach, dass die Liquidatoren schuldhaft die Verteilung des Reinvermögens unter den Gesellschaftern vorgenommen haben, ohne ihn zu befriedigen, erlangt er einen Anspruch gegen die Gesellschaft auf Ersatz der vorschriftswidrig verteilten Beträge. Ist kein Gesellschaftsvermögen mehr greifbar, kann der betroffene Gläubiger den Ersatzanspruch der Gesellschaft gegen den Liquidator pfänden und sich zur Einziehung überweisen lassen. Im Endergebnis ist dies dasselbe als hätte der Gläubiger den Liquidator persönlich in Haftung genommen.

Die Haftung in der Insolvenz

Am häufigsten von Insolvenzen betroffen sind GmbHs, die jünger als acht Jahre sind.

Drohen einem Unternehmen Zahlungsunfähigkeit (§17 Insolvenzordnung / InsO) oder Überschuldung (§19 InsO) ist es die Pflicht des Geschäftsführers, die GmbH so weiter zu bewirtschaften, dass sie „am Leben erhalten" wird. Aber: Er muss alle möglichen Änderungen in der wirtschaftlichen oder finanziellen Struktur peinlich genau und zeitnah – im Extremfall sogar täglich – beobachten, prüfen und bewerten. Gegebenenfalls muss er sofort einen Insolvenzantrag stellen. Der höchstmögliche Zeitraum für einen Insolvenzantrag bei Vorliegen der Insolvenzgründe sind drei Wochen.

Stellt der Geschäftsführer keinen Antrag auf Eröffnung des Insolvenzverfahrens, macht er sich wegen Insolvenzverschleppung haftbar und strafbar.

Hinweis

Die Geschäftsführung in einer solchen Krise ist nicht nur anspruchsvoll, sondern auf risikoreich. Denn Sie als Geschäftsführer sind nach §64 GmbHG zum Ersatz von Zahlungen verpflichtet, die nach dem Eintritt der Insolvenzreife an Dritte geleistet wurden. Das gleiche gilt für Zahlungen an die Gesellschafter, wenn dadurch die Zahlungsunfähigkeit der Gesellschaft eintritt (§ 64 S. 3 GmbHG). Werden trotz Insolvenzreife weiterhin Geschäfte mit Dritten abgeschlossen, die nicht der Sorgfalt eines ordentlichen Geschäftsführers entsprechen, haften Sie persönlich (§§ 823 Abs. 2 BGB, 263, 264a StGB). Darüber hinaus ist ein Verstoß gegen die Betrugs- und Insolvenzstraftatbestände möglich (§§ 263 ff bzw. §§ 283-283 d, 14 StGB).

Die Schadensersatzpflichten des Geschäftsführers im Rahmen der Pflicht, Antrag auf Eröffnung des Insolvenzverfahrens (§ 64 GmbHG) zu stellen, begründen sich in drei Konstellationen:

1. Der GmbH und ihren Gläubigern ist Schaden entstanden, weil der Geschäftsführer nicht, nicht rechtzeitig oder nicht nachdrücklich die grundsätzlich noch mögliche Sanierung der GmbH in die Wege geleitet hat.
2. Der Geschäftsführer hat Vermögen, das zur Masse gehört, in der Zeit zwischen Fristbeginn und Antragstellung pflichtwidrig gemindert.
3. Der Geschäftsführer hat die Insolvenz verschleppt, hat also nicht innerhalb der gesetzlichen Fristen nach Eintritt des Insolvenzgrundes Antrag auf Eröffnung des Insolvenzverfahrens gestellt.

Ist die Gesellschaft zahlungsunfähig oder überschuldet, so haben die Geschäftsführer ohne schuldhaftes Zögern die Eröffnung des Insolvenzverfahrens zu beantragen. Die Frist für die Stellung des Insolvenzantrags beträgt bei Zahlungsunfähigkeit höchstens drei Wochen; bei einer Überschuldung als Insolvenzgrund, haben die GmbH-Geschäftsführer insgesamt sechs Wochen lang Zeit, den Insolvenzgrund zu beseitigen (§ 15a Satz 2 InsO). Der Prognosezeitraum für die drohende Zahlungsunfähigkeit beträgt 24 Monate (§ 18 Abs. 2 InsO).

Die Pflicht zur Insolvenzantragstellung trifft jeden einzelnen Geschäftsführer. Dies gilt selbst dann, wenn intern eine andere Geschäftsaufteilung zwischen mehreren Geschäftsführern vereinbart worden war. Aber selbst bei einer nach außen wirksamen Ressortverteilung muss jeder einzelne Geschäftsführer seine Mit-Geschäftsführer überwachen und – sobald er Insolvenzgründe feststellt – Antrag auf Eröffnung des Insolvenzverfahrens stellen. Die Pflicht zur Insolvenzanmeldung besteht auch unabhängig von den Vertretungsregelungen, also gleichgültig, ob ein Geschäftsführer allein- oder „nur" gesamtvertretungsberechtigt ist.

Die Frist zum Insolvenzantrag beginnt mit positiver Kenntnis des Geschäftsführers vom Eintritt der Zahlungsunfähigkeit oder der Überschuldung.

Der Geschäftsführer einer GmbH muss sich bei Anzeichen für eine mögliche Insolvenzreife unverzüglich von einer fachlich qualifizierten Person informieren sowie beraten lassen (BGH vom 27.03.2012 – II ZR 171/10). Dies muss unter umfassender Darstellung der Verhältnisse der Gesellschaft und Offenlegung der erforderlichen Unterlagen geschehen. Nur wenn der Geschäftsführer selbst die notwendigen Kenntnisse der Vermögenslage besitzt, muss er sich – um sich nicht selbst schadensersatzpflichtig zu machen – nicht an einen Berater wenden.

Eine reine Zahlungsstockung, also ein nur vorübergehendes Zahlungsunvermögen, ist kein Grund, Insolvenzantrag zu stellen. Allerdings ist natürlich erhöhte Aufmerksamt seitens des Geschäftsführers gefordert, denn eine Zahlungsstockung kann leicht zur Zahlungsunfähigkeit führen. Die Grenzen sind fließend.

Eine Zahlungsunfähigkeit wird festgestellt durch eine Gegenüberstellung der fälligen und ernsthaft eingeforderten sowie durchsetzbaren Geldschulden und der vorhandenen Liquidität.

Eine Überschuldung liegt vor, wenn das GmbH-Vermögen die Verbindlichkeiten nicht mehr deckt. Sobald aber eine positive Fortführungsprognose gegeben wird, ist die GmbH nicht überschuldet. Anders ausgedrückt: nur wenn kumulativ ein negativer Überschuldungsstatus zu Zerschlagungswerten (Liquidationsprämisse) und eine negative Fortbestehensprognose gegeben sind, ist die GmbH überschuldet mit der Maßgabe, dass der Geschäftsführer unverzüglich, aber spätestens nach drei Wochen, Antrag auf Eröffnung des Insolvenzverfahrens stellen muss.

Die Insolvenzordnung schreibt für die Überschuldungsprüfung die zweistufige alternative Überschuldungsprüfung vor.

Auf der 1. Stufe ist eine Fortbestehungsprognose zu erarbeiten. Zunächst sollte man ein Unternehmenskonzept erstellen, das folgenden Aufbau hat:

- Beschreibung des Unternehmens
- Schwachstellenanalyse
- Unternehmensleitbild

- Maßnahmen zur Umsetzung des Leitbildes.

Das Unternehmenskonzept ist Ausgangspunkt für eine Ertragsplanung (Plan-Gewinn- und Verlustrechnung). Aus der Ertragsplanung sollte man eine Finanzplanung über einen Zeitraum von 1-2 Jahren herleiten.

Grundlage für die Fortbestehungsprognose bildet nun diese Finanzplanung. Ergibt die Finanzplanung, dass für diesen Zeitraum ausreichende Zahlungsmittel zur Verfügung stehen, so fällt die Prognose positiv aus. Entstehen dagegen finanzielle Lücken, fällt die Prognose negativ aus.

Nur bei einer negativen Prognose muss ein Überschuldungsstatus erstellt werden respektive – was das sinnvollere Vorgehen ist – in Auftrag gegeben werden.

Hinweis

Um die Überschuldung feststellen zu können, muss ein eigener Status erstellt werden. Die Überschuldung kann nicht aus den „gewöhnlichen" GmbH-Bilanzen herausgelesen werden. Allerdings bieten die Jahresbilanzen und viel mehr auch die betriebswirtschaftlichen Auswertungen (BWA) Anhaltspunkte dafür, ob ein Überschuldungsstatus erstellt werden sollte. Sprechen Sie hier möglichst umgehend mit Ihrem Steuerberater, was zu tun ist.

Hinweis

Häufig ergeben sich in der Praxis unterschiedliche Auffassungen zwischen Gesellschaftern und Geschäftsführern darüber, ob eine Fortführung positiv oder negativ erscheint und – im letzteren Fall – ob tatsächlich Überschuldung vorliegt, d. h. das Vermögen zu Liquidationswerten nicht mehr die Schulden deckt. Es ist ratsam, in solchen Fällen fachmännische Gutachten einzuholen und sich auf diese Weise so weit wie möglich abzusichern.

Die gesetzliche Antragsfrist wird nicht dadurch gehemmt, dass der Geschäftsführer Sanierungsbemühungen eingeleitet hat und diese kurz vor dem Abschluss stehen.

Anders als bei der Antragspflicht nach 15a InsO ist der Geschäftsführer bei Vorliegen von drohender Zahlungsunfähigkeit berechtigt, jedoch nicht verpflichtet, einen Insolvenzeröffnungsantrag zu stellen. Dies wirft Probleme auf, wenn mehrere Geschäftsführer vorhanden sind. Grundsätzlich ist im Falle der drohenden Zahlungsunfähigkeit ein Insolvenzantrag von sämtlichen Geschäftsführern gemeinschaftlich zu stellen (§ 18 Abs. 3 InsO). Wird der Antrag nicht von allen Geschäftsführern gemeinschaftlich gestellt, so ist er nur zulässig, wenn der oder die antragstellenden Geschäftsführer zur Vertretung berechtigt sind und der Eröffnungsgrund von ihnen glaubhaft gemacht wurde.

Veranlasst der Geschäftsführer nach Eintritt der Zahlungsunfähigkeit der GmbH oder nach Feststellung ihrer Überschuldung Zahlungen, so muss er sie der GmbH ersetzen. Das Gleiche gilt, wenn er nicht umgehend nach Zahlungsunfähigkeit oder Überschuldung Anweisungen an Mitarbeiter gibt, Zahlungen zu stoppen. Insolvenzrechtlich ist der Begriff „Zahlungen" so auszulegen, dass auch die Eingehung neuer Verbindlichkeiten und die dadurch erfolgte Belastung der Masse haftungsbegründend ist.

Ausnahme in beiden Fällen: Die Zahlungen sind mit der Sorgfalt eines ordentlichen Geschäftsmanns vereinbar. Es muss also unterschieden werden zwischen gerechtfertigten (und damit nicht haftungsauslösenden) und ungerechtfertigten Schmälerungen der (künftigen) Insolvenzmasse.

Zu den gerechtfertigten Zahlungen zählen:

- Zahlungen die erforderlich sind, um während der dreiwöchigen Antragsfrist den unmittelbaren Zusammenbruch der GmbH zu verhindern, wie Miete und Lohnzahlungen für die Mitarbeiter,
- Zahlungen an die absonderungsberechtigten Gläubiger bis zur Höhe des Werts ihres Sicherungsguts, z. B. Waren, die mit verlängertem Eigentumsvorbehalt geliefert werden,

- Zahlungen, denen eine vollwertige Gegenleistung gegenübersteht, z. B. Wareneinkauf „Ware gegen Geld“.

Es kann davon ausgegangen werden, dass alle anderen Zahlungen ungerechtfertigt sind. Dies gilt auch für Zahlungen an besonders wichtige Lieferanten oder an das Finanzamt.

Hinweis

Fällt die GmbH Dritten gegenüber als Vertragspartner aus, weil sie zwischenzeitlich insolvent geworden ist, liegt es nahe, sich an den Geschäftsführer als Ersatzschuldner zu halten. Oftmals wird seitens der Gläubiger gegenüber den Geschäftsführern argumentiert, dass der oder die Geschäftsführer die wahre Finanzlage verschwiegen hätten und man bei deren Kenntnis keinen Vertrag mehr mit der GmbH geschlossen hätte.

Der Geschäftsführer haftet in der Tat persönlich dann, wenn ihm ein besonders intensives Eigeninteresse an dem Geschäft nachgewiesen oder zumindest glaubhaft gemacht werden kann. Er haftet auch dann, wenn er bei den Vertragsverhandlungen in besonderem Maß persönliches Vertrauen in Anspruch nimmt. Beispiel: „Sie kennen mich – ich habe bisher immer mein Wort gehalten: Sie kriegen Ihr Geld zurück!“

6.19.13 Die Möglichkeiten der Haftungsbegrenzung

Der Geschäftsführer ist der GmbH nach § 43 Abs. 2 GmbHG gegenüber schadenersatzpflichtig, wenn er objektiv und subjektiv die ihm als Geschäftsführer obliegenden Pflichten vernachlässigt.

Dabei kommt es nicht auf die individuellen Fähigkeiten an, sondern darauf, wie ein „ordentlicher Geschäftsmann“ gehandelt hätte. Wirtschaftliche Unkenntnis ist kein „Exkulpationsgrund“.

Die Grundsätze über die Haftungsbeschränkung für gefahrgeneigte Arbeit werden nicht angewendet, da sie als Arbeitnehmerschutzvorschriften nicht auf die Erfüllung organschaftlicher Pflichten passen.

Bei der Geschäftsführer-Haftung ist zu unterscheiden zwischen

- der Außenhaftung und
- der Innenhaftung

Die Außenhaftung betrifft die Haftung der Organe – also die Haftung des GmbH-Geschäftsführer – gegenüber allen möglichen anderen Anspruchsberechtigten. Typische Fälle von Außenhaftung sind beispielsweise Fälle der Haftung in der Insolvenz der Gesellschaft oder Haftung aus unerlaubten Handlungen.

Hinweis

Die Außenhaftung kann nicht begrenzt werden. Gegenüber den GmbH-Außenstehenden bleibt der Geschäftsführer immer in der Pflicht. Wer als Geschäftsführer eine Straftat für die GmbH begeht, ist als Peron vorbestraft und muss unter Umständen eine Haftstrafe ableisten – nicht die GmbH. Ob bei Geldstrafen oder -bußen die GmbH dem Geschäftsführer die Geldbeträge ersetzt, weil er für sie „gehandelt" hat, steht auf einem anderen Blatt. Sicher jedenfalls ist, dass die GmbH erstattete Geldstrafen oder -bußen nicht als Betriebsausgaben geltend machen kann. Das wiederum bedeutet, dass der GmbH-Geschäftsführer auf diesen erstatteten Betrag Lohnsteuer bezahlen muss. Oder – falls er gleichzeitig an der GmbH beteiligt sind, also Gesellschafter-Geschäftsführer ist – sich eine verdeckte Gewinnausschüttung (vGA) anrechnen lassen muss.

Die Innenhaftung betrifft die Haftung der Organe gegenüber dem eigenen Unternehmen. Und diese Innenhaftung können Sie beschränken, wenn die betreffenden Organe (Mit-Geschäftsführer, Gesellschafter, Beirat, Aufsichtsrat) damit einverstanden sind.

Ein Geschäftsführer kann – im Zusammenspiel mit den Gesellschaftern seine Haftung begrenzen

- durch schuldrechtlichen Vertrag im Nachhinein (Erlassvertrag) durch Entlastung.
- durch Generalbereinigung (meist bei Ausscheiden)Vereinbarungen der Haftungsbegrenzung im Vorhinein
  - Haftungsausschluss für fahrlässiges Handeln
  - Beschränkung des Haftungsumfangs (Summe)
  - der Beweislastumkehr
  - Abkürzung der Verjährung

Haftungsbegrenzung gegenüber der GmbH

Ein Haftungsausschluss bietet sich in den Fällen an, in denen der Geschäftsführer ausdrücklich bindende Weisungen der Gesellschafter zu befolgen hat. Als oberstes Organ der Gesellschafter kann die Gesellschafterversammlung dem Geschäftsführer Weisungen erteilen, die dieser ausführen muss.

Hinweis

Wer als Geschäftsführer im Hinblick auf ein konkretes besonders riskantes Geschäft seine Haftung ausschließen will, erreicht dies, indem er einen entsprechenden Gesellschafterbeschluss herbeiführt. Allerdings sollte dieses Mittel nicht „überanstrengt“ werden, vor allem dann nicht, wenn der Anstellungsvertrag größtmögliche Weisungsfreiheit vorsieht.

Wer nach erfolgter Weisung dagegen handelt, macht sich gerade deswegen schadensersatzpflichtig!

Trotz Anweisungen sollte sich niemand in falscher Sicherheit wiegen. Denn ein solcher Haftungsausschluss bleibt für den Geschäftsführer mit Unwägbarkeiten behaftet. Stellt sich der Gesellschafterbeschluss nachträglich als fehlerhaft heraus und hat der Geschäftsführer auf Grund dieses Beschlusses ein Geschäft durchgeführt, das zu einem Schaden geführt hat, kann die Haftung bestehen bleiben.

Es ist also unabdingbar, dass der Geschäftsführer die Gesellschafterbeschlüsse daraufhin überprüft, ob sie fehlerfrei zustande gekommen sind und ob sie Bestandskraft haben oder etwa angefochten worden sind respektive sogar nichtig sind. Denn darauf kommt es an: Ob der Beschluss lediglich anfechtbar oder nichtig ist. Sind Beschlussmängel nicht so schwerwiegend, dass sie zur Nichtigkeit führen, sind sie – solange sie nicht erfolgreich angefochten werden – rechtswirksam. Ein nichtiger Beschluss kann nicht zum Haftungsausschluss führen. Hat der Geschäftsführer Zweifel hinsichtlich der Anfechtbarkeit des Beschlusses, so hat er die Vorteile gegen die Wahrscheinlichkeit einer erfolgreichen Anfechtungsklage abzuwägen.

Haftungsausschluss auf Grund Entlastung und Generalbereinigung

Beschließen die Gesellschafter auf der Gesellschafterversammlung gemäß § 46 Nr. 5 GmbHG die Entlastung des Geschäftsführers, so wirkt dies haftungsausschließend. Der Geschäftsführer ist durch den Entlastungsbeschluss von allen Ansprüchen frei. Voraussetzung: Die Gesellschafter kennen alle Tatbestände, die zu einer Haftung des Geschäftsführers hätten führen können, oder hätten sie bei sorgfältiger Prüfung kennen müssen.

Diese Einschränkung bedeutet zugleich, dass die Entlastung eine darüber hinausgehende, auch unbekannte und nicht erkennbare Verfehlungen erfassende Wirkung schon deswegen nicht haben kann, weil die Gesellschafterversammlung nicht imstande ist, das Verhalten des Geschäftsführers in allen Einzelheiten selbstständig nachzuprüfen.

Eine Entlastung tritt weiterhin nicht ein für solche Ansprüche, die auf einer strafbaren Handlung des Geschäftsführers, wie z. B. Betrug oder Untreue, beruhen. Soll sich der Anspruchsverzicht auch auf unbekannte und nicht erkennbare Fehltritte des Geschäftsführers beziehen, so handelt es sich um eine Generalbereinigung, für die ebenfalls die Gesellschafterversammlung zuständig ist.

Der Begriff „Haftungsausschluss" darf in diesem Zusammenhang weder bei der Entlastung noch bei der Generalbereinigung eng ausgelegt werden. Es gilt vielmehr eine zweckbezogene Betrachtung: Immer dann, wenn der Geschäftsführer im Hinblick auf von ihm veranlasste Geschäftsführungsmaßnahmen belangt werden kann, erstreckt sich die Wirkung einer Entlastung oder Generalbereinigung auf alle denkbaren daraus hergeleiteten Ansprüche, und zwar unabhängig davon, ob es sich um Schadenersatzansprüche im eigentlichen Sinne oder z. B. um Bereicherungsansprüche handelt.

Hinweis

Auch bei der Generalbereinigung bleiben die nach dem Gesetz oder der Satzung unverzichtbaren Ansprüche bestehen. Ferner tritt die Bereinigungswirkung nicht ein, wenn Gläubigerschutzvorschriften entgegenstehen.

Entlastung und Generalbereinigung sind ein probates Mittel, „reinen Tisch" zu machen. Der Haken für den Geschäftsführer liegt bei diesen Vereinbarungen darin, dass er keinen Anspruch auf Entlastung hat. Bei einer Entlastung wird nämlich nicht nur das „Vergangene abgehakt", sondern gleichzeitig auch das Vertrauen für die Zukunft ausgesprochen. Und genau Letzteres könne man nicht erzwingen. Demzufolge kann insgesamt kein Anspruch auf Entlastung gegeben sein. Damit ist der Geschäftsführer in Bezug auf die Entlastung auf das Wohlwollen der Gesellschafter angewiesen: Wollen sie keine Entlastung erteilen, müssen sie keine Entlastung erteilen. Der Geschäftsführer kann allerdings dann, wenn die Gesellschafter das Bestehen bestimmter Schadenersatzansprüche gegen ihn behaupten, eine negative Feststellungsklage erheben und die Feststellung beantragen, dass die behaupteten Schadenersatzansprüche gegen ihn nicht bestehen.

Eine Generalbereinigung – meist am Ende der Geschäftsführertätigkeit ausgesprochen – ist eine gegenseitige Vereinbarung. Damit ist der Geschäftsführer auch hier auf das Wohlwollen der Gesellschafter angewiesen. Weigern sie sich, kommt auch keine haftungsbefreiende Generalbereinigung zustande.

Haftungsausschluss durch Verzicht, Erlass oder Vergleich

Grundsätzlich können die Gesellschafter gegenüber dem Geschäftsführer auf Ansprüche, die die GmbH hat, verzichten, sie dem Geschäftsführer erlassen oder sich über den Anspruch vergleichen.

Allerdings gilt dies nicht, wenn durch den Haftungsverzicht die Ansprüche außenstehender Dritter gefährdet würden oder der Geschäftsführer gegen die Vorschriften der Kapitalaufbringung und Erhaltung nach § 19 und § 30 GmbHG verstoßen hat.

Abdingbarkeit der Haftung durch vertragliche Vereinbarungen

Unstreitig ist, dass die Haftung des Geschäftsführers für Pflichtverletzungen nicht generell durch eine vertragliche Vereinbarung zwischen diesem und der Gesellschaft ausgeschlossen werden kann. Außerordentlich umstritten ist dagegen, ob die Haftung durch Satzung, durch Gesellschafterbeschluss oder Anstellungsvertrag begrenzt werden kann.

Zum Teil wird für die Haftung des Geschäftsführers generell keine Einschränkung durch Satzung oder Vertrag für zulässig gehalten. Nach einer nicht so strengen Auffassung kann aber jedenfalls der Sorgfaltsmaßstab herabgesetzt und die Haftung auf vorsätzliches und grob fahrlässiges Fehlverhalten beschränkt werden.

Hinweis

Der Richtungsstreit hilft in der Praxis nur wenig weiter. Sicherer ist es deshalb, den Sorgfaltsmaßstab nicht nur auf leichte Fahrlässigkeit zu beschränken, sondern auch eine betragsmäßige Begrenzung der Haftung zu vereinbaren. So kann der Geschäftsführer beispielsweise eine Haftungsobergrenze – etwa ein Jahresnettogehalt – vereinbaren.

Die Haftungsmilderung kann in der Satzung, in einer von den Gesellschaftern aufgestellten Geschäftsordnung und im Anstellungsvertrag aufgenommen sein.

Die Freistellung des Geschäftsführers von der Haftung gegenüber Dritten

Ob der Geschäftsführer im Innenverhältnis von der GmbH Freistellung verlangen kann, wenn Dritte geschädigt worden sind, ist anhand der jeweiligen Haftungsgrundlagen zu entscheiden. Danach ist dem Geschäftsführer dann ein Freistellungsanspruch zuzubilligen, wenn er aus seiner Tätigkeit für die Gesellschaft einem Dritten gegenüber schadensersatzpflichtig wird, ohne dass er seine im Verhältnis zur Gesellschaft bestehenden Pflichten verletzt hat. Für jeden Schadensfall ist demnach zu untersuchen, ob der Geschäftsführer dadurch, dass er eine Ersatzpflicht einem Dritten gegenüber begründet hat, zugleich eine Pflicht gegenüber seiner Gesellschaft verletzt hat.

Wichtig!

Würde ein Geschäftsführer generell von der Haftung freigestellt, „egal", was er im Innenverhältnis gemacht oder unterlassen hat, stünde dies in klarem Widerspruch zu seiner Haftung (§ 43 Abs. 2 GmbHG). Dies ist so nicht zulässig. Es muss also immer klar sein, dass dann, wenn der Geschäftsführer sich im Innenverhältnis nicht pflichtgemäß verhalten hat, ein Rückgriff nicht ausgeschlossen ist.

Eingeschränkte Haftung bei außergesellschaftlichem Fehlverhalten

Bei Fehlverhalten außerhalb des Bereichs der eigentlichen Unternehmensleitung, z. B. im Straßenverkehr auf einer Dienstfahrt, wird eine Haftungsbeschränkung auf Vorsatz und grobe Fahrlässigkeit für zulässig gehalten. Mit anderen Worten: In einem solchen Fall muss der Geschäftsführer nicht für einen Schaden haften, der durch eine Versicherung, etwa eine Kaskoversicherung, abgedeckt ist.

Veränderung der Verjährung

Eine vertragliche Verlängerung von Verjährungsfristen ist generell möglich. Als Obergrenze für die Dauer von vertraglich vereinbarten Verjährungsfristen hat der Gesetzgeber aber einen Zeitraum von 30 Jahren ab dem gesetzlich festgelegten Verjährungsbeginn bestimmt (§ 202 Abs. 2 BGB).

Auch die vertragliche Verkürzung von Verjährungsfristen ist vom Grundsatz her zulässig. Das Gesetz bestimmt hier lediglich, dass die Verjährung bei der Haftung für Vorsatz nicht im Voraus durch Rechtsgeschäft erleichtert werden kann (§ 202 Abs. 1 BGB).

Vermögensschadenshaftpflichtversicherungen

Eine so genannte D&O-Versicherung (Director's-and-Officer's-Liability Insurances, auch Organ- oder Manager-Haftpflichtversicherungen genannt) ist eine Vermögensschadenshaftpflichtversicherung. Üblicherweise schließt das Unternehmen, also die GmbH diese Versicherung ab für ihre Organe, also Geschäftsführer, leitende Angestellte und Beirat oder Aufsichtsrat. Grundsätzlich handelt es sich um eine Versicherung zugunsten Dritter.

Die D&O-Versicherung ist eine typische Haftpflichtversicherung. Der versicherten Person muss also ein schuldhaftes, pflichtwidriges Fehlverhalten nachgewiesen werden, das zu einem Vermögensnachteil eines außenstehenden Dritten oder der GmbH selbst geführt hat.

Hinweis

Für Existenzgründer und Jungunternehmer sind solche Vermögensschadenshaftpflichtversicherungen nur bedingt zu empfehlen, da sie weitreichende Haftungsausschlüsse haben – so ist z. B. das Unternehmerrisiko und alles, was darunter fällt, in aller Regel nicht abgedeckt – und außerdem nicht „billig" sind. Es ist dringend anzuraten, zusammen mit einem Experten hier die Sinnhaftigkeit einer solchen Versicherung zu prüfen.

7 Die GmbH & Co. KG / OHG

Neben einer reinen GmbH können auch Personengesellschaften gegründet werden, deren Vollhafter eine GmbH ist. In diesem Fall gelten die Regelungen des HGB über die jeweiligen Personengesellschaften und für die GmbH zusätzlich die des GmbH-Gesetzes.

Eine Ausnahme gibt es von der Grundregel, dass solche Mischgesellschaften Personengesellschaften sind: Haben sie keine natürliche Person als (zusätzlichen) Vollhafter, gelten sie in Bezug auf die Offenlegungspflichten des Jahresabschlusses (und nur da!) als Kapitalgesellschaft.

Bei einer offenen Handelsgesellschaft (OHG) haftet jeder Gesellschafter voll, bei einer Kommanditgesellschaft (KG) gibt es in der Regel einen Gesellschafter, der mit seinem gesamten Vermögen haftet. Dieser wird Komplementär oder Vollhafter genannt. Zusätzlich sind weitere Gesellschafter in der Gesellschaft, die aber nur mit dem Teil ihres Vermögens haften, den sie der Gesellschaft als Einlage zur Verfügung gestellt haben. Diese Gesellschafter werden Kommanditisten oder Teilhafter genannt. Wobei „Teilhafter" eigentlich ein falscher Begriff ist, denn ein Kommanditist haftet eben nicht mehr, wenn er seine Einlage vollständig erbracht hat und diese Einlage auch nicht durch Verluste geschmälert ist.

Da in einer OHG und bei der KG der Komplementär von Gesetzes wegen die Geschäfte führt, führt in der Kapitalgesellschaft & Co. KG/OHG die Kapitalgesellschaft die Geschäfte. Da sie aber eine juristische Person ist und weder ihre eigenen noch fremde Geschäfte selbst führen kann, benötigt sie eine natürliche Person als Geschäftsführer. Dieser Geschäftsführer kann auch einer der Kapitalgesellschaft-Gesellschafter und/oder der Kommanditisten sein.

Gesellschafter der Kapitalgesellschaft und die Kommanditisten können sich aus demselben Personenkreis rekrutieren. Es ist sogar möglich, eine Einpersonen-Kapitalgesellschaft & Co. KG zu gründen, in der die

Kapitalgesellschaft nur einen einzigen Gesellschafter hat, der auch noch gleichzeitig Kommanditist in der KG ist.

Die Kapitalgesellschaft & Co. KG ist eine Kommanditgesellschaft und gehört damit rechtlich gesehen zu den Personengesellschaft. Aber sie trägt die Merkmale einer Kapitalgesellschaft in sich, denn die Komplementärin, also die unbeschränkt haftende Vollhafterin, ist eine Kapitalgesellschaft, die ihrerseits von ihrer Rechtsnatur her in der Haftung beschränkt ist.

Die Kapitalgesellschaft & Co. KG ist eine Kombination von Kapital- und Personengesellschaft. Durch die Konstruktion wird erreicht, dass zwar eine Personengesellschaft besteht, aber keine natürliche Person mit ihrem Privatvermögen haftet.

Die Kapitalgesellschaft & Co. KG ermöglicht eine flexible Eigenfinanzierung. Außerdem besteht im Vergleich zur „normalen" KG eine Haftungsbeschränkung auch für den Vollhafter. Letzteres aber erhöht aber das Risiko der Gläubiger, wodurch die Aufnahme von Fremdkapital schwieriger sein kann.

Bei der Gründung der Kapitalgesellschaft & Co. KG ist ein Gesellschaftsvertrag zwischen der Kapitalgesellschaft und den Kommanditisten notwendig.

Die Firma der Kapitalgesellschaft & Co. KG muss in ihrem Firmennamen die Komplementärin als Kapitalgesellschaft mit einem Zusatz nennen.

Für das Handelsrecht gilt eine Kapitalgesellschaft & Co. KG als Kapitalgesellschaft, wenn nicht mindestens eine natürliche Person neben der Kapitalgesellschaft Vollhafterin ist. Vermögend muss diese Person nicht sein, aber sie muss voll, also auch mit ihrem Privatvermögen, haften. Nur mit einer zusätzlichen natürlichen Person als Komplementärin gilt die Kapitalgesellschaft & Co. KG auch handelsrechtlich als Personengesellschaft und ist von den Bilanzierungs- und Offenlegungspflichten einer Kapitalgesellschaft befreit.

8 Die Betriebsaufspaltung

Über die Betriebsaufspaltung finden Sie nichts im Gesetz, denn es ist eine „künstliche“ Gestaltung, die ausschließlich zu dem Zweck geschaffen wurde, legal Steuern zu sparen und die steuerlichen Vorteile einer Personengesellschaft mit den haftungsrechtlichen Vorteilen einer Kapitalgesellschaft zu kombinieren. Die steuerlichen Grundsätze fußen alle ausschließlich auf der Finanzgerichts-Rechtsprechung. Heute ist der Steuerspareffekt durch die einschränkende Rechtsprechung teilweise sogar ins Gegenteil verkehrt. Deshalb muss derjenige, der keine Betriebsaufspaltung will, aufpassen, dass die Finanzverwaltung nicht gegen seinen Willen eine Betriebsaufspaltung annehmen kann. Es gibt sogar (ernstzunehmende) Stimmen, die raten, dann, wenn die Voraussetzungen gegeben sind, immer(!) von einer Betriebsaufspaltung auszugehen, um später keine unangenehmen steuerlichen Überraschungen zu erleben.

8.1 Die Gründe für eine Betriebsaufspaltung

Von einer Betriebsaufspaltung spricht man dann, wenn ein Besitzunternehmen (meist eine Personengesellschaft) Wirtschaftsgüter, die zu den wesentlichen Grundlagen des nutzenden Betriebs gehören (sachliche Verflechtung), einem Betriebsunternehmen (meist eine Kapitalgesellschaft in Form einer GmbH) überlässt. Gleichzeitig muss zwischen beiden Unternehmen eine enge personelle Verflechtung der Beteiligungsverhältnisse bestehen.

Bei einer (echten) Betriebsaufspaltung wird ein einheitlicher Betrieb auf zwei Unternehmen aufgeteilt, und zwar in eine operative Betriebs-GmbH und in eine Besitzgesellschaft, die als Einzelunternehmen oder Personengesellschaft ausgestaltet ist. Durch die Betriebsaufspaltung werden beim Besitzunternehmen Einkünfte, die sonst als Einkünfte aus Vermietung und Verpachtung nach § 21 EStG erfasst würden, umqualifiziert in Einkünfte aus Gewerbebetrieb nach § 15 EStG.

Bei der Betriebsaufspaltung erzielt das Besitzunternehmen Einkünfte aus Gewerbebetrieb, und zwar auch dann, wenn es sich um ein Einzelunternehmen oder eine Personengesellschaft, wie OHG, KG, GbR oder stille Gesellschaft, handelt, deren einzige Tätigkeit in der Verpachtung der Wirtschaftsgüter besteht. Die weitere Folge der Umqualifizierung in Einkünfte aus Gewerbebetrieb: Es entsteht Gewerbesteuer-Pflicht.

Von einer unechten Betriebsaufspaltung spricht man dann, wenn zwei bisher getrennte Unternehmen wirtschaftlich zusammengeführt werden. Gerade im Bereich der unechten Betriebsaufspaltung kommt es häufig auch zur unfreiwilligen Betriebsaufspaltung, die die Betroffenen nicht erkennen.

Der für die meisten wohl wichtigste Grund für eine Betriebsaufspaltung ist, dass die handelnden Gesellschafter möglichst vermögenslos gestellt werden sollen. Eine mögliche Insolvenz soll auf die operative GmbH beschränkt werden. Mit Hilfe der auf die Besitzgesellschaft ausgelagerten Wirtschaftsgüter soll ein neues Unternehmen begonnen werden können. Deshalb soll aus Haftungsgründen das Vermögen einer GmbH möglichst gering gehalten werden, um im Insolvenz- oder Haftungsfall nicht die Verfügungsbefugnis über die wichtigen Wirtschaftsgüter des Anlagevermögens zu verlieren. Vermögenslose Gesellschaften – so auch die haftungsbeschränkte Unternehmergesellschaft (UG) – werden über andere Mechanismen (Bürgschaften, Patronatserklärungen, ...) von Kreditgebern oder Lieferanten zur Haftung herangezogen.

8.2 Die Voraussetzungen der Betriebsaufspaltung

Eine Betriebsaufspaltung liegt vor, wenn zwischen Besitz- und Betriebsunternehmen sowohl eine sachliche/wirtschaftliche als auch eine personelle Verflechtung besteht. An dieser ständigen Definition der Rechtsprechung hat sich bis heute nichts geändert.

Eine sachliche/wirtschaftliche Verflechtung ist dann gegeben, wenn die Besitzgesellschaft eine oder mehrere wesentliche Betriebsgrundlagen an die Betriebskapitalgesellschaft überlässt. Kennzeichnend ist der Begriff der wesentlichen Betriebsgrundlage.

Das Besitzunternehmen muss Wirtschaftsgüter an das Betriebsunternehmen vermieten oder verpachten, die dort wesentliche Betriebsgrundlagen sind. Für die Betriebsaufspaltung ist es aber nicht erforderlich, dass sämtliche wesentlichen Betriebsgrundlagen des Betriebsunternehmens vom Besitzunternehmen überlassen werden.

Ob die Überlassung gegen Entgelt erfolgt (Vermietung, Verpachtung, Leasing) oder unentgeltlich, ist für die Annahme einer Betriebsaufspaltung uninteressant.

Der Begriff „wesentliche Betriebsgrundlage" wird funktional gesehen. Das bedeutet, dass nicht die in den verpachteten Anlagegüter ruhenden stillen Reserven bestimmend für den Begriff der wesentlichen Betriebsgrundlage sind, sondern die Wichtigkeit der Wirtschaftsgüter, die für die Fortführung des Betriebs prägend und unverzichtbar sind.

8.2.1 Sachliche Verflechtung

Eine sachliche Verflechtung liegt also in folgenden Fällen vor:

- Das Besitzunternehmen überlässt dem Betriebsunternehmen mindestens eine wesentliche Betriebsgrundlage.
- Die Frage der Wesentlichkeit der Betriebsgrundlage ist dabei aus der Sicht des Betriebsunternehmens zu beantworten. Eine wesentliche Betriebsgrundlage liegt vor, wenn
  - das Wirtschaftsgut für das Erreichen des Betriebszwecks erforderlich ist
  - das Wirtschaftsgut ein besonderes wirtschaftliches Gewicht für das Betriebsunternehmen besitzt

Was eine wesentliche Betriebsgrundlage ist, richtet sich nach der individuellen Beurteilung im Einzelfall. Zwischenzeitlich lässt sich eine Tendenz aus der Rechtsprechung herleiten, dass ein Grundstück fast ausnahmslos als wesentliche Betriebsgrundlage angesehen wird.

Grundsätzlich gilt, dass die Grenzziehung äußerst schwierig ist. Als weitere Schwierigkeit kommt hinzu, dass der Bundesfinanzhof oft eine andere Auffassung von einer wesentlichen Betriebsgrundlage hat als die Finanzverwaltung, und dass teilweise sogar innerhalb der jeweiligen Senate im BFH Auffassungsunterschiede bestehen.

Man kann davon ausgehen, dass es sich nicht um eine wesentliche Betriebsgrundlage handelt, wenn das Wirtschaftsgut kein wirtschaftliches Gewicht für den Betrieb hat und jederzeit kurzfristig ersetzbar ist.

Wesentliche Betriebsgrundlagen:

- Bebaute Grundstücke
  - Fabrikgebäude: grundsätzlich ja
  - kann der Betrieb an anderer Stelle in der bisherigen Weise nicht geführt werden kann: ja
  - wenn das Gebäude speziell, also nur auf die Bedürfnisse des Betriebsunternehmen ausgerichtet ist: grundsätzlich ja
  - wenn die Herrichtung für die besonderen Zwecke des Betriebsunternehmens mit Wänden aus beweglichen Montageelementen erfolgt ist: dennoch ja
  - wenn eine solche Gestaltung nicht erfolgt: dennoch ja, da sie nicht erforderlich ist.
  - Das Gebäude ist nach Größe/Lage/Grundriss auf das Tätigkeitsfeld des Betriebsunternehmen zugeschnitten: ja
  - Büros: üblicherweise nein
- Unbebaute Grundstücke
  - Bebauung durch das Betriebsunternehmen nach dessen Bedürfnissen: ja
  - Gestaltung durch das Betriebsunternehmen in anderer Weise nach dessen Bedürfnissen: ja
- Übriges Anlagevermögen
  - erhebliches wirtschaftliches Gewicht für das Betriebsunternehmen: ja
  - das Wirtschaftsgut ist nicht jederzeit ersetzbar: ja
- Immaterielle Wirtschaftsgüter: können wesentliche Betriebsgrundlage sein

Beispiel: Eine Betriebsgesellschaft hat schon vor Errichtung der Gebäude von ihrer Mehrheitsgesellschaft ein Grundstück angemietet. Nach der Fertigstellung der Gebäude bringt die Betriebsgesellschaft die erforderlichen Betriebsvorrichtungen ein und nimmt dann die Produktion auf.

Die Folge dieses Vorgehens: Die betreffenden Gebäude sind für die Betriebsgesellschaft von besonderem Gewicht und insbesondere auch von der Größe und vom Grundriss her voll auf ihre Bedürfnisse zugeschnitten. Damit wird das betreffende Grundstück zur wesentlichen Betriebsgrundlage. Dieser Finanzamtsannahme kann dann auch nicht entgegengehalten werden, dass das Grundstück, nachdem es der Besitzunternehmer veräußert hat, von einem branchenfremden Unternehmer ohne weitere Umbauten genutzt werden konnte.

Beispiel: Ob ein Wirtschaftsgut als wesentliche Betriebsgrundlage im Rahmen einer Betriebsaufspaltung qualifiziert wird oder nicht, hängt nicht davon ab, ob es der Vermieter bzw. der Verpächter oder das Betriebsunternehmen selbst entsprechend den Bedürfnissen gestaltet hat. Wenn eine Betriebsgesellschaft, die einen Einzelhandel mit Textilien betreibt Räume anmietet, dann sind diese, auch von der Lage her, schon für die Belange der Gesellschaft besonders geeignet, wenn sie sich in einer Hauptstraße unweit des bisher bereits unterhaltenen Ladenlokals befinden.

Ein Grundstück ist auch dann eine wesentliche Betriebsgrundlage, wenn das Betriebsunternehmen jederzeit am Markt ein für seine Belange gleichwertiges Grundstück mieten oder kaufen kann.

Unbebaute Grundstücke sind nur dann wesentliche Betriebsgrundlage, wenn sie von dem Betriebsunternehmen nach dessen Bedürfnissen bebaut oder in anderer Weise gestaltet worden sind. Die Rechtsprechung legt den Begriff der Gestaltung allerdings weit aus, so dass praktisch regelmäßig eine „besondere Gestaltung“ angenommen wird.

Beispiel: Ein Platz auf einem angemieteten Grundstück wird vom Betriebsunternehmen planiert und betoniert, um als fester Lagerplatz verwendet zu werden. Bereits bei dieser Minimalmaßnahme wird von einer „besonderen Gestaltung“ gesprochen, mit der Folge, dass das Grundstück wesentliche Betriebsgrundlage ist.

Wirtschaftsgüter des Umlaufvermögens können schon allein deshalb nicht zu den wesentlichen Betriebsgrundlagen gehören, weil sie von der Natur der Sache her immer wieder umgeschlagen werden.

Auch Gegenstände des übrigen Anlagevermögens können wesentliche Betriebsgrundlage sein. Dazu können auch immaterielle Wirtschaftsgüter gehören, wie z. B. der überlassene Firmenname oder – auch ungeschützte – Erfindungen.

Entscheidende Kriterien für die Klassifikation von immateriellen Wirtschaftsgütern als wesentliche Betriebsgrundlage sind:

- das Gewicht des immateriellen Wirtschaftsguts für die wirtschaftliche Tätigkeit
- die kurzfristige Ersetzbarkeit des immateriellen Wirtschaftsguts.

Beispiel: Die M-GmbH stellt Spezialprodukte für mehrere Kunden her. Dazu benutzt sie eine Anlage, die – obwohl Serienfertigung, also keine Spezialanfertigung für die M-GmbH – eine Lieferzeit von über einem Jahr hat. Da die Anlage für die Produktion von erheblicher Bedeutung ist und nicht jederzeit ersetzt werden kann, ist sie eine wesentliche Betriebsgrundlage.

Ob Wirtschaftsgüter im Eigentum der Besitzgesellschaft stehen oder ob sie von ihr selbst nur angemietet oder gepachtet sind, ist für die Beurteilung, ob eine wesentliche Betriebsgrundlage vorliegt oder nicht, ohne Interesse. Selbst wenn das Besitzunternehmen ein Wirtschaftsgut verleiht, also unentgeltlich dem Betriebsunternehmen überlässt, kann dies eine wesentliche Betriebsgrundlage mit der Folge „Betriebsaufspaltung“ sein.

Hinweis

Dass ein Wirtschaftsgut erhebliche stille Reserven birgt, ist allein kein Grund, das Wirtschaftsgut als wesentliche Betriebsgrundlage anzusehen.

8.2.2 Personelle Verflechtung

Die Personen, die hinter den beiden Gesellschaften stehen, müssen einen einheitlichen geschäftlichen Betätigungswillen haben. Das wird unterstellt, wenn dieselbe Person oder Personengruppe ihren Willen in beiden Unternehmen durchsetzen kann.

Eine personelle Verflechtung liegt in folgenden Fällen vor:

- Es besteht ein einheitlicher geschäftlicher Betätigungswille in beiden Unternehmen
- Es herrscht Stimmenmehrheit in beiden Unternehmen durch direkte oder indirekte Stimmen. Es muss die Personengruppentheorie angewendet werden können. Bei Ehegatten kann nicht „automatisch" von gleichgerichteten Interessen ausgegangen werden.
- Es besteht eine faktische Beherrschung, also eine Beherrschung ohne Stimmenmehrheit.

Keine personelle Verflechtung besteht, wenn die Gesellschaften trotz Stimmenmehrheit nicht beherrscht werden, weil z. B.

- ein Einstimmigkeitserfordernis besteht
- fremde Dritte mit an einer oder beiden Gesellschaften beteiligt sind
- ein Stimmrechtsausschluss besteht

Zur Beherrschung beider Unternehmen genügt üblicherweise die Stimmenmehrheit. Dabei werden alle Gesellschafter berücksichtigt, die sowohl an dem wahrscheinlichen Besitzunternehmen als auch an dem wahrscheinlichen Betriebsunternehmen beteiligt sind. Denn bei ihnen besteht die Vermutung gleichgerichteter Interessen.

Indizien für eine Stimmenmehrheit geben:

- direkte Beteiligungen
- indirekte Beteiligung
- fehlende Interessengegensätze beispielsweise bei Ehegatten und/oder der Beteiligung minderjährige Kinder

Unterschiedliche Beteiligungsquoten verhindern eine Betriebsaufspaltung.

Ein Unternehmen wird normalerweise dadurch beherrscht, dass ein Gesellschafter eine direkte Mehrheitsbeteiligung hat. Bei der Betriebsaufspaltung kann eine personelle Verflechtung aber auch über eine indirekte Beteiligung, also z. B. über eine zwischengeschaltete Kapitalgesellschaft, gegeben sein. Wenn der Eigentümer der Besitzgesellschaft 98 % der Anteile an einer Kapitalgesellschaft hält, die wiederum zu 99 % an dem Betriebsunternehmen beteiligt ist, ist die Beherrschung beider Unternehmen durch indirekte Beteiligung gegeben.

Um die tatsächlichen Beherrschungsverhältnisse zu ermitteln, werden die Stimmenanteile der unmittelbaren und der mittelbaren Beteiligungen zusammengerechnet. Die mittelbare Beteiligung wird aber nur dann berücksichtigt, wenn sie tatsächlich Einflussmöglichkeiten gewähren.

Sind die Stimmrechte abweichend von den Kapitalanteilen geregelt, weil z. B. manche Anteile mehrere Stimmrechte haben, dann kommt es bei der Frage nach der Beteiligung nicht auf den nominellen Kapitalanteil an, sondern auf die Stimmrechte. Besteht nach den tatsächlichen Verhältnissen kein einheitlicher geschäftlicher Betätigungswille der an den beiden Gesellschaften beteiligten Personengruppe, so ist auch keine Betriebsaufspaltung gegeben. Ein einheitlicher geschäftlicher Betätigungswille fehlt beispielsweise dann, wenn sich die Gesellschaftergruppen nachhaltig über die richtige Geschäftspolitik streiten.

Zunächst aber wird den Gesellschaftern unterstellt, dass sie gleichgerichtete Interessen haben. Dazu genügt es, dass die Personengruppe in der Lage ist, ihren Willen durchzusetzen. Ob sie ihre Machtposition auch tatsächlich nutzt und ihren Willen durchsetzt oder nicht, ist unbeachtlich. Entscheidend ist lediglich, dass sie es könnte.

Sind die Gesellschafter, die an beiden Unternehmen beteiligt sind, dort jeweils mit unterschiedlichen Quoten beteiligt, hindert dies normalerweise nichts an der Annahme, dass beide Unternehmen personell verflochten sind. Ausnahme: Die Anteile sind extrem unterschiedlich verteilt. Dann kann nicht mehr von einer personellen Verflechtung ausgegangen werden.

Beispiel: Personelle Verflechtung liegt auch vor, wenn die Beteiligungsverhältnisse sich wie folgt darstellen: Besitzunternehmen 10/90 – Betriebsunternehmen 90/10

Besitzunternehmen 50/50 – Betriebsunternehmen 0,4/99,6

Die Argumentation erfolgt hier über die „Personengruppentheorie“: Diese Gruppe kann in beiden Unternehmen ihren Willen durchsetzen.

Wenn Minderheitsanteile von Dritten gehalten werden, sind diese grundsätzlich unbeachtlich.

Dass beide Unternehmen von einer Gesellschaftergruppe beherrscht werden, führt nur zur Vermutung, dass die Gesellschaftergruppen auch gleichgerichtete wirtschaftliche Interessen haben. Wenn aber der Gesellschafter-Wille durch tatsächliche Zwänge oder durch Stimmrechtsausschluss nicht durchgesetzt werden kann, ist die Vermutung der gleichgerichteten wirtschaftlichen Interessen widerlegt. Das gilt auch dann, wenn es zwischen den Gesellschaftergruppen tatsächliche und nachgewiesene Interessenkonflikte gibt.

Hinweis

Wenn Sie gleichgerichtete Interessen widerlegen wollen, um der personellen Verflechtung zu entgehen, müssen Sie darlegen, dass es sich um erhebliche Behinderungen handelt. Dass Sie unterschiedliche Auffassungen über einzelne Punkte der Geschäftsführung oder die Geschäftspolitik haben, reicht allein zur Ablehnung der personellen Verflechtung noch nicht aus.

Exkurs: Betriebsaufspaltung und Erbschaftsteuer

Lediglich „aktives Betriebsvermögen“ ist von der Erbschaftsteuer befreit, sogenanntes „Verwaltungsvermögen“ hingegen nicht. Das „begünstigte Vermögen“ wird in § 13b Abs. 2 Satz 1 ErbStG definiert. Bei dem begünstigten Vermögen handelt es sich (sehr vereinfacht ausgedrückt) um das „begünstigungsfähige Vermögen“ abzüglich des „schädlichen“ (Netto-)Verwaltungsvermögens.

Die Nutzungsüberlassung eines Vermögensgegenstands an Dritte ist erbschaftsteuerschädlich. Grundstücke, die Dritten zur Nutzung überlassen werden, gehören zum Verwaltungsvermögen (§ 13b Abs. 2 Satz 2 Nr. 1 Satz 1 ErbStG a.F.) „Dritter“ ist jede Person, die nicht mit dem Nutzungsüberlassenden identisch ist. Dritte können natürliche Personen, auch Angehörige, juristische Personen, also GmbHs und andere Kapitalgesellschaften, oder Personengesellschaften sein.

Es ist keine steuerschädliche Nutzungsüberlassung an Dritte anzunehmen, wenn der Erblasser oder Schenker sowohl das Besitzunternehmen als auch die Betriebskapitalgesellschaft faktisch beherrscht. Für eine faktische Beherrschung aber ist die gesellschaftsrechtliche Situation maßgeblich. Der Erblasser oder Schenker benötigt die Anzahl von Stimmrechten, mit denen es ihm möglich ist, der Gesellschaft seinen Willen aufzuzwingen. Es genügt nicht zur faktischen Beherrschung, dass er – wie ein Prokurist – die kaufmännische oder technische Betriebsführung beeinflussen kann, ohne die Stimmenmehrheit erreichen zu können. Wird ein Grundstück an eine Kapitalgesellschaft verpachtet, ist auch dann von einer steuerschädlichen Nutzungsüberlassung an Dritte auszugehen, wenn Erwerber des Betriebsvermögens Gesellschafter der Kapitalgesellschaft sind (BFH vom 23.2.2021 – II R 26/18).

Beispiel: S erwirbt durch den Tod seines Vaters V das A-Einzelunternehmen. Das war ursprünglich ein Autohaus und wurde auf einem Grundstück in Z (Betriebsgrundstück) betrieben. S hat die J-GmbH gegründet. Allein-Gesellschafter-Geschäftsführer ist S. V hatte Einzelprokura, war aber kein Gesellschafter der J GmbH. Das Betriebsgrundstück in Z wurde vom A-Betrieb an die J-GmbH verpachtet. V hatte S eine Generalvollmacht für den A-Betrieb erteilt und ihn vom Selbstkontrahierungsverbot (§ 181 BGB) befreit. Folge: Das nach dem Tod von V von S geerbte (Betriebs-)Grundstück ist als (erbschaft-)steuerschädliches Verwaltungsvermögen anzusehen, weil ein Prokurist keine Kapitalgesellschaft beherrscht. Dazu muss man Gesellschafter sein. Damit sind die Voraussetzungen des § 13b Abs. 2 Satz 2 Nr. 1 Satz 2 Buchstabe a Alternative 1 ErbStG (begünstigtes Vermögen) nicht erfüllt.

8.2.3 Ehegatten oder eingetragene Lebenspartner als Gesellschafter

Auch bei Ehepaaren und eingetragenen Lebenspartnern gelten die Grundsätze der Personengruppentheorie, d. h. in diesem Fall bestehen keine Besonderheiten. Wenn aber ein Partner an beiden Unternehmen beteiligt ist, während der andere nur an einem Unternehmen beteiligt ist, dürfen die Anteile nicht mehr zusammengerechnet werden, nur weil die Partner verheiratet sind oder in einer eingetragenen Partnerschaft leben. Der Grund: Auch nach der Personengruppentheorie würden die Anteile nicht zusammengerechnet werden. Die Folge: Auch bei Partnern darf eine Zusammenrechnung der Anteile nur dann erfolgen, wenn die Personengruppentheorie greift. Das ist dann der Fall, wenn neben der Ehe oder der eingetragenen Lebenspartnerschaft noch eine zusätzliche Wirtschaftsgemeinschaft besteht.

Bestehen einer Wirtschaftsgemeinschaft neben der Ehe oder eingetragenen Lebenspartnerschaft

Langes konfliktfreies Zusammenwirken der Partner in der Gesellschaft	nein
Mittel für die Beteiligung stammen vom anderen Partner	nein
Die Betriebsgesellschaft wird durch einen Partner geprägt	nein
Erbeinsetzung des einen Partners durch den anderen Partner	nein
Zugewinngemeinschaft	nein
Mehrere Unternehmen umfassende, planmäßige, gemeinsame Gestaltung der wirtschaftlichen Verhältnisse	ja
Stimmrechtsbindungsverträge	ja

Beim „Wiesbadener Modell" ist jeder Ehepartner an einem anderen Unternehmen beteiligt. Hier gelten strikt die Grundsätze der Personengruppentheorie und danach können die Anteile nicht zusammengerechnet werden, nur weil die Gesellschafter verheiratet sind oder in einer eingetragenen Lebenspartnerschaft leben. Eine Zusammenrechnung kann selbst dann nicht erfolgen, wenn neben der Ehe oder eingetragenen Partnerschaft eine zusätzliche Wirtschaftsgemeinschaft besteht

Hinweis

Aber selbst beim Wiesbadener Modell gilt es aufzupassen! Ausnahmsweise kann auch hier eine personelle Verflechtung gegeben sein, wenn ein Partner das Unternehmen, an dem er nicht beteiligt ist, faktisch beherrscht.

8.2.4 Keine Beherrschung trotz Stimmenmehrheit

Abgesehen von dem Fall, dass erhebliche Streitigkeiten zwischen den Mitgliedern der Personengruppe bestehen und damit die Vermutung einheitlicher wirtschaftlicher Interessen widerlegt werden kann, kann es auch sein, dass - obwohl nominell eine Stimmenmehrheit gegeben ist, die Gesellschaft nicht beherrscht wird, und zwar wenn

- in der Gesellschaft Einstimmigkeit gefordert ist und Dritte Gesellschafter sind
- Stimmrechtsausschluss gegeben ist.

Eine Stimmenmehrheit führt dann nicht zur Beherrschung, wenn sämtliche Gesellschafter zustimmen müssen. Befinden sich unter den Gesellschaftern auch Personen, die an dem anderen Unternehmen nicht beteiligt sind, ist eine Beherrschung nicht möglich.

Solche Fallkonstellationen finden sich häufig bei BGB-Gesellschaften, wenn der Gesellschaftsvertrag nicht vorsieht, dass Mehrheitsbeschlüsse gefasst werden.

Dennoch gilt es aufzupassen: Es genügt nämlich bereits, wenn die laufenden Geschäfte beherrscht werden. Wenn also beispielsweise das Einstimmigkeitserfordernis nur für außergewöhnliche Rechtsgeschäfte gilt, dann können die laufenden Geschäfte dennoch über die Stimmenmehrheit beherrscht werden. Folge: Personelle Verflechtung. Wenn dagegen der Beschluss über die Nutzung des betreffenden Wirtschaftsguts, das der Betriebsgesellschaft zur Nutzung überlassen werden soll, einstimmig erfolgen muss, ist keine Beherrschungsmöglichkeit gegeben und damit auch keine personelle Verflechtung.

Auch bei Stimmenmehrheit ist eine Beherrschung dann nicht möglich, wenn der oder die maßgebenden Gesellschafter an den betreffenden Beschlüssen nicht mitwirken kann, weil er Stimmverbot hat. Solche Stimmverbote können sich aus dem Gesetz ergeben, namentlich dem GmbHG. Sie können aber auch durch Gesellschaftervereinbarung geregelt werden. Gilt das Stimmrechtsverbot aber nur für außergewöhnliche Geschäfte, bleibt die Stimmenmehrheit entscheidend: Die Gesellschaft wird beherrscht.

8.2.5 Faktische Beherrschung

Wenn ein Unternehmen beherrscht wird, ohne dass der betreffende Gesellschafter die Stimmenmehrheit hat, spricht man von einer faktischen Beherrschung. Ob daneben der Beherrschende noch Anteile an dem beherrschten Unternehmen hält oder nicht, spielt dann keine Rolle mehr.

Die Tätigkeit als Geschäftsführer führt normalerweise nicht zur faktischen Beherrschung, da der Geschäftsführer die Interessen des Unternehmens wahren muss.

Eine Großgläubigerstellung führt nur dann zur faktischen Beherrschung, wenn er tatsächlich die Entscheidungen an sich zieht.

Faktische Beherrschung verdrängt die gesellschaftsrechtliche Beteiligung, mit anderen Worten: Nur die faktische Beherrschung entscheidet.

Hinweis

Es genügt nicht, dass die Möglichkeit besteht, ein Unternehmen faktisch zu beherrschen, sondern die Einflussmöglichkeiten müssen tatsächlich genutzt und ausgeübt werden. Nur dann ist eine personelle Verflechtung mit der Folge „Betriebsaufspaltung" gegeben.

8.3 Steuerfolgen der Betriebsaufspaltung

Die grundsätzliche steuerliche Folge einer Betriebsaufspaltung ist, dass das Besitzunternehmen als gewerblicher Betrieb angesehen wird. Würde man Besitz- und Betriebsunternehmen isoliert betrachten, so erfüllt ein reines Besitzverpachtungsunternehmen nicht die Voraussetzungen eines gewerblichen Unternehmens. Ein gewerbliches Unternehmen nach § 15 EStG liegt nämlich nur dann vor, wenn eben die Tätigkeit des Unternehmens gewerblicher Art ist. Davon zu unterscheiden ist die reine Verpachtung von eigenen Wirtschaftsgütern, welche eben nicht als gewerbliche Tätigkeit angesehen wird. Diese Rechtsfolge schien dem Bundesfinanzhof jedoch unangemessen. Er entschied, dass die bewusste Aufspaltung eines einheitlichen Gewerbebetriebes in ein Betriebs- und ein Besitzunternehmen (das Gericht spricht von künstlicher Aufspaltung) nicht dazu führen kann, dass das Besitzunternehmen aus der Gewerblichkeit ausscheidet. Demzufolge ist bei Vorliegen der Tatbestandsvoraussetzungen einer Betriebsaufspaltung das Besitzunternehmen ebenfalls gewerblich tätig, obwohl es (bei isolierter Betrachtung) die Tatbestandsvoraussetzung eines Gewerbebetriebes gemäß § 15 EStG nicht erfüllt.

Die Konsequenz dieser Einordnung ist zunächst, dass die Einkünfte des Besitzunternehmens (trotz § 9 Nr. 1 Satz 2 GewStG) gewerbesteuerpflichtig sind. Eine reine Vermietungstätigkeit wäre gewerbesteuerfrei. Gewinne aus der Veräußerung von Wirtschaftsgütern des Betriebsvermögens sind zu versteuern.

Trotz zusammengefasster Betrachtung von Besitz- und Betriebsgesellschaft sind die Betriebsergebnisse beider Unternehmen zunächst separat zu ermitteln und zu versteuern. Die Betriebskapitalgesellschaft ermittelt ohne Rücksicht auf die Qualifikation einer Betriebsaufspaltung ihr Betriebsergebnis und zahlt die dafür anfallende Körperschaftsteuer (plus Solidaritätszuschlag) und die Gewerbesteuer. Die an die Besitzpersonengesellschaft gezahlten Aufwendungen für die Anmietungen der Wirtschaftsgüter des Anlagevermögens können hier steuermindernd abgezogen werden. Gleiches gilt für die Besitzgesellschaft. Diese gilt als Gewerbebetrieb und erzielt dadurch gewerbliche Einkünfte. Die ihr gehörenden Wirtschaftsgüter sind solche des Betriebsvermögens.

Die Abgeltungsteuer kommt bei einer Betriebsaufspaltung nicht zum Tragen, da die Anteile in einem Betriebsvermögen sind.

Die Qualifikation der Personenbesitzgesellschaft als gewerbliches Unternehmen ergreift auch den oder diejenigen Gesellschafter, der/die nur an der Besitzgesellschaft beteiligt ist/sind (= Nur-Besitzgesellschafter), also nicht gleichzeitig Gesellschafter der Betriebsgesellschaft ist/sind. Die Qualifikation des Besitzbetriebs als gewerbliches Unternehmen gilt auch für den Nur-Besitzgesellschafter. Dies kann für ihn nachteilig sein, beispielsweise wenn Wirtschaftsgüter des Anlagevermögens der Besitzgesellschaft verkauft werden. Auch der Nur-Besitzgesellschafter versteuert deshalb den Veräußerungsgewinn. Hier liegt ein Nachteil für den Nur-Besitzgesellschafter, da er in die Gewerblichkeit gezogen wird, ohne dass er an dieser Entscheidung zwangsläufig beteiligt ist.

Beispiel: B ist zu 20 % an der A & B Besitzgesellschaft beteiligt, die ihr Anlagevermögen an die A-GmbH verpachtet, deren Alleingesellschafter A ist. Es liegt eine Betriebsaufspaltung vor, da A auf Grund der Mehrheitsverhältnisse in der Lage ist, in beiden Gesellschaften seinen geschäftlichen Willen durchzusetzen. Verkauft nun die A & B Personengesellschaft Teile ihres Betriebsvermögens, so sind die dort enthaltenen stillen Reserven von B anteilsmäßig zu versteuern.

Eine Betriebsaufspaltung ist immer nur ein Auffangtatbestand. Werden beispielsweise Wirtschaftsgüter an eine Personengesellschaft überlassen, wird keine Betriebsaufspaltung angenommen. Die Betriebsaufspaltung kommt auch dann nicht in Betracht, wenn die Vermietung oder Verpachtung bereits nach den allgemeinen Grundsätzen als gewerbliche Tätigkeit anzusehen ist, beispielsweise, weil die Einkünfte bei einer GmbH anfallen. Der Grund: In solchen Fällen liegen sowieso immer Einkünfte aus Gewerbebetrieb im Sinne des § 15 EStG vor. Damit müssen Einkünfte aus Vermietung und Verpachtung nicht „künstlich“ umqualifiziert werden.

Betriebs- und Besitzunternehmen stellen auch steuerlich zwei völlig selbstständige Bereiche dar. Es besteht daher auch kein Grundsatz dahingehend, dass generell das Besitz- und das Betriebsunternehmen einheitlich und „aufeinander abgestimmt“ buchen und bilanzieren müssten.

Umsatzsteuerrechtlich führt das Vorliegen einer Betriebsaufspaltung dazu, dass zwischen der Besitzgesellschaft und der Betriebsgesellschaft eine so genannte Organschaft vorliegt. Organschaft bedeutet insoweit, dass die Betriebskapitalgesellschaft als Organgesellschaft umsatzsteuerlich nicht in Erscheinung tritt. Die von ihr getätigten Umsätze werden der Besitzkapitalgesellschaft zugerechnet und sind von dieser umsatzsteuerrechtlich zu erklären und zu versteuern. Praktisch wird die Umsatzsteuerschuld durch die Betriebskapitalgesellschaft an das Finanzamt erfüllt, so dass diese Zahlung der Besitzgesellschaft zugute kommt.

Besitz- und Betriebsgesellschaft sind für sich jeweils gewerbesteuerpflichtig. Im Rahmen der Verpachtung von Wirtschaftsgütern von der Besitz- an die Betriebsgesellschaft ist jedoch auf die Besonderheiten von § 8 und § 9 GewStG zu achten. So kann die Betriebsgesellschaft die Pachtzahlungen an die Besitzgesellschaft grundsätzlich steuermindernd absetzen, muss jedoch im Rahmen der Gewerbesteuererklärung gemäß § 8 Nr. 1 e) GewStG die Hälfte der bereits abgezogenen Pachtzahlungen gewinnerhöhend wieder zurechnen. Dies führt zu einer Erhöhung der Gewerbesteuerlast. Auf der anderen Seite ist gemäß § 9 Nr. 7 GewStG der gewerbesteuerliche Gewinn der Besitzgesellschaft eben um diesen bei der Betriebsgesellschaft zugerechneten Betrag zu kürzen.

Hinweis

Bei der Begründung einer Betriebsaufspaltung aus einem bereits bestehenden Einzelunternehmen führt die Übertragung der operativen Wirtschaftsgüter des Umlaufvermögens zur Aufdeckung stiller Reserven. Sie müssen also darauf achten, dass nur solche Wirtschaftsgüter übertragen werden, in denen keine oder nur geringe stille Reserven bestehen. Dies ist in der Regel der Fall, wenn die werthaltigen Wirtschaftsgüter des Anlagevermögens in der Besitzgesellschaft verbleiben.

8.4 Das Ende einer Betriebsaufspaltung

Eine Betriebsaufspaltung kann dadurch beendet werden, dass das Besitzunternehmen gemäß § 20 UmwStG steuerneutral in die Betriebs-GmbH eingelegt wird, somit das Gesamtunternehmen sich in der GmbH vereinigt. Voraussetzung ist, dass alle wesentlichen Betriebsgrundlagen in die Kapitalgesellschaft eingebracht werden. Problematisch ist hierbei, ob auch die GmbH-Anteile selbst zu den wesentlichen Betriebsgrundlagen gehören und demzufolge in die GmbH als eigene Anteile eingebracht werden müssen.

Dies ist nach Auffassung der Finanzverwaltung nicht der Fall. Die Steuerneutralität kann auch dann erreicht werden, wenn die Besitzgesellschafter ihre GmbH-Anteile eben nicht in die GmbH einbringen. Die zurückbehaltenen Anteile an der Kapitalgesellschaft gelten in diesem Fall nicht als entnommen. Sie sind künftig als Anteile zu behandeln, die durch eine Sacheinlage erworben worden sind. Werden sie veräußert, unterliegt der Veräußerungsgewinn der Steuer.

8.5 Die möglichen Rechtsformen der Gesellschaften in einer Betriebsaufspaltung

Das „unausgesprochen allgemeine" Verständnis einer Betriebsaufspaltung ist:

- Besitzgesellschaft ist ein Personenunternehmen (Einzelunternehmen, Gesellschaft bürgerlichen Rechts oder offene Handelsgesellschaft oder Kommanditgesellschaft)
- Betriebsgesellschaft ist eine Kapitalgesellschaft, z. B. eine GmbH

Eine Betriebsaufspaltung ist nicht „festgezurrt" auf die GmbH als Rechtsform der Betriebsgesellschaft. Auch mit anderen Kapitalgesellschaften, wie beispielsweise einer Aktiengesellschaft oder Unternehmergesellschaft mit beschränkter Haftung (Mini-GmbH), aber auch mit einer Limited (Ltd.) (seit dem Brexit nicht mehr anzuraten) oder einer S.A.R.L (Société à responsabilité limitée) oder ... können Betriebsaufspaltungen begründet werden.

Es ist auch nicht „in Stein gemeißelt", dass die Besitzgesellschaft ein Personenunternehmen und die Betriebsgesellschaft eine Kapitalgesellschaft ist. Man spricht dann von einer „umgekehrten Betriebsaufspaltung" oder einer „kapitalistischen Betriebsaufspaltung", wenn die Rechtsformen genau gegenläufig sind: Besitzgesellschaft = Kapitalgesellschaft, Betriebsgesellschaft = Personenunternehmen. Eine „kapitalistische Betriebsaufspaltung" kann aber auch zwei Kapitalgesellschaften meinen, von denen die eine Besitz- und die andere Betriebsgesellschaft ist.

Es gibt auch die „mitunternehmerische Betriebsaufspaltung", bei der sowohl das Besitzunternehmen als auch das Betriebsunternehmen Personengesellschaften oder auch Einzelunternehmen sind.

9 Die „GmbH & Still“ und ihre Ausprägungen

„Eigentlich“ ist „GmbH & Still“ eine falsche Bezeichnung, denn es ist keine eigene Rechtsform. Wie immer bei der stillen Gesellschaft hat eine (juristische) Person, die GmbH, mit einer anderen (natürlichen oder juristischen) Person, einen Gesellschaftsvertrag geschlossen, der nach außen nicht bekannt werden soll oder darf. Das wird bewerkstelligt, indem das Kapital des stillen Gesellschafters ins Eigenkapital des Unternehmens eingeht. Bei einer GmbH wird es nicht als Stammkapital gebucht, sondern als Kapitalrücklage.

Dieses Vorgehen hat mehrere Vorteile:

1. Das Eigenkapital der GmbH wird gestärkt. Damit ist eine wichtige Voraussetzung für eine gute „Ratingnote“ geschaffen.
2. Das Stammkapital verbleibt auf der satzungsgemäß festgelegten Höhe. Damit ändern sich die Machtverhältnisse (Stimmrechtsverteilung) in der GmbH nicht. Wird das zusätzliche Eigenkapital wieder abgezogen, muss „nur“ die Kapitalrücklage aufgelöst werden. Das Stammkapital muss nicht herabgesetzt werden.
3. Der stille Gesellschafter tritt nach außen nicht in Erscheinung. Damit ist es möglich, sich Kapital auch von jemandem zu beschaffen, der als „offizieller“ Gesellschafter eher nicht gelitten würde. Der (zusätzliche) Gesellschaftsvertrag ist individuell gestaltbar und muss nicht wie die GmbH-Satzung im Handelsregister offen gelegt werden.

Gemäß § 230 HGB ist die stille Gesellschaft eine Gesellschaftsform, bei der sich ein stiller Gesellschafter am Handelsgewerbe eines anderen beteiligt. Eine stille Gesellschaft kann durch einen formlosen Vertrag zwischen dem stillen und dem Hauptgesellschafter gegründet werden.

Die stille Gesellschaft ist eine bürgerlich-rechtliche Innengesellschaft, weil hier der stille Gesellschafter nicht nach außen auftritt. Eine stille Gesellschaft ist nur in einem Handelsgewerbe möglich. Eine Unterbeteiligung dagegen kommt bei sämtlichen Personen- und Kapitalgesellschaften in Betracht.

Als reiner Innengesellschafter haftet der stille Gesellschafter im Außenverhältnis nicht. Sein Verlustrisiko ist typischerweise auf seine Einlage begrenzt.

Der Hauptunterschied zwischen stiller Gesellschaft und Unterbeteiligung: Der Unterbeteiligte steht nicht mit der Gesellschaft, sondern nur zu einem der Gesellschafter in einem Vertragsverhältnis. Der stille Gesellschafter dagegen begründet ein Rechtsverhältnis zu der Gesellschaft oder dem Unternehmer selbst.

Die Gegenleistung, die der stille Gesellschafter von der Gesellschaft für die Hingabe seines Kapitals erhält, ist kein Zins wie beispielsweise bei einem Darlehen, sondern eine Beteiligung am Gewinn. Die Verlustbeteiligung kann ausgeschlossen werden.

Die Einlage des stillen Gesellschafters geht in das Vermögen des Unternehmens über. Die Einlage des stillen Gesellschafters muss nicht notwendigerweise in Geld erfolgen. Sie kann auch als Sacheinlage – sogar als Dienstleistung, z. B. die eigene Arbeitskraft – erbracht werden.

Stille Gesellschaften werden oft begründet, um dem Unternehmen neue Liquidität zuzuführen, ohne den bisherigen Gesellschafterstamm oder die Kapitalstruktur zu ändern, und ohne, dass die Liquiditätszufuhr nach außen bekannt gemacht werden muss. Eine stille Gesellschaft kann natürlich aber auch eine Möglichkeit für einen Geldgeber sein, sich finanziell oder unternehmerisch zu engagieren, ohne nach außen als solcher erkennbar zu sein.

Steuerlich muss unterschieden werden zwischen der typischen und der atypischen stillen Gesellschaft oder Beteiligung. Nimmt der stille Gesellschafter lediglich am Gewinn und Verlust des Unternehmens teil (typisch), bezieht er Einkünfte aus Kapitalvermögen. Für das Unternehmen sind die Leistungen, die es an den typisch stillen Gesellschafter bezahlt, Betriebsausgaben.

Ist der stille Gesellschafter nicht nur am Gewinn und Verlust, sondern auch an dem Wertzuwachs des Unternehmens und an dessen stillen Reserven beteiligt, trägt er also auch ein unternehmerisches Risiko, ist er ein atypisch stiller Gesellschafter (steuerlicher Begriff: Mitunternehmer). Seine Gewinnanteile rechnen bei ihm zu den Einkünften aus Gewerbebetrieb. Für das Unternehmen sind die Leistungen, die es an den atypisch stillen Gesellschafter bezahlt, Betriebsausgaben.

Hinweis

Eine stille Gesellschaft ist nur möglich am Handelsgeschäft eines anderen (§ 230 Abs. 1 HGB). Deshalb muss Personenverschiedenheit zwischen dem Inhaber des Handelsgeschäfts und dem stillen Gesellschafter bestehen. Seit dem bahnbrechenden Urteil des BGH (vom 29.01.2001 – II ZR 331/00, das die Teilrechtsfähigkeit der BGB-Außengesellschaft anerkannt hat, besitzt sie Rechtsfähigkeit und ist im Prozess aktiv und passiv parteifähig. Die GbR kann auch Partei (§ 50 ZPO) sein und es ist möglich, die Gesellschaft unter ihrem Namen zu verklagen. Das eben Gesagte gilt entsprechend für die OHG, was auch aus § 124 Abs. 1 HGB in Verbindung mit § 14 BGB hergeleitet wird. Damit kann ein OHG-Gesellschafter oder ein Komplementär sich an „seiner" Gesellschaft gleichzeitig als stiller Gesellschafter beteiligt. Das gilt so natürlich auch für die GmbH & Co. KG oder -OHG.

Steuerlich werden die Einkünfte des stillen Gesellschafters, der gleichzeitig an seiner Personengesellschaft als Gesellschafter beteiligt ist, als Einkünfte aus Gewerbebetrieb qualifiziert. Sie werden bei ihm als Sonderbetriebseinnahmen erfasst.

Ein Einmann-Gesellschafter einer Komplementär-GmbH (= selbstständige juristische Person) kann sich selbst dann als stiller Gesellschafter an der GmbH oder der KG beteiligen, wenn er zugleich ihr (einziger) Kommanditist ist.

Hinweis

Bei einer „reinen" GmbH & Still kann die GmbH als juristische Person mit einem Gesellschafter zusätzlich zum ohnehin bestehenden Gesellschaftsvertrag der GmbH einen weiteren Gesellschaftsvertrag über eine stille Gesellschaft schließen. Das geht sogar dann, wenn die GmbH nur einen Allein-Gesellschafter-Geschäftsführer hat, der dann für die GmbH mit sich selbst – vorausgesetzt, er ist wirksam von § 181 BGB, dem Verbot der Insichgeschäfte, befreit – eine stille Gesellschaft gründen kann. So schafft er für die GmbH zusätzliches Eigenkapital, ohne dass er es in Stammkapital binden muss.

Sprechen Sie mit Ihrem Steuerberater, wie Sie als GmbH-Gesellschafter aus steuerlicher Sicht den Vertrag zur stillen Gesellschaft ausgestalten sollen.

Als Innengesellschaft ist die stille Gesellschaft nicht selbstständig buchführungspflichtig. In welchem Umfang die Gesellschaft, mit der die stille Gesellschaft besteht, buchführungspflichtig ist, richtet sich nach deren Rechtsform.

Die Einlage des stillen Gesellschafters geht in das Vermögen des Inhabers des Handelsgeschäfts ein und wird nach außen als Eigenkapital ausgewiesen, nach innen ist die Einlage des „Stillen" seitens des Geschäftsinhabers je nach Ausgestaltung als „Darlehen" oder als „Beteiligung" zu sehen.

Der stille Gesellschafter ist am Jahresergebnis des Handelsgewerbes beteiligt. Ist nichts anderes vereinbart, steht dem stillen Gesellschafter ein „den Umständen nach angemessener" Anteil am Gewinn und am Verlust zu (§ 231 BGB).

Werden Vereinbarungen lediglich für die Beteiligung eines stillen Gesellschafters am Gewinn des Geschäftsinhabers getroffen, gelten diese im Zweifel auch für seine Beteiligung am Verlust (BFH vom 23.07.2002 – VIII R 36/01).

Hinweis

Es ist klar, dass diese gesetzliche Bestimmung sehr streitanfällig ist. Deshalb sollte im Gesellschaftsvertrag klar geregelt werden, welcher Anteil an Gewinn und Verlust der Gesellschaft dem stillen Gesellschafter zusteht. Im Gesellschaftsvertrag kann auch bestimmt werden, dass der stille Gesellschafter nur am Gewinn, nicht dagegen am Verlust beteiligt wird (§ 231 Abs. 2 HGB). Die Gewinnbeteiligung kann nicht ausgeschlossen werden.

Hinweis

Eine Mindestverzinsung der Einlage – ähnlich wie bei der OHG und der KG – ist bei der stillen Gesellschaft nicht vorgesehen. Sie kann jedoch neben der Gewinnbeteiligung vertraglich vereinbart werden, ohne die stille Gesellschaft als solche zu gefährden. Wird aber statt einer Gewinnverteilung eine feste Verzinsung der Einlage zugesagt, handelt es sich nicht um eine stille Gesellschaft, sondern um einen Darlehensvertrag.

Im Grundsatz geht das Gesetz davon aus, dass der erzielte Gewinn vollständig verteilt wird. Von dieser Regelung kann im Gesellschaftsvertrag abgewichen werden. Häufig ist es sogar sinnvoll, nicht den gesamten Gewinn zu verteilen, sondern zu Finanzierungszwecken (Eigenkapitalerhöhung) in der Gesellschaft zu belassen. Würde die Geltendmachung der Gewinnauszahlung die Gesellschaft in Schwierigkeiten bringen, kann es die gesellschaftsrechtliche Treuepflicht, der auch ein stiller Gesellschafter unterliegt, verlangen, dass davon abgesehen wird.

Der Gewinn oder Verlust der stillen Gesellschaft ist jeweils am Schluss eines Geschäftsjahres zu ermitteln (§ 232 Abs. 1 HGB).

Wenn die Verlustbeteiligung nicht ausgeschlossen ist, ist der stille Gesellschafter damit wie ein Kommanditist zu belasten. Auf diese Weise kann natürlich seine Einlage negativ werden. Das widerspricht nicht der Vorschrift des § 232 Abs. 2 Satz 1 HGB, die lediglich für den Fall der Auseinandersetzung der Gesellschaft vorschreibt, dass der stille Gesellschafter im Endergebnis nicht mehr aufwendet als seiner vereinbarten Einlage entspricht. Wird die Einlage des stillen Gesellschafters durch Verluste „aufgezehrt" oder sogar negativ, besteht für spätere Gewinne kein Entnahmerecht, bis die Einlage wieder die vereinbarte Höhe erreicht hat (§ 232 Abs. 2 Satz 2 HGB).

Wie ein Kommanditist kann der stille Gesellschafter die auf ihn entfallenden laufenden Verlustanteile nicht unbeschränkt mit anderen Einkünften im Steuerjahr ausgleichen, sondern der Verlust wird zur Verrechnung mit künftigen Gewinnen vorgetragen (§ 15a Abs. 5 EStG).

Ist der stille Gesellschafter am Verlust des Geschäftsinhabers beteiligt, ist ihm der Verlustanteil steuerrechtlich nicht nur bis zum Verbrauch seiner Einlage, sondern auch in Höhe seines negativen Einlagekontos zuzurechnen. Spätere Gewinne sind zunächst mit den auf diesem Konto ausgewiesenen Verlusten zu verrechnen (BFH vom 23.07.2002 – VIII R 36/01).

Belässt der stille Gesellschafter den ihm zustehenden Gewinn im Unternehmen, erhöht dies seine Einlage nicht (§ 232 Abs. 4 HGB). Es kann aber etwas anderes vereinbart werden.

Der stille Gesellschafter hat kein vom Gewinnanteil unabhängiges Entnahmerecht. Er kann nur die Auszahlung seines Gewinnanteils verlangen (§ 232 Abs. 1 HGB). Hat der stille Gesellschafter seine Einlage noch nicht voll geleistet, so kann der Geschäftsinhaber mit dem Restbetrag gegen den Gewinnanspruch aufrechnen.

Steuerlich wird unterschieden zwischen typischer und atypischer stiller Gesellschaft.

Bei der typischen stillen Gesellschaft erhält der stille Gesellschafter eine gewinnabhängige Vergütung. Typisch stille Gesellschafter schließen meist eine Verlustbeteiligung aus. Ein typisch stiller Gesellschafter ist in der nicht Regel nicht an den stillen Reserven beteiligt.

Hinweis

Die Grenze zwischen typisch stiller Gesellschaft und partiarischem Darlehen sind fließend. Ob sich eine Kapitalüberlassung im Einzelfall als Hingabe eines partiarischen Darlehens oder als Begründung einer stillen Gesellschaft darstellt, ist anhand eines Vergleichs zwischen den konkret getroffenen Vereinbarungen und dem in §§ 230 ff. HGB beschriebenen Regelstatut der stillen Gesellschaft zu beantworten (FG Sachsen vom 07.12.2009 – 5 K 669/06, rechtskräftig).

Sprechen Sie vor dem Vertragsabschluss mit Ihrem Steuerberater über die steuerlichen Folgen Ihrer beabsichtigten Gestaltung.

Der typisch stille Gesellschafter bezieht Einkünfte aus Kapitalvermögen (§ 20 Abs. 1 Nr. 4 EStG) und unterliegt – wenn er die stille Beteiligung in einem Privatvermögen hält – der Abgeltungsteuer. Damit kann der typisch stille Gesellschafter eine mögliche Verlustbeteiligung nicht über den gesamten Pauschbetrag (= 801 Euro) als Werbungskosten geltend machen.

Die von einem typisch stillen Gesellschafter bezogenen Gewinnanteile sind beim Unternehmen Betriebsausgaben und mindern dort den Gewinn. Allerdings dürfen die Gewinnbeteiligungen eines stillen Gesellschafters höchstens 35 % seiner Einlage ausmachen. Diese Grenze gilt als „Fremdvergleichs"-Maßstab für stille Gesellschaften mit Angehörigen oder nahe stehenden Personen. Alle darüber hinausgehenden Prozentsätze sind unangemessen und werden steuerlich nicht als Betriebsausgaben anerkannt, es sei denn, Sie können Sie wirtschaftlich nachvollziehbar begründen.

Hinweis

Dass die 35 %-Grenze eingehalten wird, muss dauernd beobachtet werden. So kann auch wegen eines unerwarteten Gewinnsprungs z. B. aufgrund von erfolgreichen Umstrukturierungen die eingangs angemessene Rendite korrigiert werden müssen (BFH vom 19.02.2009 – IV R 83/06).

Der atypisch stille Gesellschafter ist Mitunternehmer, trägt also Unternehmerrisiko, und bezieht deshalb Einkünfte aus Gewerbebetrieb.

10 Das notwendige Grundlagenwissen über Steuern

Keiner mag Steuern. Dennoch müssen Sie ein gewisses Grundlagenwissen über Steuern haben. Denn Sie müssen irgendwann – hoffentlich! – Steuern bezahlen, weil Sie Erfolg haben. Dieser Tag kann schneller kommen, als sie glauben. Deshalb sollten Sie gewappnet sein. Nichts ist schlimmer als nicht damit gerechnet zu haben, Steuern bezahlen zu müssen.

Hinweis

Auch wenn Sie anfangs a) dafür noch „keinen Kopf" haben oder b) glauben, dafür „kein Geld" zu haben: Suchen Sie von Anfang an die Zusammenarbeit mit einem Steuerberater. Welcher Steuerberater der „Ihre" wird, hängt von Ihnen ab. Sie müssen sich bei ihm aufgehoben fühlen und müssen ihm vertrauen. Ein bisschen ähnelt die Suche nach dem „richtigen" Steuerberater der Suche nach dem „richtigen" Pastor oder dem „richtigen" Arzt. Erkundigen Sie sich in Ihrem Bekanntenkreis, sprechen Sie mit anderen Unternehmern und vor allem: Sprechen Sie mit demjenigen, der „Ihr" Steuerberater werden soll über Ihre Vorstellungen von dem „richtigen" Steuerberater. Sprechen Sie dabei ruhig auch die Gebühren an. Hören Sie dem Steuerberater aber auch zu, wenn er Ihnen seine Vorstellungen von einem „richtigen Mandat" unterbreitet. Nur wenn die Kommunikation zwischen Ihnen beiden stimmt, wird die Zusammenarbeit erfolgreich.

Die Ausgaben, die Sie für Ihr Unternehmen tätigen, sind – sofern angemessen in der Höhe und ohne private Mitveranlassung – Betriebsausgaben und mindern den steuerpflichtigen Gewinn. Misstrauen Sie aber im eigenen Interesse dem Satz „Das kannst Du doch von der Steuer absetzen". Sie müssen kein mathematisches Genie sein, um zu erkennen, dass es kein „Geschäft" ist, wenn Sie 100 % ausgeben müssen, um damit zwischen 30 und 40 % Steuern zu sparen. Fazit: Ausgaben ja, aber nur dann, wenn sie auch wirtschaftlich sinnvoll sind. Steuern sparen sollte nie Selbstzweck sein oder werden.

10.1 Überblick über die wichtigsten Steuerarten

Als Unternehmer müssen Sie Ihr besonderes Augenmerk auf die Einkommen- und die Lohnsteuer (falls Sie Mitarbeiter haben), die Gewerbe- (falls Sie ein Gewerbe betreiben, was Sie auf jeden Fall tun, wenn Sie in der Rechtsform einer Kapitalgesellschaft oder einer OHG oder einer KG gegründet haben) und die Umsatzsteuer richten. Wenn Sie Ihr Unternehmen ganz oder teilweise als GmbH führen, gehört in diese Reihe auch die Körperschaftsteuer, denn sie ist die „Einkommensteuer der Kapitalgesellschaften".

Ganz besonders wichtig sind im Steuer-Kanon die Lohn- und die Umsatzsteuer. Bei der Lohnsteuer behalten Sie die Steuer auf Rechnung Ihrer Arbeitnehmer ein und müssen Sie für diese ans Finanzamt abführen. Die Umsatzsteuer „kassieren" Sie von Ihren Kunden und müssen Sie – ebenfalls für diese – ans Finanzamt abführen. Sie sind also lediglich eine Art „Durchlaufstation" und verwalten im strengen Wortsinn fremdes Geld. Wer sich hier Unregelmäßigkeiten zuschulden kommen lässt, wird persönlich, also mit seinem Privatvermögen in Haftung genommen – übrigens auch als GmbH-Geschäftsführer oder AG-Vorstand.

Überblick über die wichtigsten unternehmerischen und privaten Steuern

Einkommensteuer	Steuer der Einzelunternehmer, Freiberufler, Personengesellschafter, GmbH-Gesellschafter	Veranlagungszeitraum: Kalenderjahr Vierteljährliche Vorauszahlungen Abgabe der Steuererklärung: spätestens am 31.07. des Folgejahres, Fristverlängerung möglich Wer „beraten" ist, wer also z. B. einen Steuerberater mit seiner Erklärung beauftragt hat, für den verlängert sich die Abgabefrist auf den letzten Februartag des übernächsten Jahres.
Lohnsteuer	Steuer der abhängig Beschäftigten, also aller steuerlichen Arbeitnehmer, zu denen auch GmbH-Geschäftsführer gehören, Unterart der Einkommensteuer	Monatlich, vierteljährlich oder jährlich Abgabe und Zahlung: Am 10. des Folgemonats, 3 Tage Schonfrist nur bei Zahlung mittels Lastschrift oder Überweisung
Körperschaftsteuer	Einkommensteuer der Kapitalgesellschaften/Körperschaften, z. B. GmbH	Veranlagungszeitraum: Kalenderjahr Vierteljährliche Vorauszahlungen Abgabe der Steuererklärung: spätestens am 31.07. des Folgejahres, Fristverlängerung möglich
Solidaritätszuschlag	ist eine Ergänzungsabgabe auf die Einkommen- und Körperschaftsteuer; betrifft nicht mehr alle Steuerzahler, aber nach wie vor alle Kapitalgesellschaften / Körperschaften	Wie Einkommen-, Lohn- und Körperschaftsteuer

Umsatzsteuer	betrifft alle Unternehmen, auch diejenigen, die freiwillig zur Umsatzsteuer optiert haben	Monatlich, vierteljährlich oder jährlich Abgabe und Zahlung: Am 10. des Folgemonats, 3 Tage Schonfrist nur bei Zahlung mittels Lastschrift oder Überweisung Dauerfristverlängerung möglich
Gewerbesteuer	betrifft alle Gewerbetreibenden, nicht dagegen die Selbstständigen (Freiberufler) – außer sie führen ihr Unternehmen als Kapitalgesellschaft	Vorauszahlungen am jeweils 15. Februar, Mai, August und November Halbjahreszahler am jeweils 15. Februar und August Jahreszahler am 15. August 3 Tage Schonfrist nur bei Zahlung mittels Lastschrift oder Überweisung
Erbschaft- und Schenkungsteuer	betrifft alle Steuerzahler, also auch Unternehmer, die etwas erben oder geschenkt bekommen respektive etwas vererben oder verschenken	Erklärung bei Anfall

10.2 Die Einkommensteuer

Die Einkommensteuer ist eine Jahressteuer. Das, was einem Steuerpflichtigen vom 01.01. bis zum 31.12. eines jeden Jahres (= Veranlagungszeitraum, unabhängig vom gewählten Wirtschaftsjahr!) als Einkommen zugeflossen ist, muss er versteuern. Ihr Einkommen als Unternehmer setzt sich – vereinfacht gesagt – zusammen aus den Betriebseinnahmen, die Sie haben, abzüglich der Betriebsausgaben. Weitere Einkünfte kommen natürlich dazu, hängen aber von Ihrer privaten Situation ab. Die Einkommensteuerschuld entsteht jährlich, wenn das Kalenderjahr abgelaufen ist. Allerdings müssen Vorauszahlungen geleistet werden: Unternehmer leisten viermal jährlich eine Einkommensteuervorauszahlung, die sich nach ihrem geschätzten zukünftigen Jahreseinkommen richtet. Steuerliche Arbeitnehmer, zu denen beispielsweise auch an der GmbH beteiligte GmbH-Geschäftsführer gehören, wenn sie nicht selbstständig tätig sind, leisten ihre Vorauszahlungen auf die jährliche Einkommensteuerschuld in Form der Lohnsteuer, die monatlich vom Arbeitgeber vom Arbeitseinkommen einbehalten und als „Quellenabzugssteuer" direkt an das Finanzamt überwiesen wird.

Die Einkommensteuer ist eine Ertragsteuer, die ihrerseits nicht die Steuerschuld mindern darf. Die Einkommensteuer kann also weder als Betriebsausgabe noch als Werbungskosten geltend gemacht werden.

Was unterliegt der Einkommensteuer? Die Einkommensteuer erfasst nur die Einkünfte, die unter den sieben Einkunftsarten im Gesetz genannt sind. § 2 EStG nennt abschließend alle sieben Einkunftsarten, die steuerpflichtig sind: Die Einkünfte aus Land- und Forstwirtschaft, die aus Gewerbebetrieb, die aus selbstständiger Arbeit, aus nicht selbstständiger Arbeit, aus Kapitalvermögen (Achtung: Abgeltungsteuer), aus Vermietung und Verpachtung sowie die sonstigen Einkünfte im Sinne des § 22 EStG.

Das zu versteuernde Einkommen, also das Einkommen, welches versteuert werden muss, berechnet sich nach dem folgenden (etwas verkürzten) Schema:

1. Einkünfte aus Land- und Forstwirtschaft

+

2. Einkünfte aus Gewerbebetrieb

+

3. Einkünfte aus selbstständiger Arbeit

+

4. Einkünfte aus nicht selbstständiger Arbeit

+

5. Einkünfte aus Kapitalvermögen (falls nicht bereits über Abgeltungsteuer erledigt, sonst Teileinkünfteverfahren 60 %),

+

6. Einkünfte aus Vermietung und Verpachtung

\+

7. Sonstige Einkünfte

= Summe der Einkünfte (aus den Einkunftsarten)

\-

Altersentlastungsbetrag (§ 24a EStG)

\-

Abzug für Land- und Forstwirte (§ 13 Abs. 3 EStG)

= Gesamtbetrag der Einkünfte (§ 2 Abs. 3 EStG)

\-

Sonderausgaben (§§ 10, 10b, 10c EStG, z. B. Ausbildung 6.000 Euro)

\-

außergewöhnliche Belastungen (§§ 33 - 33c EStG)

= Einkommen (§ 2 Abs. 4 EStG)

\-

Kinderfreibetrag (§ 32 Abs. 6 EStG)

\-

die sonstigen vom Einkommen abzuziehenden Beträge

= zu versteuerndes Einkommen (§ 2 Abs. 5 EStG)

Die Einkunftsarten 1 bis 3 nennt man Gewinneinkunftsarten, die Einkunftsarten 4 bis 7 Überschusseinkunftsarten. Bei den Gewinneinkünften sind die Einkünfte der Betrag, um den die Betriebseinnahmen die Betriebsausgaben übersteigen. Bei den Überschusseinkünften sind die Einkünfte der Betrag, um den die Einnahmen die Werbungskosten übersteigen. Werbungskosten sind dabei alle Ausgaben, die im Zusammenhang mit der Erzielung von Einnahmen, die zu den Überschusseinkünften rechnen, notwendigerweise gemacht wurden.

Einkünfte aus Gewerbebetrieb

Einkünfte aus Gewerbebetrieb sind beispielsweise

- Einkünfte aus gewerblichem Einzelunternehmen
- Einkünfte aus Mitunternehmerschaften, also Gewinnanteile und Sondervergütungen der Gesellschafter einer OHG, KG und GmbH & Co. KG

- nachträgliche gewerbliche Einkünfte
- Gewinne oder Verluste aus der Veräußerung eines ganzen Betriebs oder Teilbetriebs
- Gewinne oder Verluste aus der Veräußerung einer Beteiligung, die zu 100 % zu einem Betriebsvermögen gehört
- Gewinne oder Verluste aus der Veräußerung eines Mitunternehmeranteils.

Einkünfte aus selbstständiger Arbeit (auch als selbstständiger GmbH-Geschäftsführer)

Auch Einkünfte aus selbstständiger Arbeit gehören zu den Gewinneinkünften, bei denen der erzielte Gewinn die Besteuerungsgrundlage ist.

Nach § 18 EStG gehört neben den Einkünften aus einer freiberuflichen Tätigkeit und aus „Katalogberufen" auch die aus sonstiger selbstständiger Arbeit, zu denen beispielsweise die Tätigkeit als selbstständiger GmbH-Geschäftsführer gehören.

- Eine Abgrenzung zwischen den Arten der Einkünfte aus Gewerbebetrieb und denen aus selbstständiger Arbeit ist mitunter sehr schwierig, weil beide übereinstimmend die zur Abgrenzung gedachten Merkmale aufweisen:
- Selbstständigkeit in objektiver und subjektiver Richtung,
- Nachhaltigkeit der Tätigkeit,
- Gewinnerzielungsabsicht, selbst wenn sie nur Nebenzweck ist,
- Beteiligung am allgemeinen wirtschaftlichen Verkehr.

Die Abgrenzung der Einkünfte hat nicht nur einkommensteuerliche Folgen, sondern sie hat vor allem deshalb erhebliche Bedeutung, da nur die Einkünfte aus Gewerbebetrieb der Gewerbesteuer unterliegen. Und die Abschaffung der Gewerbesteuer – also auch die der Gewerbeertragsteuer – ist nicht in Sicht.

Das Einkommensteuergesetz grenzt nicht positiv, sondern nur negativ ab: § 15 Abs. 2 EStG nennt einen Gewerbebetrieb alles, was – ohne Land- und Forstwirtschaft oder freier Beruf oder andere selbstständige Tätigkeit zu sein – eine selbstständige nachhaltige Betätigung ist, die mit der Absicht, Gewinn zu erzielen, unternommen wird und sich als Beteiligung am allgemeinen wirtschaftlichen Verkehr darstellt. Zur Abgrenzung ist es also notwendig, die Katalogberufe und -tätigkeiten des § 18 EStG zu Rate zu ziehen. Aber auch die Begriffsbestimmung der selbstständigen Arbeit in § 18 EStG ist – trotz der Umschreibungen – unscharf, so dass immer wieder die Gerichte zu Einzelfallentscheidungen herangezogen werden müssen.

Einkommensteuerpflicht

Wer als natürliche Person seinen Wohnsitz oder seinen gewöhnlichen Aufenthalt im Inland hat, der ist dem deutschen Fiskus gegenüber unbeschränkt einkommensteuerpflichtig mit sämtlichen Einkünften, gleichgültig aus welchem Teil der Welt sie stammen mögen (§ 1 Abs. 1 EStG). Die Einkommensteuerpflicht hebt nur auf Wohnsitz und gewöhnlichen Aufenthalt im Inland, also die Bundesrepublik Deutschland, ab. Die Staatsangehörigkeit des Steuerpflichtigen spielt dabei keine Rolle. Auch ausländische Mitbürger, die hier ihren Wohnsitz haben und ein Unternehmen gründen, sind also steuerpflichtig.

Unter Wohnsitz versteht man üblicherweise den Ort, an dem jemand eine Wohnung unterhält, und zwar eine Wohnung, die darauf schließen lässt, dass er sie beibehalten und nutzen will. Die üblichen Hotelzimmer auf Geschäftsreisen begründen keinen Wohnsitz. Aber: Ein möbliertes Souterrain-Zimmer kann durchaus einen Wohnsitz begründen.

Mit den meisten Auslandsstaaten aber hat die Bundesrepublik Doppelbesteuerungsabkommen getroffen, Abkommen also, nach denen ein Einkommen auch nur einmal in einem Staat besteuert werden soll bzw. dass die Steuern, die schon einmal in einem anderen Staat bezahlt wurden, auf die Steuerschuld, die in dem anderen Staat anfällt, angerechnet werden.

Die Erfolgsrechnung

Die Gewinneinkünfte, zu denen sowohl die Einkünfte aus selbstständiger Tätigkeit wie die aus Gewerbebetrieb zählen, muss der Unternehmer selbst ermitteln. Nach § 4 Abs. 1 EStG ist dabei der Gewinn:

	Betriebsvermögen am Schluss des Wirtschaftsjahrs
-	
	Betriebsvermögen am Schluss des vorangegangenen Wirtschaftsjahrs
+	
	Entnahmen oder Vorabgewinn
-	
	Einlagen.

Natürlich kann der Gewinn auch negativ sein. Anstatt also von Gewinn und Verlust zu sprechen, sollte besser allgemein von Erfolg die Rede sein.

Als Entnahmen werden alle Wirtschaftsgüter angesehen, die für private Zwecke, also zur Lebensführung für sich selbst oder für Angehörige oder sonstige betriebsfremde Zwecke erfolgt. Es ist gleichgültig, ob die Entnahme in Geld erfolgt (Barentnahmen) oder in Form von Sachen (Waren, Erzeugnisse) oder in Form von Leistungen (Dienstleistungen). Einlagen sind wiederum alle Wirtschaftsgüter, die aus dem Privatvermögen dem Betrieb im Lauf des Jahres zugeführt werden.

Wichtig!

Entnahmen und Einlagen können Sie nur in einem Einzelunternehmen oder einer Personengesellschaft getätigt werden. Entnahmen sind ein „Vorschuss" auf den (erhofften) Gewinn, Einlagen sind eine finanzielle Stärkung des Unternehmens. Entnahmen werden dem zu versteuernden Gewinn hinzugerechnet, Einlagen abgezogen. Bei einer Kapitalgesellschaft, z. B. einer GmbH, ist die „Entnahme" entweder ein Vorschuss auf Ihr Gehalt oder auf Ihren Gewinnanteil, wird also als Forderung der GmbH an Sie verbucht, während die „Einlage" als (Kapital-)Rücklage verbucht wird. Diese Buchungen können auf einem „Unternehmer-Konto" separat von den anderen Buchungen durchgeführt werden.

Als steuerliches „Jahr" wird der Veranlagungszeitraum (01.01.XX bis 31.12.XX) angesehen. Das Wirtschaftsjahr bestimmt das Unternehmen selbst. Meist stimmt das Wirtschaftsjahr mit dem Kalenderjahr überein, so dass der Jahresabschluss am 31.12. stattfindet. Das muss aber nicht sein, es kann auch ein anderes Wirtschaftsjahr (abweichendes Wirtschaftsjahr) gewählt werden.

Grundsätzlich kann der Erfolg auf zwei Arten ermittelt werden:

- die Einnahme-Überschuss-Rechnung für Selbstständige und Kleingewerbetreibende
- die Bilanzierung für alle anderen Unternehmer und Kapitalgesellschaften.

Die Nachprüfung der Aufzeichnungen

Die Finanzbehörden prüfen teils in regelmäßigen, teils in unregelmäßigen Abständen, teils lückenlos, teils in Stichproben die Aufzeichnungen der Steuerpflichtigen nach. Das geschieht bereits bei den einzelnen Steuererklärungen innerhalb des Finanzamts, aber auch außerhalb der regelmäßigen Überprüfungen. Dann spricht man von einer Außenprüfung, weil die Prüfung „vor Ort", im Regelfall im Unternehmen selbst, durchgeführt wird. Im allgemeinen Sprachgebrauch aber hat sich der alte Begriff Betriebsprüfung gehalten und wird inhaltsgleich oft auch von Steuerexperten für Außenprüfung benutzt.

Hinweis

Wenn sich eine Außenprüfung bei Ihnen angemeldet hat, sollten Sie unbedingt Ihren Steuerberater darüber unterrichten und mit ihm die notwendigen weiteren Schritte besprechen.

Verlustverrechnung

Positive Einkünfte können mit negativen Einkünften innerhalb der jeweiligen Einkunftsart verrechnet werden. Diese Art der Verlustverrechnung nennt man „horizontalen Verlustausgleich".

Positive Einkünfte bei einer Einkunftsart, z. B. nichtselbstständige Arbeit, können mit Verlusten einer anderen Einkunftsart, z. B. Gewerbebetrieb, verrechnet werden. Als Summe der Einkünfte verbleibt nur der saldierte Betrag der positiven und negativen Einkünfte aller Einkunftsarten. Diese Art der Verlustverrechnung nennt man „vertikalen Verlustausgleich".

Nicht „verbrauchte" Verluste können auf das letzte Jahr zurück- oder auf das nächste Jahr vorgetragen werden (Verlustabzug), allerdings nicht uneingeschränkt. So ist z. B. der Verlustrücktrag (§ 10d Abs. 1 EStG) bis zu einem Betrag 10.000.000 Euro – für die, die verheiratet sind oder in eingetragener Lebenspartnerschaft leben, das Doppelte – „erlaubt". Ein Verlustrücktrag ist beispielsweise für die Gründer, die vor der Unternehmensgründung gearbeitet und Geld verdient haben, interessant. So können Sie sich die damals „zu viel" bezahlte Steuer zurückholen und entweder für Ihr Unternehmen oder für Ihren Lebensunterhalt verwenden. Sie können aber auch ganz oder teilweise auf den

Verlustrücktrag zugunsten des Verlustvortrags verzichten. Ob sich das lohnt, müssen Sie selbst – am besten mit Hilfe eines Steuerberaters – errechnen.

Auch den Verlustvortrag (§ 10d Abs. 2 EStG) gibt es nicht (mehr) uneingeschränkt. Bleiben nach dem Verlustrücktag noch Verluste „übrig", können lediglich bis zu 1 Million Euro (Ledige, bei Verheirateten das Doppelte) unbeschränkt „auf neue Rechnung" vorgetragen werden. Der dann immer noch nicht ausgeglichene Rest wird nur zu 60 % steuerwirksam, ein dann noch möglicher Rest kann als Verlustvortrag ins übernächste Jahr übertragen werden.

Bei der Gewerbesteuer ist ein Verlustrücktrag nicht möglich.

Persönliche Verhältnisse

Bei der Einkommensteuer kommt es auch auf die ganz persönlichen Verhältnisse des Steuerpflichtigen an, auf die der Staat aus sozialen Erwägungen Rücksicht nehmen will oder wegen des Grundgesetzes muss. Die Einkommensteuer soll die persönliche steuerliche Leistungsfähigkeit des einzelnen Steuerpflichtigen berücksichtigen. Je mehr verdient wird, desto mehr Steuern sollen bezahlt werden. Aber nicht nur nach oben, sondern auch nach unten gibt es Grenzen: Das Existenzminimum muss steuerfrei bleiben.

Neben den Freibeträgen werden die persönlichen Verhältnisse des Steuerpflichtigen mit Sonderausgaben (§ 10 ff EStG) und außergewöhnlichen Belastungen berücksichtigt.

Unterschied Lohnsteuer zu Einkommensteuer

Die Lohnsteuer ist eine Sonderform der Einkommensteuer und erfasst von den sieben Einkunftsarten nur die Einkünfte aus nichtselbstständiger Arbeit.

Die monatliche Lohnsteuer ist eine Vorauszahlung, die der Arbeitnehmer auf seine Jahressteuerschuld leisten muss. Als steuerlicher Arbeitnehmer gilt auch der beteiligte GmbH-Geschäftsführer, sofern er seine Tätigkeit nicht als Selbstständiger ausübt.

Die Lohnsteuer behält der Arbeitgeber für Rechnung des Arbeitnehmers von dessen Arbeitslohn ein, zahlt dem Arbeitnehmer also nur den Netto-Betrag aus. Den Lohnsteuerbetrag meldet der Arbeitgeber dem Finanzamt und überweist die Lohnsteuer, die er von den Arbeitnehmerlöhnen einbehalten hat, für Rechnung der Arbeitnehmer an das Finanzamt.

Hinweis

Sie als Unternehmer oder als GmbH-Geschäftsführer sollten peinlich genau darauf achten, dass Sie die Löhne und Gehälter von Mitarbeitern – sowie Ihre eigenen, wenn sie als angestellter Geschäftsführer tätig sind – richtig berechnen und die Steuer vollständig und pünktlich aus Finanzamt abführen. Tun Sie das nicht, werden Sie Probleme kriegen. Einmal können Sie persönlich, also auch mit Ihrem Privatvermögen in die Haftung genommen werden und zum anderen sind die Finanzämter zwischenzeitlich teilweise recht schnell mit Insolvenzanträgen wegen vermuteter Zahlungsunfähigkeit. Das kann für Ihre junge Firma mehr als nur „lästig“ sein!

Das Lohnsteuerabzugsverfahren läuft elektronisch (ELSTAM).

10.3 Die Körperschaftsteuer

Juristische Personen, also Kapitalgesellschaften (steuerlich: Körperschaft) wie beispielsweise eine GmbH, müssen ihr Einkommen ebenfalls versteuern, und zwar in Form von Körperschaftsteuer. Bei der Körperschaftsteuer werden die Betriebseinnahmen und die Betriebsausgaben nach den Regeln, die im Einkommensteuergesetz zugrunde gelegt werden, ermittelt. Das heißt, die Buchführung und die daraus resultierende Bilanz sowie die Gewinn- und Verlustrechnung ist die Grundlage für die Ermittlung des körperschaftsteuerpflichtigen Gewinns. Die Körperschaftsteuer ist wie auch die Einkommensteuer selbst eine Ertragsteuer, die ihrerseits nicht den Gewinn mindern darf, also kein Kostenfaktor ist.

Das „Einkommen“ der Körperschaft, das besteuert werden soll, wird nach den Vorschriften des Einkommensteuergesetzes durch eine ordnungsgemäße (doppelte) Buchführung und Bilanz ermittelt.

Bei einer Kapitalgesellschaft werden alle Einkünfte als Einkünfte aus Gewerbebetrieb behandelt – mit den entsprechenden Konsequenzen der Gewerbesteuerpflicht.

Verträge zwischen der Kapitalgesellschaft und ihren Gesellschaftern sind auch steuerlich anzuerkennen, außer sie sind formfehlerhaft oder unangemessen. Die Kapitalgesellschaft kann die Gegenleistungen an die Gesellschafter als Betriebsausgabe geltend machen, sie mindern also den steuerpflichtigen Gewinn. Solche Verträge können z. B. Anstellungsverträge als Geschäftsführer oder Mitarbeiter, Miet- und Pachtverträge, Dienstleistungsverträge, Kaufverträge ... sein.

Der Körperschaftsteuersatz auf den Gewinn beträgt 15 %. Hinzu kommen der Solidaritätszuschlag (5,5 % auf die Körperschaftsteuer) und die Gewerbesteuer.

Abgeltungsteuer und Teileinkünfteverfahren

Der an die Gesellschafter ausgeschüttete Gewinn muss von diesen als Einkünfte aus Kapitalvermögen nochmals versteuert werden. Die Besteuerung auf Kapitalgesellschafter-Ebene erfolgt in der Regel mit der Abgeltungsteuer (25 % plus möglicherweise Solidaritätszuschlag plus mögliche Kirchensteuer) oder mit dem Teileinkünfteverfahren (60 % des ausgeschütteten Gewinns nach dem individuellen Steuersatz).

Bei den steuerpflichtigen Einkünften aus Kapitalvermögen wird lediglich ein Sparer-Pauschbetrag in Höhe von 801 Euro bei Ledigen und 1.602 Euro bei zusammenveranlagten und zusammenlebenden Verheirateten oder in einer eingetragenen Lebensgemeinschaft Lebenden berücksichtigt.

Sie können also grundsätzlich keine tatsächlichen Werbungskosten mehr geltend machen, weder Beratungsgebühren noch Fahrten zu einer Gesellschafterversammlung noch andere Werbungskosten, wie etwa Kreditkosten, die Sie privat aufgenommen haben, um Ihren Anteil zu finanzieren.

Wie von jeder Grundregel gibt es auch hier Ausnahmen. Nach § 32d Abs. 2 Nr. 3 EStG werden alle diejenigen, die

- entweder zu mindestens 25% an einer Kapitalgesellschaft beteiligt sind
- oder eine mindestens 1%-ige Beteiligung an der Kapitalgesellschaft halten und für diese beruflich tätig sind,

auf Antrag(!) individuell besteuert und bewahren den Werbungskostenabzug, allerdings nicht in voller Höhe, sondern nach dem Teileinkünfteverfahren. Teileinkünfteverfahren bedeutet: 40 % der Einkünfte werden nicht besteuert, 60 % sind steuerpflichtig. Deshalb sind auch 60 % der angefallenen Werbungskosten anzuerkennen, 40 % nicht.

Hinweis

Gehören Sie zu der vorgenannten Gruppe und haben Sie den Erwerb von GmbH-Anteilen mit Fremdkapital finanziert, oder wollen Sie eine geplante Anschaffung mit Krediten finanzieren, sollten Sie – durchaus mit Hilfe Ihres Steuerberaters – genau rechnen, ob Sie sich individuell veranlagen lassen sollten und den 60 %-igen Werbungskostenabzug erhalten oder nicht. Allerdings müssen Sie jedes Jahr neu rechnen (lassen). „Vergessen“ oder widerrufen Sie die Option kehren Sie automatisch zur Abgeltungsteuer zurück und erhalten keine erneute Wahlmöglichkeit.

10.4 Die Gewerbesteuer

Die Gewerbesteuer ist eine „Sondersteuer“ für Gewerbebetriebe. Kapitalgesellschaften, also z. B. auch GmbHs, zählen „kraft Rechtsform“ zu den Gewerbebetrieben.

Hinweis

Sind Sie als GmbH-Geschäftsführer nicht als Angestellter, sondern als Selbstständiger tätig, sollten Sie vermeiden, dass Ihre selbstständige Tätigkeit gewerblich wird, weil eine gewerbliche Tätigkeit „durchgefärbt" hat. Dann müssen auch Sie sich mit der Gewerbesteuer als Kostenfaktor auseinandersetzen. Sprechen Sie hier mit Ihrem Steuerberater, wie Sie Ihre möglichen Parallel-Tätigkeiten so trennen, dass die gewerbliche Tätigkeit die selbstständige nicht infizieren kann.

Die Gewerbesteuer ist eine Gemeindesteuer. Das Verfahren zu ihrer Erhebung ist zweigeteilt. In der ersten Stufe stellt das Finanzamt aufgrund der eingereichten Gewerbesteuererklärung durch Steuerbescheid einen Gewerbesteuermessbetrag fest. Anhand dieses, für die Gemeinde verbindlich festgestellten Betrags, erhebt die Gemeinde auf einer zweiten Stufe unter Anwendung ihres örtlichen Hebesatzes die Gewerbesteuer. Der Mindesthebesatz beträgt 200 %.

Die Gewerbesteuer darf nicht als Betriebsausgabe angesetzt werden.

Einzelunternehmer und Personengesellschaften, also auch GmbH & Co. KGs, können die Gewerbesteuer bei ihrer Einkommensteuererklärung angeben. Sie wird dann mit der Einkommensteuerschuld verrechnet. Eine vollständige Entlastung gibt es aber nur bei niedrigen Hebesätzen (bis 400 %). Wer in einer Kommune mit hohen Hebesätzen sein Unternehmen gründet, muss einen Teil der Gewerbesteuer selbst tragen.

Für die anderen ist die Gewerbesteuer, die sie praktisch vorauszahlen müssen, zu einer „Finanzierungsfrage" degradiert.

Die Gesellschafter von Kapitalgesellschaften können sich die von der Gesellschaft gezahlte Gewerbesteuer nicht verrechnen lassen. Auch die Kapitalgesellschaft selbst hat keine Verrechnungsmöglichkeiten.

Gegenstand der Besteuerung ist der Gewerbebetrieb, der im Inland betrieben wird (§ 2 Abs.1 Satz 1 GewStG).Die Tatbestandsmerkmale des Gewerbebetriebs im Gewerbesteuerrecht sind identisch mit denen des Einkommensteuerrechts (§ 2 Abs. 1 Satz 2 GewStG). Was gewerbliche Betriebe sind, wird durch das Einkommensteuergesetz bestimmt (§ 15 Abs. 2 EStG).

Das Gewerbesteuergesetz geht von drei Formen des Gewerbebetriebs aus:

1. Gewerbebetrieb kraft gewerblicher Betätigung (§ 2 Abs. 1 Satz 2 GewStG), z. B. Einzelkaufleute, OHGs, KGs,
2. Gewerbebetrieb kraft Rechtsform (§ 2 Abs. 2 GewStG), z. B. GmbH,
3. Gewerbebetrieb kraft wirtschaftlichen Geschäftsbetriebs (§ 2 Abs. 3 GewStG), z. B. Vereine.

Bei Kapitalgesellschaften gilt also jede beliebige Art der Tätigkeit als gewerblich, auch wenn eigentlich freiberufliche Tätigkeiten in der entsprechenden Rechtsform ausgeübt werden.

Erfüllt Ihre Tätigkeit zu einem Teil die Merkmale einer freiberuflichen und zum anderen Teil auch die einer gewerblichen Tätigkeit, können beide Bereiche getrennt werden. Die Folge dieser Trennung ist, dass der freiberufliche Teil nicht in die Gewerbesteuer einbezogen wird. Werden die beiden Bereiche dagegen nicht getrennt, „färbt" die gewerbliche Tätigkeit durch auf die freiberufliche (Durchfärbetheorie). Die Folge: Auch die Einkünfte aus der freiberuflichen Tätigkeit unterliegen der Gewerbesteuer.

Die Trennung der gewerblichen und freiberuflichen Einkunftsbereiche setzt voraus, dass beide Bereiche wirtschaftlich völlig getrennt voneinander geführt werden. Dies erfordert regelmäßig neben getrennten Bankkonten auch jeweils eigenständige Buchführungen und Gewinnermittlungen.

Bei Gesellschaften bürgerlichen Rechts aber ist eine Trennung in einen freiberuflichen und einen gewerblichen Teil genauso wenig möglich wie bei offenen Handelsgesellschaften oder Kommanditgesellschaften.

Hier gilt die Tätigkeit insgesamt als gewerblich, auch wenn nur ein geringer Teil der gesamten Tätigkeit als gewerblich anzusehen ist (§ 15 Abs. 3 Nr. 1 EStG).

Durch gesetzliche Fiktion werden sämtliche Einkünfte zu gewerblichen Einkünften.

Bei Einzelgewerbetreibenden und Personengesellschaften beginnt die Gewerbesteuerpflicht in dem Zeitpunkt, in dem erstmals alle Voraussetzungen erfüllt sind, die zur Annahme eines Gewerbebetriebs erforderlich sind (§ 15 Abs. 2 EStG). Bei Unternehmen, die im Handelsregister einzutragen sind, ist der Zeitpunkt der Eintragung im Handelsregister ohne Bedeutung für den Beginn der Gewerbesteuerpflicht.

Bei Kapitalgesellschaften beginnt die Gewerbesteuerpflicht mit der Eintragung in das Handelsregister. Von diesem Zeitpunkt an kommt es auf Art und Umfang der Tätigkeit der Kapitalgesellschaft nicht an. Die Steuerpflicht wird aber bereits vor dem Eintragungszeitpunkt ausgelöst, wenn die Geschäftstätigkeit so aufgenommen wird, dass sie nach außen in Erscheinung tritt. Dagegen führen die Verwaltung eingezahlter Teile des Stammkapitals sowie ein bestehender Anspruch auf Einzahlung von Teilen des Stammkapitals noch nicht zur Gewerbesteuerpflicht.

Bei Einzelgewerbetreibenden und Personengesellschaft endet mit der tatsächlichen Einstellung des Betriebs die Gewerbesteuerpflicht. Die tatsächliche Einstellung des Betriebs ist anzunehmen mit der völligen Aufgabe jeder werbenden Tätigkeit.

Bei Kapitalgesellschaften endet die Gewerbesteuerpflicht – anders als bei Einzelkaufleuten und Personengesellschaften – nicht schon mit dem Einstellen der gewerblichen Betätigung, sondern mit dem Aufhören jeglicher Tätigkeit überhaupt. Das ist grundsätzlich der Zeitpunkt, in dem das Vermögen an die Gesellschafter verteilt worden ist.

Schema der Gewerbesteuer-Ermittlung

Ermittlung des Gewerbeertrags:

	Gewinn (§ 7 GewStG)
+	Hinzurechnungen (§ 8 GewStG)
-	Kürzungen (§ 9 GewStG)
-	Kürzungen (§ 10 GewStG)
=	Gewerbeertrag
-	Freibetrag (nur bei natürlichen Personen) (§ 11 Abs. 1 GewStG)
=	steuerpflichtiger Gewerbeertrag
x	Steuermesszahl (einheitlich 3,5 %) (§ 11 GewStG)
=	Steuermessbetrag (§ 14 GewStG)
x	Hebesatz der Gemeinde
=	Gewerbesteuer

Der Steuermessbescheid wird vom Finanzamt erteilt, der Gewerbesteuerbescheid hingegen von der Gemeinde.

Die Gemeinden erheben zum 15. Februar, 15. Mai, 15. August und 15. November Vorauszahlungen auf die Gewerbesteuer. Jede Vorauszahlung beträgt grundsätzlich 1/4 der Steuer, die sich bei der letzten Veranlagung ergeben hat (§ 19 Abs. 2 GewStG). Die Gemeinde kann die Vorauszahlungen jedoch der Steuer anpassen, die sich für den Erhebungszeitraum voraussichtlich ergeben wird (§ 19 Abs. 3 GewStG).

Bei Einzelunternehmern und Personenhandelsgesellschaftern wird die Gewerbesteuer auf die tarifliche Einkommensteuer angerechnet (§ 35 EStG). Der Anrechnungsfaktor für die Anrechnung der Gewerbesteuer beträgt das 3,8-fache des Gewerbesteuermessbetrags.

Hinweis

Eine vollständige Anrechnung der Gewerbesteuer bei der Einkommensteuer ist nur bis zu einem Hebesatz von 380 % gegeben. Bei höherem Hebesatz deckt der Anrechnungsfaktor von 3,8 den Hebesatz nicht vollständig ab. Sprechen Sie mit Ihrem Steuerberater über Gestaltungsmöglichkeiten.

Muss der Unternehmer keine Einkommensteuer zahlen, etwa, weil beispielsweise ein Verlustvor- oder -rücktrag gegeben ist, kommt es zu keiner Anrechnung der gezahlten Gewerbesteuer. Ein noch vorhandener Anrechnungsbetrag kann selbst nicht vor- oder rückgetragen werden: Er geht endgültig verloren.

Gewerbesteuerbelastung Personenunternehmer

	GewSt-Hebesatz 350 %	GewSt-Hebesatz 380 %	GewSt-Hebesatz 400 %	GewSt-Hebesatz 450 %	GewSt-Hebesatz 500 %
Gewerbesteuer (Hebesatz x 3,5 %)	12,25 %	13,30 %	14 %	15,75 %	17,50 %
Einkommensteuer (Höchstsatz ohne Reichensteuer)	42 %	42 %	42 %	42 %	42 %
Anrechnung (§ 35 EStG)	- 12,25 %	- 13,30 %	- 13,30 %	- 13,30 %	- 13,30 %
Möglicher Solidaritätszuschlag (ESt – Anrechnung x 5,5 %)	1,64 %	1,58 %	1,58 %	1,58 %	1,58 %
Steuerbelastung Unternehmer ohne Solidaritätszuschlag	**42,00 %**	**42,00 %**	**42,70 %**	**44,45 %**	**46,20 %**
Steuerbelastung Unternehmer mit Solidaritätszuschlag	**43,64 %**	**43,58 %**	**44,28 %**	**46,03 %**	**47,78 %**

Gewerbesteuerbelastung Kapitalgesellschaften

	GewSt-Hebesatz 350 %	GewSt-Hebesatz 380 %	GewSt-Hebesatz 400 %	GewSt-Hebesatz 450 %	GewSt-Hebesatz 500 %
Gewerbesteuer (Hebesatz x 3,5 %)	12,25 %	13,30 %	14 %	15,75 %	17,50 %
Körperschaftsteuer (15 %)	15 %	15 %	15 %	15 %	15 %
Solidaritätszuschlag	0,83 %	0,83 %	0,83 %	0,83 %	0,83 %
Steuerbelastung Unternehmer	**28,08 %**	**29,13 %**	**29,83 %**	**31,58 %**	**33,33 %**

10.5 Die Umsatzsteuer

Die Umsatzsteuer wird oft Mehrwertsteuer genannt und auch in offiziellen Rechnungen als MwSt abgekürzt. Den Begriff Mehrwertsteuer sucht man im Umsatzsteuer-Gesetz vergeblich. Kein Wunder, denn nur „Umsatzsteuer“ ist nach dem deutschen Gesetz – im Gegensatz zum europäischen – steuerlich korrekt. Deshalb wird hier auch von „Umsatzsteuer“ gesprochen.

10.5.1 Die allgemeinen Regeln der Umsatzbesteuerung

Die Umsatzsteuer besteuert das Erbringen wirtschaftlicher Leistungen durch Unternehmer. Dabei trägt nicht der Unternehmer selbst die Umsatzsteuer, sondern sein Kunde. Der Unternehmer überwälzt die bei ihm entstehende Umsatzsteuer. Er muss die Umsatzsteuer in der Rechnung an den Kunden ausweisen. Den Umsatzsteuerbetrag, den er vom Kunden fordert und erhält, muss er an das Finanzamt abführen. Ist der Kunde wiederum ein Unternehmer und bezieht er die Leistung für sein Unternehmen, kann er die Umsatzsteuer, die er bezahlt hat, als Vorsteuer wieder vom Finanzamt zurückfordern. Lediglich der Endverbraucher hat keine Möglichkeit, die gezahlte Umsatzsteuer als Vorsteuer wieder geltend zu machen, sondern muss sie wirtschaftlich tragen. Obgleich der Unternehmer die Umsatzsteuer an das Finanzamt abführt, trägt somit nicht er, sondern der Leistungsempfänger die Steuerlast.

Der Unternehmer im umsatzsteuerlichen Sinn unterscheidet sich von den Definitionen in Einkommen- oder Gewerbesteuergesetz. Umsatzsteuerlicher Unternehmer ist auch ein Selbstständiger.

Das Umsatzsteuer-System wird durch drei wesentliche Merkmale bestimmt:

- Allphasensystem
- Nettoumsatzsystem
- Vorsteuerabzug

Allphasensystem bedeutet, dass in jeder Wirtschaftsstufe jeder steuerbare Umsatz erneut besteuert wird. Damit muss jeder, der von einem Unternehmer ohne steuerliche Qualifikation der eigenen Person zunächst Umsatzsteuer bezahlen. Bemessungsgrundlage für die Besteuerung ist dabei jeweils der Nettopreis der erbrachten Leistung ohne die Umsatzsteuer (Nettoumsatzsystem). Die Umsatzsteuer, die einem Unternehmer von einem anderen Unternehmer (Vorunternehmer) in Rechnung gestellt wird, bezeichnet man als Vorsteuer. Diese Vorsteuer wird an den Leistungsempfänger, sofern er Unternehmer ist, vom Finanzamt zurückerstattet. Dadurch wird erreicht, dass der Unternehmer nicht mit Umsatzsteuer belastet ist (Vorsteuerabzug). Die wirtschaftliche Last der Umsatzsteuer trägt grundsätzlich nur der Endverbraucher. Da der Unternehmer nicht belastet wird, ist die Umsatzsteuer wettbewerbsneutral.

Der Anspruch auf die Vorsteuererstattung wird dem Finanzamt gegenüber vom Unternehmer selbst mit der abzuführenden Umsatzsteuer verrechnet. Bezahlt wird nur die Differenz zwischen Umsatzsteuer und Vorsteuer – umgekehrt: Das Finanzamt erstattet nur den Differenzbetrag zwischen Vorsteuer und Umsatzsteuer.

Für jeden Neu-Unternehmer, der sich seine Betriebs- und Geschäftsausstattung erst kaufen muss, ist es natürlich höchst wichtig, dass er – vom Vorfinanzierungseffekt abgesehen – nur die Netto-Beträge kalkulieren muss und die gezahlte Umsatzsteuer vom Finanzamt zurückbekommt. Allerdings verführte dieses System weniger „honorige" Steuerpflichtige zu einer Art „Selbstbedienung". Das wiederum führte dazu, dass die Finanzämter nunmehr „nachschauen", ob der Betrieb, der hier Vorsteuer zurückerstattet haben will, auch tatsächlich existiert. Und bis diese „Umsatzsteuernachschau" auch tatsächlich erfolgt, kann einige Zeit ins Land gehen. Für Sie als ehrbaren Gründer heißt dies, dass Sie die Zeit, bis Sie die Vorsteuer auch tatsächlich erstattet bekommen haben, dies mit in Ihre Finanzierungsüberlegungen einbeziehen müssen.

Steuerobjekt im Sinne des § 1 Abs. 1 UStG sind:

- alle entgeltlich erbrachten Leistungen und Lieferungen, auch aus Hilfsgeschäften, also Geschäften, die mit dem eigentlichen Unternehmenszweck gar nichts zu tun haben
- privater Eigenverbrauch
- unentgeltliche Leistungen an Gesellschafter
- Einfuhr von Gegenständen aus dem Drittlandsgebiet in das Zollgebiet
- innergemeinschaftlicher Erwerb im Inland gegen Entgelt

Ein steuerbarer Umsatz liegt nur vor, wenn der Unternehmer seine Leistung gegen Entgelt erbringt. Entgelt ist alles, was der Empfänger der Leistung aufwendet, um diese zu erlangen. Es findet also ein Leistungsaustausch statt. Die Leistung wird erbracht, um die Gegenleistung, das Entgelt zu erhalten. Dabei ist es gleichgültig, woraus das Entgelt besteht. Eine entgeltliche Leistung liegt nur vor, wenn ein Austausch von Leistungen stattfindet, was insbesondere bei der Leistung von Schadenersatz fehlt.

Die Anwendung von Steuerbefreiungen setzt voraus, dass einer der Tatbestände des § 1 Abs.1 UStG erfüllt ist. Nur wenn Steuerbarkeit vorliegt, kann eine Steuerbefreiung eingreifen.

Zu den wichtigen Befreiungen gehören:

- Innergemeinschaftliche Lieferungen im EU-Gebiet
- Exportumsätze aus dem EU-Gebiet in das Drittlandsgebiet
- Befreiung des Kleinunternehmers, der bestimmte Umsatzgrenzen nicht überschreitet. Entscheidend ist dabei der Gesamtumsatz einschließlich Umsatzsteuer.

Die Vergünstigung der Steuerbefreiung hat in der Regel den Nachteil, dass der Vorsteuerabzug ausgeschlossen ist. Nach § 9 UStG kann auf die Steuerbefreiung von bestimmten Umsätzen verzichtet werden. Die Folge des Verzichtes ist die Steuerpflicht des Umsatzes (z. B. der Mieterlöse) mit der Möglichkeit des Vorsteuerabzuges. Auch der Kleinunternehmer kann auf seine Steuerfreiheit verzichten.

Eine natürliche Person hat neben dem unternehmerischen Bereich stets auch einen privaten Bereich. Nur der unternehmerische Bereich ist von Umsatzsteuer entlastet. Soweit der Unternehmer als Privatmann agiert, soll er wie andere Privatleute auch mit Umsatzsteuer belastet sein. Aus diesem Grund wird die Überführung von Leistungen aus dem Unternehmensbereich in den Privatbereich als Eigenverbrauch mit Umsatzsteuer belastet (§ 1 Abs. 1 Nr. 2 UStG). Darüber hinaus hat der Gesetzgeber bestimmte Betriebsausgaben als sogenannten Aufwendungseigenverbrauch umsatzsteuerpflichtig gemacht.

Eigenverbrauch liegt vor bei:

- Entnahmen von Sachen
- Entnahmen sonstiger Leistungen
- einkommensteuerlich nicht abzugsfähige Aufwendungen

10.5.2 Die umsatzsteuerliche Kleinunternehmerregelung

Nach § 19 UStG ist ein „umsatzsteuerlicher Kleinunternehmer“, wer

- im vorangegangenen Kalenderjahr einen (Gesamt-) Umsatz zuzüglich Umsatzsteuer von nicht über 17.500 Euro (ab 2020: 22.000 Euro) hatte (§ 19 Abs. 1 Satz 1 UStG),
  und(!)

- im laufenden Kalenderjahr einen voraussichtlichen(!) (Gesamt-) Umsatz zuzüglich Umsatzsteuer von nicht über 50.000 Euro hat.

Bei der 50.000 Euro-Grenze handelt es sich um eine Prognose am Anfang des Jahres. Wurde diese Prognose nachweisbar nach „bestem Wissen und Gewissen" – am besten mit Hilfe des Steuerberaters – aufgestellt, schadet es im laufenden Jahr dem Kleinunternehmerstatus nicht, wenn der prognostizierte Umsatz überschritten wird.

Wird eine dieser Grenzen überschritten, unterliegt der bisherige Kleinunternehmer im Folgejahr automatisch der Regelbesteuerung. Ob er dies bemerkt oder nicht, ist „sein Problem". Das Finanzamt muss ihn nicht darauf hinweisen, dass er keinen Kleinunternehmerstatus mehr hat.

Entfällt der Status, muss der Unternehmer den rechnerischen Umsatzsteueranteil an das Finanzamt abführen, und zwar unabhängig davon, ob er diesen seinen Kunden tatsächlich in Rechnung gestellt hat oder nicht. Anders ausgedrückt: Wer im falschen Glauben, noch Kleinunternehmer zu sein, seinen Kunden keine Umsatzsteuer in Rechnung gestellt hat, der muss diese Umsatzsteuer aus „der eigenen Tasche" bezahlen.

Hat der Unternehmer die Vorjahresgrenze von 17.500 Euro respektive 22.000 Euro überschritten, kann er die Kleinunternehmerregelung im laufenden Jahr nicht anwenden – selbst wenn feststeht, dass der Umsatz im laufenden Jahr unter dieser Umsatzschwelle liegen wird.

Beispiel: Der Unternehmer L konnte 2020 einen Gesamtumsatz von 21.300 Euro verzeichnen. Für 2021 erwartete er einen Gesamtumsatz von 45.000 Euro. Tatsächlich beläuft sich der Gesamtumsatz für 2021 auf 63.000 Euro. Im Jahr 2020 darf er die Kleinunternehmerregelung (noch) in Anspruch nehmen. 2021 dagegen nicht mehr, weil er die zweite Umsatzschwelle überschritten hat.

Bei Neugründungen gilt nur eine Umsatzschwelle

Wie aber sieht es bei einem neuen Unternehmen aus? Es besteht wohl eine gewisse Wahrscheinlichkeit, dass selbst die „Renner" unter den „Startups", also den Existenzgründern, zu Beginn ihrer Karriere Kleinunternehmer im Sinne des Umsatzsteuergesetzes sind – vor allem, je später im Jahr das Unternehmen gegründet wurde.

Wichtig!

Um Unternehmensgründer von zu großer Bürokratie in der Gründungsphase zu entlasten, dürfen Sie seit dem 01.01.2021 (bis 31.12.2026) ihre Umsatzsteuer-Voranmeldung vierteljährlich anstatt monatlich abgeben. § 18 Abs. 2 Satz 4 UStG wird also zeitlich befristet für Gründer ausgesetzt (§ 18 Abs. 2 Satz 6 UStG). Voraussetzung für die Vergünstigung: Die zu entrichtende Umsatzsteuer darf voraussichtlich 7.500 Euro nicht überschreiten. Die Umsatzsteuer muss in eine Jahressteuer „hochgerechnet" werden. Das heißt: Hat der Unternehmer seine Tätigkeit nur in einem Teil des vorangegangenen Kalenderjahres ausgeübt hat, muss die tatsächliche Steuer in eine Jahressteuer umgerechnet werden. Wenn ein Unternehmer seine Tätigkeit im laufenden Kalenderjahr aufnimmt, ist die voraussichtliche Steuer des laufenden Kalenderjahres maßgebend. Sie sollten solche „Rechenoperationen" nicht allein ohne den qualifizierten Rat Ihres Steuerberaters durchführen.

Wichtig!

Als Existenzgründer geben Sie Ihre eigenen Umsatzerwartungen auf dem „Fragebogen zur steuerlichen Erfassung" an, der Ihnen vom Finanzamt zugeschickt wird, sobald Sie Ihren Gewerbebetrieb oder Ihre selbstständige Tätigkeit angemeldet haben. Sprechen Sie mit Ihrem Steuerberater, wie Sie z. B. Rechnungsversand oder Zahlungsziele gestalten, damit Ihr Umsatz planbar ist.

Da es bei Neugründungen keinen Vorjahresumsatz gibt, kann hier nur auf den Umsatz des laufenden Jahres abgestellt werden. Maßgeblich ist dann nur die Grenze von 22.000 Euro. Wird diese Umsatzschwelle voraussichtlich überschritten, ist der Unternehmer kein umsatzsteuerlicher Kleinunternehmer.

Wer solchermaßen (noch) ohne Belege und Aufzeichnungen dasteht oder wer unterjährig beginnt, der muss den voraussichtlichen Jahresumsatz aus den bislang tatsächlich erzielten Umsätzen hochrechnen.

Um „überschlagsmäßig" herauszufinden, ob Sie Kleinunternehmer sind oder nicht, vergleichen Sie „einfach" Ihren Jahresumsatz mit diesen Umsatzgrenzen. Gehen Sie dabei immer von den tatsächlich vereinnahmten Beträgen aus. Der Grund: Beide Umsatzgrenzen, also sowohl die 17.500 Euro, als auch die 50.000 Euro-Grenze sind Brutto-Grenzen. Das heißt, sie enthalten Umsatzsteuer. Warum? Die Kleinunternehmerregelung ist eine Billigkeits- und keine Steuerbefreiungsvorschrift. Eigentlich hätte das Finanzamt Anspruch auf die Umsatzsteuer, die in diesen Umsätzen enthalten ist, aber es verzichtet zugunsten der (Klein-)Unternehmer darauf. So jedenfalls lautet eine Meinung, die sich auf die Rechtsprechung des Bundesfinanzhofs (BFH vom 04.04.2003 – V B 7/02) beruft. Sprechen Sie hier mit Ihrem Steuerberater, um auf der sicheren Seite zu sein.

Ermittlung der Umsatzhöhen

Um die maßgebende Umsatzhöhe zu ermitteln, ist von vereinnahmten Entgelten auszugehen (§ 19 Abs. 1 Satz 2 UStG).

Vereinnahmte Entgelte, auch „Ist-Versteuerung" genannt, bedeutet, dass die Umsätze bereits eingegangen sind. Die Bezugnahme auf die vereinnahmten Entgelte zur Ermittlung der maßgebenden Umsatzhöhe gilt auch dann, wenn sich der (Klein-)Unternehmer für den „Regelfall", also die Versteuerung seiner Umsätze nach vereinbarten Entgelten („Soll-Versteuerung", § 16 Abs. 1 UStG) entschieden hat.

Wichtig!

Bei der Soll-Versteuerung muss die Umsatzsteuer bereits dann vom Unternehmer ans Finanzamt abgeführt werden, wenn er die Leistung erbracht hat. Jeder Unternehmer, dessen Vorjahresumsatz nicht über 500.000 Euro liegt, oder der von der Buchführungspflicht befreit ist, oder der Freiberufler ist, kann jedoch die Ist-Versteuerung beantragen (§ 20 UStG). Dann schuldet er die Umsatzsteuer dem Finanzamt erst dann, wenn der Kunde bezahlt hat. Der Abzug der Vorsteuer (für Eingangsrechnungen) ist bei beiden Fällen – meistens – dagegen schon dann möglich, wenn die Rechnungen vorliegen. Hier kommt es nicht auf die Zahlung an.

Wichtig!

Am Anfang Ihrer selbstständigen oder gewerblichen Tätigkeit erhalten Sie in aller Regel den „Fragebogen zur steuerlichen Erfassung“, den Sie ausfüllen und ans Finanzamt zurücksenden müssen. Hier findet sich die Frage nach der Berechnung der Umsatzsteuer, ob nach vereinbarten Entgelten (Soll-Versteuerung) oder nach vereinnahmten Entgelten (Ist-Versteuerung). Als Kleinunternehmer hätten Sie gleich von Anfang an Ihr Kreuzchen bei der Ist-Versteuerung setzen sollen. Haben Sie hier die Soll-Versteuerung angekreuzt, können Sie als Kleinunternehmer jederzeit die Ist-Besteuerung beantragen. Sprechen Sie über die Formalien und die Folgen des Wechsels mit Ihrem Steuerberater.

Aus dem Gesamtumsatz sind bestimmte Umsätze wieder herauszurechnen. Dazu gehören die Umsätze aus der Veräußerung oder der Entnahme von Wirtschaftsgütern des Anlagevermögens während des laufenden Geschäftsbetriebs oder bei einer Geschäftsveräußerung.

So sollen „außergewöhnliche“ Geschäfte nicht die Umsätze verfälschen, die der „normalen“ Geschäftstätigkeit zuzuordnen sind. Was ein Wirtschaftsgut des Anlagevermögens ist, bestimmt sich nach den Regeln des Einkommensteuerrechts (§ 4 und § 5 EStG).

Wie ermitteln Sie die Umsatzgrenzen von 22.000 Euro / 50.000 Euro konkret?

Schema zur Ermittlung der Umsatzsteuergrenzen:

Steuerbare Umsätze

./. bestimmte steuerfreie Umsätze, §§ 4 Nr. 8 i, Nr. 9b, Nr. 11 – 28 UStG (z. B. Umsätze aus Vermietung ...)

./. bestimmte steuerfreie Hilfsumsätze, §§ 4 Nr. 8a – h, Nr. 9a, Nr. 10 UStG (z. B. Umsätze, die unter das Grunderwerbsteuergesetz (GrEStG) fallen ...)

= Gesamtsumme gemäß § 19 Abs. 3 UStG

./. darin enthaltene Umsätze von Wirtschaftsgütern des Anlagevermögens (Hilfsgeschäfte)

= Umsatz gemäß § 19 Abs. 1 Satz 2 UStG

+ darauf entfallende Umsatzsteuer

= Bruttoumsatz gemäß § 19 Abs. 1 Satz 1 UStG

Die Grenzen sind bei einem laufenden Betrieb dank der Aufzeichnungen relativ einfach zu ermitteln und zu kontrollieren.

Wichtig!

Überschreitet ein Unternehmer die Vorjahresgrenze gibt es keine Billigkeitsregelung (Oberfinanzdirektion Magdeburg vom 30.11.2012 – S 7360 – 4 – St 244). Weder eine geringfügige Überschreitung der Umsatzgrenze noch ein verspätetes Feststellen der Überschreitung durch den Steuerpflichtigen stellen danach sachliche Billigkeitsgründe dar. Umfang und Umstände des Überschreitens der Umsatzgrenze seien ohne Bedeutung und für die Frage einer sachlichen Unbilligkeit unerheblich.

Nur in absoluten Ausnahmefällen kann die Festsetzung der Steuer unbillig sein. Beispielsweise dann, wenn der Irrtum über das Überschreiten der Grenze entschuldbar ist, weil es sich z. B. um einen einmaligen Sonderumsatz gehandelt hat und der Unternehmer nachweisen kann, dass er seine Preise ohne Umsatzsteuer kalkuliert hat. In einem solchen Fall kann ein Billigkeitsantrag nach § 148 Abgabenordnung (AO) gestellt werden. Es gibt allerdings keinen Rechtsanspruch darauf, dass das Finanzamt dann tatsächlich „Gnade vor Recht" ergehen lässt!

Wichtig!

Wenn die Kleinunternehmerregelung entfällt, lebt das Recht des „normalen" Unternehmers auf Vorsteuerabzug auf. Der ehemalige Kleinunternehmer sollte also die Aufzeichnungen über Investitionen und sonstige Käufe oder Inanspruchnahme von Dienstleistungen durchsehen. Denn unter Umständen können noch (zeitanteilig) Vorsteuerbeträge aus den Vorjahren geltend gemacht werden, z. B. wenn eine Maschine angeschafft wurde (Vorsteuerberichtigung). Ratsam ist es hier, Berichtigungsversuche nicht im Alleingang zu wagen, denn Sie könnten sich leicht dem Vorwurf der Steuerhinterziehung oder -verkürzung ausgesetzt sehen, wenn die Berichtigung nicht vollständig ist. Am besten ist, Sie sprechen Ihren Steuerberater auf die Problematik an. Er kann Ihnen helfen, den Übergang zur Regelbesteuerung „geschmeidig" zu gestalten.

Ein einmaliges Überschreiten der 22.000 Euro-Umsatzschwelle reicht aus, damit ein Unternehmer seinen Kleinunternehmerstatus verliert. Das gilt selbst dann, wenn zu Jahresbeginn feststeht, dass sein Jahresumsatz wieder unter die Grenze von 22.000 Euro fallen wird.

Schwankende Umsatzhöhen

Allen Bemühungen zum Trotz kann ein Unternehmer die Höhe seiner Umsätze nur bedingt beeinflussen. Bei einigen Unternehmen, vor allem bei Saisonbetrieben oder bei „Ein-Mann-Betrieben“, schwankt der Umsatz von Jahr zu Jahr unter Umständen stark. In solchen Fällen ist es für die Preiskalkulation und die Rechnungsstellung wichtig zu wissen, wann man (wieder) Kleinunternehmer wird.

Das Finanzamt darf vom Unternehmer verlangen, dass er die Verhältnisse, aus denen sich ergibt, wie hoch der Umsatz des laufenden Kalenderjahres voraussichtlich sein wird, darlegt. Vor allem bei schwankendem Umsatz wird das Finanzamt dies auch tun, um zu prüfen, ob die Kleinunternehmerregelung überhaupt zu Recht in Anspruch genommen wird oder versagt werden muss. Dabei muss das Finanzamt aber beachten, dass auch bei schwankenden Umsätzen beide Schwellenwerte gelten (BFH vom 18.10.2007 – V B 164/06).

Wichtig!

Der Unternehmer kann die Kleinunternehmerregelung selbst dann nicht anwenden, wenn er im laufenden Jahr voraussichtlich einen geringeren Umsatz als 22.000 Euro erzielen wird, aber im Vorjahr die Grenze von 22.000 Euro überschritten hat.

Beispiel: D hat stark schwankende Umsätze. Er fragt sich, in welchen Jahren er die Kleinunternehmerregelung nutzen kann.

Jahr	Brutto-Umsatz in Vorjahr (= ...)	Voraussichtlicher Bruttoumsatz im laufenden Jahr	Kleinunternehmerregelung anwendbar?
2020	42.000 (= 2019)	12.000	nein
2021	17.400 (= 2020)	45.000	ja
2022	21.950 (= 2021	40.000	ja
2023	21.000 (= 2022)	58.000	nein

Im Jahr 2020 kann D die Kleinunternehmerregelung nicht anwenden, weil er die Vorjahresgrenze von 17.500 Euro überschritten hat. In den Jahren 2021 und 2022 kann er die Kleinunternehmerregelung in Anspruch nehmen, weil er im Jahr 2021 die Vorjahresgrenze von 17.500 Euro und im Jahr 2022 die Vorjahresgrenze von 22.000 Euro nicht überschritten hat und auch der Umsatz des jeweils aktuellen Jahrs nicht über 50.000 liegt Im Jahr 2023 ist die Kleinunternehmerregelung nicht anwendbar, weil der voraussichtliche Umsatz 8.000 Euro über dem Schwellenwert von 50.000 Euro liegt.

Notwendige Aufzeichnungen

Kleinunternehmer können ihre Umsätze nach einem vereinfachten Verfahren aufzeichnen. Dabei müssen nur die Einnahmen für die ausgeführten Lieferungen und sonstigen Leistungen sowie für den Eigenverbrauch aufgelistet werden (§ 65 Umsatzsteuer-Durchführungsverordnung / UStDV).

Die Vereinfachungsregel gilt aber nur so lange, wie der Unternehmer Kleinunternehmer ist. Überschreitet er während des Jahres die Gewinnschwelle von 22.000 Euro, ist er im nächsten Jahr kein Kleinunternehmer mehr und muss seine Umsätze wie jeder „normale“ Unternehmer nach den Regeln des § 22 UStG aufzeichnen. Er muss also auf jeden Fall die vereinbarten oder die vereinnahmten Entgelte für die ausgeführten Lieferungen und sonstigen Leistungen oder Teilentgelte für noch nicht ausgeführte Lieferungen und Leistungen so aufzeichnen, dass erkennbar ist, wie sich die Entgelte und Teilentgelte auf die steuerpflichtigen Umsätze, getrennt nach Steuersätzen, und auf die steuerfreien Umsätze verteilen.

Die Inhalte einer Kleinunternehmer-Rechnung

Ein „richtiger“ Kleinunternehmer darf in seinen Rechnungen die Umsatzsteuer nicht gesondert ausweisen. Tut er es dennoch, schuldet er dem Finanzamt dic Umsatzsteuer!

Der Kleinunternehmer muss auf der Rechnung den Grund angeben, warum er keine Angaben zur Umsatzsteuer macht. Wer sich nicht „kleiner" machen will, darf den Ausdruck „Kleinunternehmer" vermeiden. Es genügt völlig, einen Hinweis auf den einschlägigen Paragrafen aufzuführen, also beispielsweise „Gemäß § 19 UStG wird keine Umsatzsteuer berechnet."

Wer diese Formulierung nicht „schön" findet, der kann folgende Alternativen verwenden: „Gemäß § 19 UStG enthält der Rechnungsbetrag keine Umsatzsteuer.", oder: „Kein Ausweis von Umsatzsteuer, da Kleinunternehmer nach gemäß § 19 UStG.", oder: „Im ausgewiesenen Rechnungsbetrag ist nach § 19 UStG keine Umsatzsteuer enthalten.", oder „Rechnungsstellung erfolgt ohne Ausweis der Umsatzsteuer nach §19 UStG.", oder: „Als Kleinunternehmer im Sinne von § 19 Abs. 1 UStG wird keine Umsatzsteuer berechnet.", oder: „Kein Umsatzsteuerausweis aufgrund Anwendung der Kleinunternehmerregelung gemäß § 19 UStG."

Neben(!) diesem Hinweis auf den Grund für die fehlenden Umsatzsteuer-Angaben müssen Kleinunternehmer in Rechnungen grundsätzlich folgende weitere Angaben aufnehmen:

- Vollständiger Name und Anschrift des leistenden Unternehmers und des Leistungs- oder Rechnungsempfängers
- Steuernummer oder Umsatzsteuer-Identifikationsnummer (USt-IdNr.)
- Ausstellungsdatum der Rechnung
- Fortlaufende Rechnungsnummer
- Menge und handelsübliche Bezeichnung der gelieferten Gegenstände oder die Art und den Umfang der sonstigen Leistung
- Zeitpunkt der Lieferung bzw. Leistung
- Entgelt
- Im Voraus vereinbarte Minderungen des Entgelts

Bei grundstücksbezogenen Leistungen ist zusätzlich ein Hinweis auf die zweijährige Aufbewahrungsfrist für Rechnungen von (privaten) Leistungsempfängern aufzunehmen.

Wichtig!

Im Grunde unterscheidet sich eine Kleinunternehmer-Rechnung lediglich durch den fehlenden Umsatzsteuerausweis von einer „normalen" Rechnung. Das heißt: Bis auf den Umsatzsteuerausweis müssen alle übrigen Pflichtvorschriften für Rechnungen des § 14 Abs. 4 UStG enthalten sein.

Bei fehlerhaften Rechnungen besteht die Gefahr, dass der Kunde die Zahlung verweigert, bis eine fehlerfreie Rechnung vorliegt. Sprechen Sie bitte im Vorfeld bezüglich der Rechnungsangaben mit Ihrem steuerlichen Berater!

Die Vereinfachungen für Kleinbetragsrechnungen gelten auch für Kleinunternehmer. Bei Rechnungen bis zu 250 Euro, so genannten Kleinbetragsrechnungen – nicht zu verwechseln mit Rechnungen eines Kleinunternehmers! – genügt es laut § 33 UStDV, wenn angegeben wird:

- Vollständiger Name und vollständige Anschrift des leistenden Unternehmers
- Ausstellungsdatum
- Menge und Art der gelieferten Gegenstände oder den Umfang und Art der sonstigen Leistung
- Entgelt und den darauf entfallenden Steuerbetrag für die Lieferung oder sonstige Leistung in einer Summe sowie den anzuwendenden Steuersatz oder im Fall einer Steuerbefreiung einen Hinweis darauf, dass für die Lieferung oder sonstige Leistung eine Steuerbefreiung gilt

Kleinunternehmer-Falle unberechtigter Steuerausweis

Wer als „richtiger" Kleinunternehmer auf seinen Rechnungen Umsatzsteuer ausweist, obwohl er das eigentlich nicht darf, der schuldet dann auch die Umsatzsteuer (§ 14c UStG). Dies bedeutet, er muss die fälschlicherweise ausgewiesene Umsatzsteuer ans Finanzamt abführen. „Natürlich" ohne, dass ihm in der Folge das Recht auf Vorsteuerabzug eingeräumt wird.

Wer Umsatzsteuer ausgewiesen hat, obwohl er es eigentlich nicht darf, der kann beantragen, dass die Steuer berichtigt wird (§ 14c Abs. 2 S. 3 ff. UStG). Dazu muss „die Gefährdung des Steueraufkommens beseitigt sein". Damit ist gemeint, dass der Rechnungsaussteller den unberechtigten Steuerausweis gegenüber dem Belegempfänger für ungültig erklären muss. War der Empfänger ein Unternehmer und macht die Vorsteuer daraufhin erst gar nicht geltend oder zahlt er die aus dieser Rechnung gezogene Vorsteuer ans Finanzamt zurück, ist „alles gut": Die Rechnung kann berichtigt werden.

Besonders tückisch ist die Kombination „Kleinunternehmertum und Kleinbetragsrechnung"! Es genügt schon, wenn der Kleinunternehmer auf einer Rechnung „nur" einen Steuersatz angibt. Es ist nicht nötig, dass er den Umsatzsteuerbetrag aufführt. Schon allein die Angabe des Steuersatzes genügt, damit er die unberechtigt ausgewiesene Umsatzsteuer ans Finanzamt abführen muss (BFH vom 25.09.2013 – XI R 41/12).

Verzicht auf das Kleinunternehmertum

Ein Kleinunternehmer darf auf seine Umsätze keine Umsatzsteuer erheben, aber er kann sich freiwillig dafür entscheiden, es doch zu tun. Diese Option zur Regelbesteuerung muss er dem Finanzamt gegenüber erklären.

Der Hintergrund der Entscheidung, freiwillig auf eine Steuerbefreiung zu verzichten, ist Folgender: Nur wenn der Kleinunternehmer zur Umsatzsteuer optiert, darf er auch den Vorsteuerabzug beanspruchen. Bei umfangreichen Anschaffungen kann diese „Finanzierungshilfe" sehr hilfreich sein.

Wichtig!

Als Gründer oder wenn Sie expandieren wollen, sollten Sie sowohl eine Investitions- als auch eine Umsatzvorschau erstellen, wenn Sie dies nicht ohnehin schon in Ihrem Business-Plan gemacht haben. Dann wissen Sie, welche Anschaffungen Sie in den nächsten Jahren haben werden und welche Umsätze sie erzielen wollen – und folglich auch, welche Anschaffungen Sie benötigen. Mit diesem Zahlenmaterial können Sie Ihre Entscheidung treffen. Empfehlenswert ist es, vor der Entscheidung den Rat eines Steuerberaters einzuholen.

Für die Option gibt es keine Formvorschrift. Sie muss also dem Finanzamt gegenüber nicht zwangsläufig ausdrücklich, sondern kann auch konkludent erklärt werden (Finanzgericht Münster vom 07.11.2019 – 5 K 1768/19 U).

Da auch ein Kleinunternehmer eine Umsatzsteuer-Jahreserklärung abgeben muss, hat er die Wahl: Entweder er geriert sich darin wie ein Kleinunternehmer oder er optiert, indem er in der Umsatzsteuererklärung seine Umsätze nach der Regelbesteuerung deklariert.

Wer als Kleinunternehmer zur Umsatzsteuer optiert, ist für die nächsten fünf Jahre an diese Entscheidung gebunden. Er muss also fünf Jahre lang auf seine Nettopreise Umsatzsteuer erheben, vom Kunden einziehen und ans Finanzamt abführen. Und er muss regelmäßig Umsatzsteuer-Voranmeldungen und -erklärungen abgeben.

Wichtig!

Bei einer konkludenten Option zur Regelbesteuerung kann es Streit darüber geben, ob und wenn ja wann der Fünfjahreszeitraum erneut zu laufen beginnt. Sprechen Sie hier mit Ihrem Steuerberater über die Entwicklung der Rechtsprechung, denn das Finanzgericht Münster hat die Revision zum Bundesfinanzhof zugelassen.

Was aber, wenn Sie „eigentlich" gar nicht optieren wollten, dass aber irrtümlich taten, etwa, weil Sie davon ausgingen, eine der Umsatzschwellen überschritten zu haben? Hier gelten folgende Grundsätze:

- Berechnet ein Kleinunternehmer in einer Umsatzsteuer-Jahreserklärung die Steuer nach den allgemeinen Vorschriften des UStG, ist darin grundsätzlich ein Verzicht auf die Besteuerung als Kleinunternehmer zu sehen. Heißt: Der Unternehmer hat zur Regelbesteuerung optiert, will also Vorsteuer ziehen können und stellt deswegen Umsatzsteuer in Rechnung wie ein „normaler" Unternehmer.
- Hat das Finanzamt Zweifel daran, ob der Unternehmer tatsächlich optieren will, muss es beim Unternehmer nachfragen (BFH vom 24.07.2013 – XI R 14/11). Bleibt dann die Frage „Option ja oder nein" immer noch unbeantwortet, darf das Finanzamt keine Option zur Regelbesteuerung annehmen.

Es ist nicht möglich, dass Sie Ihr Kleinunternehmertum auf einen Unternehmensteil beschränken (BFH vom 24.07.2013 – XI R 31/12) bzw. nur für einen Unternehmensteil zur Regelbesteuerung optieren. Hier gilt „ganz oder gar nicht".

Kleinunternehmer, die fast ausschließlich Umsätze mit Privatpersonen haben, sollten bei ihrer Entscheidung – pro oder kontra Option – bedenken, dass die Privatkundschaft unter Umständen sehr preisbewusst reagiert, da für sie nur der Endpreis entscheidend ist.

Wer erfolgreich ist und seinen Umsatz steigert, der kann recht schnell seinen Kleinunternehmerstatus aufgeben müssen. Will der Unternehmer dann keine Gewinneinbußen in Kauf nehmen, muss er seine Preise schlagartig – eben um den Umsatzsteueranteil – erhöhen. Wer das nicht kann oder nicht will, dessen Gewinn mindert sich spürbar.

Wichtig!

Sie als Kleinunternehmer müssen also in Ihre Preiskalkulation die Umsatzsteuer auf Investitionen und Vorleistungen, die Sie selbst bezahlt haben und die Sie – wegen des Kleinunternehmertums – nicht als Vorsteuer ziehen können, einbeziehen. Es kann sein, dass Sie dann bei einer seriösen Kalkulation – trotz der nicht erhobenen Umsatzsteuer – einen höheren Preis als Ihre umsatzsteuerpflichtigen Konkurrenten verlangen müssen, damit Sie nicht „auf Ihren Kosten sitzen bleiben". Wenn Sie zur Umsatzsteuer optieren, werden Sie umsatzsteuerlich ein „normaler" Unternehmer. Sie können dann Vorsteuer aus Ihren Lieferantenrechnungen ziehen und so Ihre Einstandskosten senken.

Abnehmer, die Unternehmer sind, können die gesondert ausgewiesene Umsatzsteuer ihrerseits als Vorsteuer geltend machen. Wer praktisch nur Unternehmer-Kunden hat, kann die Umsatzsteuer bei seinen Überlegungen „außen vor" lassen.

Wiederaufnahme des Kleinunternehmer-Status

Sie können wieder Kleinunternehmer werden – vorausgesetzt natürlich, Sie halten die Umsatzgrenzen ein, wenn also beispielsweise Ihre Umsätze drastisch eingebrochen sind. Hatten Sie zur Regelbesteuerung optiert, können Sie nach fünf Jahren wieder zur Kleinunternehmerregelung zurückkehren. Sie müssen nur die Option nach Ablauf der Fünfjahresfrist formlos gegenüber dem Finanzamt widerrufen.

Wichtig!

Sie können den Verzicht auf die Regelbesteuerung nur mit Wirkung für das ganze Jahr, also von Beginn eines Kalenderjahres an, widerrufen. Das heißt, Sie müssen rechnen (lassen), ob sich der Widerruf der Option zur Regelbesteuerung auch wirklich für das ganze Jahr lohnt. Wenden Sie sich hierzu im Vorfeld an Ihren Steuerberater.

Sie haben bis zum Ablauf der Einspruchsfrist Zeit, Ihre Option zur Regelbesteuerung zu widerrufen. Die Einspruchsfrist dauert in aller Regel einen Monat (§ 355 AO). Danach ist der Bescheid unanfechtbar. Erhalten Sie beispielsweise am 03.12.2020 einen Umsatzsteuerbescheid, besteht für Sie ab dem 04.01.2021 keine Möglichkeit mehr, die Regelbesteuerung zu widerrufen.

Wenn Sie in dem betreffenden Jahr Rechnungen ausgestellt haben, in denen Sie – wie bei der Regelbesteuerung notwendig – Umsatzsteuer ausgewiesen haben, dann können Sie diese gegebenenfalls nachträglich berichtigen.

Kleinunternehmer „goes international"

Auch Kleinunternehmer können internationale Wirtschaftsbeziehungen unterhalten, manchmal sogar ungewollt, wenn Sie beispielsweise eine Werbung auf einer Internetplattform schalten, die ihren Sitz im Ausland hat. Wenn dies der Fall ist, müssen Sie einige – weitere – Besonderheiten beachten.

Bei Erwerben innerhalb der Europäischen Union werden die Regelungen zu den innergemeinschaftlichen Lieferungen bei Kleinunternehmern „normalerweise" nicht angewendet (Ausnahme: die innergemeinschaftliche Lieferung neuer Fahrzeuge).

Wer als (Klein-)Unternehmer jedoch in diesem Zusammenhang eine Umsatzsteuer-Identifikationsnummer (USt-IDNr.) verwendet, der signalisiert seinem unternehmerischen „Gegenüber“, also dem Lieferer, dass er Unternehmer ist und dass der Lieferer demzufolge von einer steuerfreien innergemeinschaftlichen Lieferung ausgehen kann. Die Folge für den Kleinunternehmer in Deutschland: Er muss diese Lieferung als innergemeinschaftlichen Erwerb anmelden und die Umsatzsteuer in Deutschland abführen, ohne dass er einen Vorsteuerabzug hat. Die Anmeldung und Abführung muss dann entsprechend der normalen Regelungen gegebenenfalls monatlich oder vierteljährlich erfolgen.

Wichtig!

Sprechen Sie im eigenen Interesse das Vorgehen bei geplanten Verkäufen oder Einkäufen aus dem Ausland unbedingt vorher mit Ihrem Steuerberater ab.

Das Umsatzsteuerrecht kennt in bestimmten Fällen die umgekehrte Steuerschuldnerschaft (Reverse-Charge). Erhalten Sie zum Beispiel eine Leistung eines ausländischen Unternehmers, die in Deutschland steuerpflichtig ist, so müssen Sie – auch als Kleinunternehmer – auf diese Leistung z. B. 19 % Umsatzsteuer an das Finanzamt abführen, ohne dass Sie diese als Vorsteuer abziehen können.

Beispiel: Sie bieten Ihre Waren auf der Internetplattform eines ausländischen Unternehmens an oder schalten Werbung auf einer solchen Plattform. Da Sie Kleinunternehmer sind und die Lieferungen auf Deutschland beschränken, haben Sie sich dort nicht als Unternehmer, sondern als „Privatanbieter“ angemeldet. Das „nützt“ Ihnen allerdings in aller Regel wenig, weil vor allem die großen Internetplattformanbieter mit Sitz im (steuergünstigen) Ausland ihre Kunden „automatisch“ als Unternehmer führen, auch wenn diese keine USt-IdNr. angegeben haben.

Damit erhält auch ein Kleinunternehmer eine Netto-Rechnung mit dem Hinweis: „Für die Mehrwertsteuer muss gemäß Artikel 196 der EU-Richtlinie 2006/112/EC der Empfänger aufkommen.“

Es gilt also das Reverse-Charge-Verfahren und Sie müssen auf diese Rechnung 19 % Umsatzsteuer an das deutsche Finanzamt zahlen! Dazu müssen Sie, obwohl Sie als Kleinunternehmer normalerweise keine Umsatzsteuer-Voranmeldungen abgeben, gemäß § 13b UStG die auf Sie abgewälzte Umsatzsteuer bei Ihrem Finanzamt anmelden.

Wichtig!

Bei Internetdienstleistungen sollten Sie genau darauf achten, wer Anbieter der entsprechenden Leistung ist und sich bezüglich der Vorgehensweise Rat bei Ihrem Steuerberater einholen.

10.6 Die Erbschaft- und Schenkungsteuer im betrieblichen Bereich

Während Kapitalgesellschaften grundsätzlich weiter bestehen bleiben, wenn einer der Gesellschafter verstirbt, weil sie als eigene juristische Personen unabhängig vom Gesellschafterbestand existieren, enden Einzelunternehmen ohnehin, aber auch Personengesellschaften grundsätzlich mit dem Tod eines Gesellschafters. Ausnahmen sind in beide Richtungen möglich, müssen aber ausdrücklich vereinbart sein.

10.6.1 Rechtliche Besonderheiten bei Erbschaften und Schenkungen bei Unternehmen

Ein Einzelunternehmen – genauer: sein Betriebsvermögen, noch genauer: die einzelnen Gegenstände des Betriebsvermögens – kann vererbt oder verschenkt werden.

Auch bei einer Gesellschaft bürgerlichen Rechts (GbR) ist die Vererbung der Gesellschafterstellung möglich, falls zuvor § 727 BGB abbedungen worden ist. Dies kann entweder durch eine Fortsetzungsklausel, eine Nachfolgeklausel oder eine Eintrittsklausel geschehen, wobei lediglich die Nachfolgeklausel ein Fall der Vererbung der Gesellschafterstellung ist, denn durch sie wird sichergestellt, dass die Gesellschaft mit einem oder mehreren Erben des Verstorbenen fortgeführt wird. Der oder die Nachfolger treten in die Stellung des Verstorbenen ein.

Wird nur einer von mehreren Erben Nachfolger des Verstorbenen, spricht man von der qualifizierten Nachfolgeklausel. In diesem Fall besteht eine Diskrepanz zwischen Erb- und Gesellschaftsrecht. Nach allgemeiner Meinung geht jedoch das Gesellschaftsrecht – soweit erforderlich – vor! Der Erbe rückt deshalb unmittelbar (automatisch) in die Gesellschafterstellung ein. Im Verhältnis zu den Miterben ist er gegebenenfalls zum Ausgleich verpflichtet, wenn der Wert der Beteiligung seinen Erbteil übersteigt (steuerliches Problem).

Erben mehrere Erben den Gesellschaftsanteil, so wird jeder Erbe entsprechend seiner individuellen Erbquote selbst Gesellschafter. Insoweit besteht somit keine Erbengemeinschaft! Auch hier geht also das Gesellschafts- dem Erbrecht vor.

Auch bei einer OHG kann die Gesellschafterstellung vererbt werden. Dazu muss hier allerdings § 131 HGB abbedungen werden, und zwar entweder in Form einer Nachfolgeklausel oder einer Eintrittsklausel. Auch hier ist wiederum lediglich die Nachfolgeklausel von erbrechtlicher – und damit erbschaftsteuerlicher Bedeutung.

Eine KG wird nach § 161 Abs. 2 in Verbindung mit § 131 Abs. 3 Nr. 1 HGB wird bei Tod eines Gesellschafters nicht aufgelöst. Wenn aber der verstorbene Gesellschafter der einzige Komplementär war, würde – da eine KG notwendigerweise mindestens einen persönlich haftenden Komplementär voraussetzt – die KG zu einer Liquidationsgesellschaft werden, die, falls sie ohne Komplementär bliebe, abgewickelt werden müsste. Wenn die verbleibenden Kommanditisten die Gesellschaft ohne Komplementär weiterbetreiben, wandelt sich die KG um in eine OHG respektive in ein Einzelunternehmen, wenn sie zuvor nur einen Kommanditisten hatte.

Kapitalgesellschaften als juristische Personen bleiben unabhängig von ihren Gesellschaftern bestehen. Deshalb tangiert auch der Tod eines GmbH-Gesellschafters oder Aktionärs den Bestand der Gesellschaft genausowenig wie den Bestand des Geschäftsanteils. Sie gehen, entweder durch die gesetzliche oder durch die gewillkürte Erbfolge, also mittels Testament oder Erbvertrag, auf den oder die Erben über.

Anteile an GmbHs sind nach § 15 Abs. 1 GmbHG vererblich. Beim Tod eines GmbH-Gesellschafters geht der Anteil also mit allen Rechten und Pflichten auf den oder die Erben über. Ausnahme: Höchstpersönliche Rechte des Anteilsinhabers gehen nicht mit dem Anteil über auf die Erben. Höchstpersönliche Rechte sind solche, die untrennbar mit der Person des GmbH-Gesellschafters und die nicht mit dem Anteil als solchem verbunden sind, wie beispielsweise das lebenslange Recht auf die Geschäftsführung der GmbH.

An einem GmbH-Anteil kann auch ein Vermächtnis bestellt werden.

Hinweis

Wenn Sie als Gründer ein Unternehmen übernehmen, ist es wie beim Share Deal einfacher, Anteile an Kapitalgesellschaften zu vererben oder zu verschenken als die jeweiligen einzelnen Vermögensgegenstände aus dem Betriebsvermögen, bei denen – etwa bei Grundstücken, Forderungen, Verbindlichkeiten ... – unter Umständen besondere Übertragungsformen gewahrt werden müssen. Der Übergang eines GmbH-Anteils ist notariell zu beurkunden, eine Eintragung in die Gesellschafterliste hat zu erfolgen, Aktien können – da sie Inhaberpapiere sind – formfrei durch „bloße" Übereignung der Aktienurkunde übertragen werden. Für Aktien – Ausnahme Namensaktien und vinkulierte Namensaktien – gilt der Grundsatz: Das Recht aus dem Papier folgt dem Recht am Papier.

Die erbschaft- oder schenkungsteuerliche Belastung hingegen ist durch die Neuregelungen im Bewertungsgesetz weitgehend rechtsformneutral ausgestaltet.

10.6.2 Steuerliche Besonderheiten bei Erbschaften und Schenkungen bei Unternehmen

Ob überhaupt, und wenn ja, in welcher Höhe Erbschaft- oder Schenkungsteuer anfällt, hängt neben der Steuerklasse und den Freibeträgen, die sich nach Heirat oder eingetragener Lebenspartnerschaft und verwandtschaftlicher Nähe zum Erblasser respektive Schenker bestimmt, auch davon ab, welche Art von Vermögen vererbt wird. Privilegiert ist das Vererben oder Verschenken von Betriebsvermögen.

Weil die früheren Regelungen verfassungswidrig waren, musste der Gesetzgeber bis zum 30.06.2016 das Erbschaftsteuergesetz neu regeln. Den Termin hat er nicht eingehalten, aber mit dem „Trick", die Neuregelung rückwirkend zum 01.07.2016 in Kraft treten zu lassen, sei die vom BVerfG gesetzte Frist eingehalten gewesen.

Die Änderungen umfassten drei große Regelungsbereiche:

- die größenunabhängigen Regelungen,
- die Regelungen für Kleinbetriebe. Sie dürfen auch weiterhin wählen zwischen der 85 %-igen Regel- und der 100 %-igen Optionsverschonung. Ein „Kleinbetrieb" liegt vor, wenn der Erwerb des begünstigten Betriebsvermögens 26 Millionen Euro nicht übersteigt. Die Grenze ist erwerberbezogen.
- die Regelungen für Großerwerbe. Hier gibt es ein Wahlrecht zwischen Abschmelzung, also der Regel- oder Optionsverschonung, und der Bedarfsprüfung. Als große Erwerbe begünstigten Vermögens gelten solche über 26 Millionen Euro. Ab dieser Prüfschwelle wird eine Verschonungsbedarfsprüfung eingeführt, wahlweise ein Verschonungsabschlag. Die Prüfschwelle erhöht sich auf 52 Millionen Euro, wenn bestimmte qualitative Merkmale, also solche, die in Familienunternehmen „typisch" sind, in den Gesellschaftsverträgen oder Satzungen vorliegen.

Oberhalb der Prüfschwelle wird auf Antrag des Steuerpflichtigen eine Verschonungsbedarfsprüfung durchgeführt. Eine Verschonung wird nicht gewährt, wenn der Erwerber (Erbe oder Beschenkter) über genügend übrige Mittel verfügt, um die Steuern, die auf das begünstigte Vermögen entfallen, bezahlen zu können. Reichen 50 % des mitübertragenen und des bereits vorhandenen nicht begünstigten Nettovermögens nicht aus, um die Steuer vollständig zu bezahlen, besteht ein Anrecht auf Verschonung.

Bei begünstigtem Vermögen über 26 respektive 52 Millionen Euro darf statt der Verschonungsbedarfsprüfung das Verschonungsabschmelzungsmodell gewählt werden. Es erfolgt eine Teilverschonung, die mit zunehmendem Vermögen sukzessive abschmilzt.

Voraussetzung für die Gewährung der Steuerbefreiung in der 100 %igen Optionsverschonung ist ein Verwaltungsvermögenstest. Das begünstigungsfähige Vermögen darf zu maximal 20 % aus Verwaltungsvermögen bestehen. Ansonsten wird lediglich die 85 %-ige Regelverschonung gewährt.

Verwaltungsvermögen ist grundsätzlich nicht begünstigt, sondern immer zu versteuern.

Zu den Regelungen, die unabhängig von der Unternehmensgröße sind, zählen:

- der Lohnsummentest,
- der Abschlag für Familienunternehmen,
- die Definition des begünstigungsfähigen und des begünstigten Betriebsvermögens,
- die Definition des Verwaltungsvermögens,
- die zinslose Stundung.

Jeder Betriebserbe hat – neben seinem persönlichen Freibetrag eine betriebliche Freigrenze in Höhe von 150.000 Euro für Entnahmen, die Einlagen und Gewinn übersteigen (§ 13a Abs. 2 ErbStG).

Wichtig!

Wenn Sie einen Betrieb unentgeltlich oder teilentgeltlich übernehmen, sollten Sie bezüglich der möglichen Belastung mit Erbschaft- und Schenkungsteuer unbedingt vorher mit Ihrem Steuerberater sprechen.

11 Steuern und Abgaben organisieren

Viele Unternehmer haben eine „Scheu“ vor „Papierkram“ jeglicher Art, wozu auch die Steuern gehören. Es ist verführerisch, vor allem dann, wenn man bei einer Existenzgründung und der Stabilisierung des Unternehmens „Besseres“ zu tun hat, als sich um die Steuern zu kümmern. „Das überlasse ich meinem Steuerberater“ – ein vielgehörter Satz, der auch seine Berechtigung hat. Allerdings muss ein verantwortungsbewusster Unternehmer ein Kommunikationspartner „auf Augenhöhe“ mit seinem Steuerberater sein, was wiederum ein gewisses Grundwissen voraussetzt.

11.1 Vorauszahlungen, Voranmeldungen, Anmeldungen, Erklärungen

Viele Unternehmer haben in regelmäßigen Abständen – monatlich, quartalsweise oder jährlich - festgelegte Pflichten, was die Abgabe von Steuererklärungen und Steuervoranmeldungen anbelangt.

11.1.1 Einzelunternehmer (auch in einer Betriebsaufspaltung)

Zu einem Einzelunternehmer werden Sie auch dann, wenn Sie Ihr Unternehmen in Form einer Betriebsaufspaltung führen.

Ein Einzelunternehmer muss monatlich, vierteljährlich oder jährlich abgeben oder leisten:

- Umsatzsteuer-Sondervorauszahlung im Februar jeden Jahres bei monatlicher Abgabe der Umsatzsteuervoranmeldung
- Umsatzsteuervoranmeldung
- Umsatzsteuererklärung
- Gewerbesteuererklärung
- Zusammenfassende Meldungen für innergemeinschaftliche Geschäfte (nur vierteljährlich)
- Lohnsteueranmeldung (wenn er Mitarbeiter beschäftigt)

Jährlich muss er – teils auch für seinen privaten Bereich – eine Einkommensteuererklärung abgeben. Je nach Ihrer weiteren privaten Situation als Einzelunternehmer müssen Sie weitere Formulare ausfüllen und ans Finanzamt via ELSTER übermitteln.

11.1.2 Gesellschafter in einer Personengesellschaft (auch in einer GmbH & Co. KG)

Für die Gesellschaft sind monatlich, vierteljährlich oder jährlich folgende Erklärungen oder Voranmeldungen abzugeben bzw. zu leisten:

- Umsatzsteuer-Sondervorauszahlung im Februar jeden Jahres bei monatlicher Abgabe der Umsatzsteuervoranmeldung
- Umsatzsteuervoranmeldung
- Umsatzsteuererklärung
- Zusammenfassende Meldungen für innergemeinschaftliche Geschäfte (nur vierteljährlich)
- Lohnsteueranmeldung (wenn Mitarbeiter beschäftigt werden)
- Erklärung zu gesonderten und einheitlichen Feststellung von Besteuerungsgrundlagen für die Einkommensbesteuerung
- Anlage G, hier wird der Gewinn oder Verlust der Personengesellschaft eingetragen
- Gewerbesteuererklärung
- Umsatzsteuererklärung

Wenn Sie an einer Personengesellschaft, also auch an einer GmbH & Co. KG oder GmbH & Co. OHG, beteiligt sind, wird Ihr Gewinnanteil einheitlich und gesondert festgestellt. Im privaten Bereich müssen Sie deshalb eine Einkommensteuererklärung abgeben, der zumindest den Mantelbogen zur Einkommensteuererklärung, Anlage ESt 1 A und die Anlage G, für Ihren Gewinn aus Gewerbebetrieb umfasst. Alle anderen Anlagen fallen je nach Ihrer persönlichen Situation an.

11.1.3 GmbH-Gesellschafter-Geschäftsführer oder Gesellschafter-Geschäftsführer einer haftungsbeschränkten Unternehmergesellschaft (UG)

Ein UG- oder GmbH-Gesellschafter-Geschäftsführer muss monatlich, vierteljährlich oder jährlich abgeben oder leisten:

- Umsatzsteuer-Sondervorauszahlung im Februar jeden Jahres bei monatlicher Abgabe der Umsatzsteuervoranmeldung
- Umsatzsteuervoranmeldung
- Umsatzsteuererklärung
- Zusammenfassende Meldungen für innergemeinschaftliche Geschäfte (nur vierteljährlich)
- Lohnsteueranmeldung (immer, denn der Geschäftsführer gilt als steuerlicher Arbeitnehmer)
- Körperschaftsteuererklärung – KSt 1 A
- Anlage A – für die nicht abziehbaren Aufwendungen
- Anlage WA – für weitere Angaben, wie anzurechnende Körperschaftsteuer, Kapitalertragsteuer und Solidaritätszuschlag sowie Gewinnausschüttungen
- Gewerbesteuererklärung
- Kapitalertragsteuererklärung (Abgeltungsteuer), wenn Ausschüttungen erfolgten

Natürlich treffen die Pflichten zur Abgabe der betrieblichen Steuererklärungen auch den GmbH-Geschäftsführer, der nicht gleichzeitig Gesellschafter ist.

Je nach Ihrer weiteren privaten Situation müssen Sie als Gesellschafter-Geschäftsführer jährlich neben dem Mantelbogen zur Einkommensteuererklärung zumindest die Anlage N abgeben. Hier ist der Arbeitslohn, also das von der GmbH bezogene Entgelt für die Geschäftsführungstätigkeit einzutragen.

11.2 Die Lohnbuchhaltung als Voraussetzung für problemlose Lohnsteuer und Sozialabgaben

Wer angestellte Mitarbeiter hat oder sein Unternehmen als GmbH führt und kein selbstständig tätiger Geschäftsführer ist, der muss Löhne und Gehälter rechnen. Meist wird ein Gehalt in Form des gleichbleibenden Monatsentgelts, unabhängig von der Anzahl der Tage im Monat und der erbrachten Leistung, bezahlt. Lohn dagegen kann von der geleisteten Arbeit abhängen, z. B. Stundenlohn oder Stücklohn, mit der Folge, dass der Lohn von Monat zu Monat unterschiedlich hoch ausfallen kann.

Arbeitsentgelte sind lohnsteuer- und meist auch sozialversicherungspflichtig. Der Arbeitgeber muss die Lohnsteuer und die Sozialabgaben für den Arbeitnehmer berechnen, von dessen Bruttoentgelt einbehalten und in voller Höhe pünktlich an das Finanzamt respektive die Krankenkasse als „Einzugsstelle“ für alle Sozialversicherungsträger überweisen. Natürlich muss er auch die entsprechenden Meldungen abgeben. Für die Lohnsteuer erfolgt dies elektronisch (ELStAM – elektronische Lohnsteuerabzugsmerkmale). Auch die Meldungen an die Krankenkasse erfolgt elektronisch. Die DEÜV (Datenerfassung- und -übermittlungsverordnung) enthält Bestimmungen zu Art und Zeitpunkt und zur Erstellung der Meldungen.

Finanzamt und auch Sozialversicherungsträger führen regelmäßig Außenprüfungen durch. Der Unternehmer und auch der GmbH-Geschäftsführer haften persönlich für die Richtigkeit der Abrechnungen und für die vollständige und pünktliche Überweisung.

In einer Lohnbuchhaltung werden die Gehalts- und Lohnzahlungen und alle weiteren Rechnungen, die damit im Zusammenhang stehen, z. B. Reisekosten oder Geschenke, erfasst und abgerechnet. Zur Lohnbuchhaltung gehört auch Pflege der Personaldaten, die Ausführung der gesetzlich vorgeschriebenen Meldeerfordernisse für die Krankenkassen sowie die übrigen Sozialversicherungsträger und die Lohnsteuer. Kenntnisse des Arbeitsrechts, des Lohnsteuerrechts und des Sozialversicherungsrecht sind unbedingt notwendig.

Wie eine Lohnabrechnung auszusehen hat, bestimmt sich unter anderem auch nach § 108 Gewerbeordnung (GewO):

> *„(1) Dem Arbeitnehmer ist bei Zahlung des Arbeitsentgelts eine Abrechnung in Textform zu erteilen. Die Abrechnung muss mindestens Angaben über Abrechnungszeitraum und Zusammensetzung des Arbeitsentgelts enthalten. Hinsichtlich der Zusammensetzung sind insbesondere Angaben über Art und Höhe der Zuschläge, Zulagen, sonstige Vergütungen, Art und Höhe der Abzüge, Abschlagszahlungen sowie Vorschüsse erforderlich.*
>
> *(2) Die Verpflichtung zur Abrechnung entfällt, wenn sich die Angaben gegenüber der letzten ordnungsgemäßen Abrechnung nicht geändert haben.*
>
> *(3) Das Bundesministerium für Arbeit und Soziales bestimmt das Nähere zum Inhalt und Verfahren der Entgeltbescheinigung nach Absatz 1, die auch zu Zwecken nach dem Sozialgesetzbuch verwendet werden kann nach Maßgabe des § 97 Abs. 1 des Vierten Buches Sozialgesetzbuch. Der Arbeitnehmer kann vom Arbeitgeber zur Vorlage dieser Bescheinigung gegenüber Dritten eine weitere Entgeltbescheinigung verlangen, die sich auf die Angaben beschränkt, die zu diesem Zweck notwendig sind."*

Hinweis

Wer – außer sich selbst – nur einen oder zwei Mitarbeiter hat, der kann Gehälter recht einfach abrechnen. Aber schon, wenn Reisekosten abzurechnen sind, oder wenn erfolgsabhängige Bestandteile zu errechnen sind, oder wenn steuer- und sozialversicherungsfreie Entgeltbestandteile zu bewerten sind, wird es deutlich schwieriger. Natürlich gibt es hier entsprechende Computerprogramme. Sie sollten hier aber sich auch mit Ihrem Steuerberater kurzschließen, ob dieser für Ihr Unternehmen die Lohnbuchhaltung zumindest so lange übernimmt, bis Ihr Unternehmen eine Größe erreicht hat, die eine eigene Lohnbuchhaltung rechtfertigt.

11.3 Steuerstundung

Es sollte „eigentlich“ nicht vorkommen, weil auch ein Existenzgründer sich darüber im Klaren sein muss, dass er „irgendwann“ einmal Steuern bezahlen muss. Die „Versuchung“, diese Tatsache zu verdrängen, vor allem, wenn das Finanzamt sich anfangs „nicht rührt“, ist – leider – recht groß. Dann allein auf das Pferd „Ich kann doch sicher mit dem Finanzamt reden“, zu setzen, ist riskant. Denn natürlich gibt es die Möglichkeit der Steuerstundung. Aber genauso „natürlich" gibt es hier rechtliche Vorgaben, wie der Finanzbeamte auf Ihren Antrag reagieren muss.

Das Steuergesetz, das für die „technischen“ Details des Steuerzahlens zu Rate gezogen werden muss, ist die Abgabenordung (AO). Dort werden Sie aber vergeblich nach einer speziellen Vorschrift etwa für die Stundung der Einkommen- oder Körperschaftsteuer suchen. Das ist auch verständlich, denn die AO-Stundungsregelungen gelten für alle Steuerarten und auch für alle Ansprüche aus einem Steuerschuldverhältnis.

Auf Ihren Antrag hin kann(!) das Finanzamt Ansprüche aus dem Steuerschuldverhältnis ganz oder teilweise stunden. Zwei Voraussetzungen müssen gegeben sein: Erstens muss die Einziehung der Steuer bei deren Fälligkeit für Sie eine erhebliche(!) Härte darstellen. Und zweitens darf der Anspruch des Staates auf die Steuer durch die Stundung nicht gefährdet erscheinen (§ 222 AO). Um die Gefahr des Ausfalls zu beseitigen, können Sie Sicherheiten leisten. Wenn es sich um überschaubare Beträge handelt, die Sie gestundet wissen wollen, oder wenn die Stundung nur für kurze Zeit beantragt wird, verzichtet das Finanzamt in aller Regel auf die Gestellung von Sicherheitsleistungen.

Hinweis

Wenn Sie absehen, dass Sie eine Steuer bei deren Fälligkeit nicht oder nicht vollständig bezahlen können, sollten Sie sich umgehend mit Ihrem Steuerberater ins Benehmen setzen über eine mögliche Steuerstundung. Tun Sie nichts und überziehen Sie die Frist, wird es teurer, denn es fallen Säumniszuschläge (§ 240 AO) an. Außerdem kann das Finanzamt, wenn Sie nicht oder nicht rechtzeitig reagieren, vollstrecken. In besonders „hartleibigen" Fällen kann das Finanzamt auch für Ihr Unternehmen Insolvenzantrag wegen (vermuteter) Zahlungsunfähigkeit stellen.

Beantragen Sie eine Stundung rechtzeitig, bevor die Steuer fällig wird. Geben Sie im Stundungsantrag die Gründe für die Steuerstundung an und beschreiben Sie Ihre Situation. Sie können auch gleich eine Ratenzahlung vorschlagen. Dann sollten Sie dem Stundungsantrag bereits einen Tilgungsplan beifügen.

Die Stundung von Steuern ist eine Billigkeitsmaßnahme. Sie haben also keinen Anspruch darauf, sondern eine Stundung liegt im Ermessen des Finanzamts.

Gibt das Finanzamt Ihrem Antrag statt, müssen Sie – wie bei jedem anderen Gläubiger auch – Zinsen bezahlen (§ 234 AO). Aber das Finanzamt kann auch auf diese Stundungszinsen ganz oder teilweise verzichten. Dies beispielsweise dann, wenn es für Sie unbillig wäre, die Stundungszinsen bezahlen zu müssen (§ 234 Absatz 2 AO).

Hinweis

Sie sind oft aber nicht nur Schuldner des Finanzamts, sondern auch dessen Gläubiger. In solchen Fällen erscheint es einem kaufmännisch Geschulten unsinnig, zuerst die Schuld zu bezahlen und darauf zu warten, dass die Gegenseite dann ihre Schulden bezahlt. Man rechnet auf. Das geht aber nur, wenn – unter anderem – die beiden Forderungen gleichzeitig fällig sind. Bei zeitlichen Differenzen zwischen Schuld (etwa der Körperschaftsteuer) und Forderung (etwa der Vorsteuer) kann eine Überbrückungsstundung – auch technische oder Verrechnungsstundung genannt – beantragt werden. Sie ist eigentlich keine „richtige" Stundung und wird deshalb anfangs auch ohne Zinsen gewährt. Sprechen Sie mit Ihrem Steuerberater oder auch direkt mit dem Finanzamt, wie Sie hier am besten vorgehen.

Damit das Finanzamt überhaupt eine Steuer stunden darf, muss eine erhebliche Härte der Steuerzahlung gegeben sein. Diese kann entweder im sachlichen, aber auch im persönlichen Bereich begründet liegen.

Stundungsbedürftig aus persönlichen Gründen sind Sie z. B., wenn Sie vorübergehend in einer finanziellen Notlage sind. Diese Notlage müssen Sie belegen. Wichtig: Sie dürfen die Notlage nicht selbst verschuldet haben. Denn sonst sind Sie nicht stundungswürdig. Sie müssen also gleichzeitig stundungsbedürftig und stundungswürdig sein, damit das Finanzamt Ihrem Antrag Folge leisten darf.

Ein sachlicher Stundungsgrund liegt zum Beispiel vor, wenn sich der Steuerzahler auf Steuernachforderungen nicht rechtzeitig einrichten konnte, etwa nach einer Betriebsprüfung. Oder wenn Forderungen gegen das Finanzamt bestehen, mit denen verrechnet werden kann.

11.4 Betriebsprüfungen

Betriebsprüfungen – oder korrekter: Außenprüfungen, weil sie außerhalb des Finanzamts vorgenommen werden – gibt es mehrfach. Betriebsprüfungen sind zu unterscheiden von der Steuerfahndung. Die wird nur – dann allerdings „heftig" – tätig, wenn ein Verdacht auf Steuerhinterziehung besteht. Bei Betriebsprüfungen geht es „lediglich" darum nachzuprüfen, ob der Steuerpflichtige seinen Pflichten ordnungsgemäß nachgekommen ist und die Steuern richtig und vollständig erklärt hat.

Die „normalen" Betriebsprüfungen umfassen die Einkommen- und Körperschaftsteuererklärungen und damit natürlich auch die Steuerbilanzen. Es kann auch sein, dass etwa im Zusammenhang mit der Betriebsprüfung einer GmbH auch deren Gesellschafter-Geschäftsführer (privat) geprüft wird. Bei der Lohn- und Umsatzsteuer gibt es Sonderprüfungen.

Häufig werden im Zusammenhang mit Betriebsprüfungen so genannte Kontrollmitteilungen verschickt. Das heißt: Das prüfende Finanzamt A entdeckt z. B. eine Zahlung an einen Kunden und schickt eine „Anfrage" an dessen Finanzamt B, die mögen doch bitte mal nachprüfen, ob denn der Kunde diese Einnahme verbucht hat.

11.4.1 Die „normale" Betriebsprüfung

Bei einer Betriebsprüfung sollen die steuerlich relevanten Umstände bei dem Unternehmen „vor Ort" ermittelt und überprüft werden. Der Prüfer kann dazu Buchhaltungsunterlagen und -belege sowie den Betrieb selbst in Augenschein nehmen. Die meisten Prüfungen beschränken sich auf „ergebnisträchtige" Sachverhalte, bei denen man praktisch „immer Fehler entdeckt", die zu Nachzahlungen führen.

Wie oft ein Unternehmen geprüft wird, hängt vom Sitz ab, also in welchem Bundesland das Unternehmen sitzt. Nordrhein-Westfalen ist hier für eine relative Prüfungsdichte „berühmt", während Bayern und Baden-Württemberg von anderen Bundesländern zu große „zeitliche Lücken" vor allem bei der Prüfung von kleinen und mittelgroßen Unternehmen „angelastet“ werden. Des Weiteren hängt die Prüfungshäufigkeit ab von der Größenklasse der Unternehmen. Die Finanzverwaltung hat die Unternehmen in Betriebsprüfungsgrößenklassen eingeteilt. Das Bundesfinanzministerium (BMF) veröffentlicht alle drei Jahre eine aktualisierte Tabelle. Die letzte Anpassung der Abgrenzungsmerkmale erfolgte zum 01. Januar 2019.

Die Finanzverwaltung unterscheidet nach Unternehmensgegenständen (z. B. Handel oder Fertigungsbetrieb) und des Weiteren in folgende vier Größenklassen (§ 3 Betriebsprüfungsverordnung / BpO):

- Großbetriebe (G)
- Mittelbetriebe (M)
- Kleinbetriebe (K)
- Kleinstbetriebe (Kst)

Während ein Kleinstbetrieb rein statistisch einmal in 100 Jahren geprüft wird, ein Kleinbetrieb etwa alle 20 Jahre und ein Mittelbetrieb etwa alle 11,5 Jahre, müssen große Unternehmen alle vier bis fünf Jahre mit einer regulären Betriebsprüfung rechnen.

Beispiele – Größenklassen für Betriebsprüfungen ab 2019*

		Firmengröße über ... in Euro		
Firmenart	**Merkmal (in Euro)**	**Großbetrieb (G)**	**Mittelbetrieb (M)**	**Kleinbetrieb (K)**
Handelsbetriebe	Umsatz	8,8 Millionen	1,1 Millionen	210.000
	Gewinn	335.000	68.000	44.000
Fertigungsbetriebe	Umsatz	5,2 Millionen	610.000	210.000
	Gewinn	300.000	68.000	44.000
Freie Berufe	Umsatz	5,6 Millionen	990.000	210.000
	Gewinn	700.000	165.000	44.000
Land- und forstwirtschaftliche Betriebe (LuF)	Umsatz	1,2 Millionen	610.000	210.000
	Gewinn	185.000	68.000	44.000

Firmenart	Merkmal (in Euro)	Firmengröße über ... in Euro		
		Großbetrieb (G)	Mittelbetrieb (M)	Kleinbetrieb (K)
Fälle mit bedeutenden Einkünften (bei Privatpersonen)	Summe der positiven Einkünfte (keine Verlustverrechnung)	über 500.000	-	-

*) Quelle: Bundesfinanzministerium (BMF-Schreiben vom 13.04.2018 – IV A 4 - S 1450/17/10001)

Wird mindestens eine der beiden Grenzen (Umsatz oder Gewinn) innerhalb einer Größenklasse übersprungen, dann gilt diese Größenklasse für den Betrieb.

Hinweis

Das Finanzamt muss schriftlich eine Prüfung anordnen. Diese Anordnung wird Ihnen zugesendet. Darin wird der Umfang der Außenprüfung dargelegt (§ 196 AO). Des Weiteren müssen Sie in diesem Schreiben über Ihre Rechtsbehelfsmöglichkeiten unterrichtet werden (§ 356 AO). Am besten ist, Sie setzen sich gleich nach Erhalt der Prüfungsanordnung mit Ihrem Steuerberater in Verbindung, um die weiteren notwendigen Schritte zu besprechen.

Die Prüfungsanordnung muss die zuständige Behörde benennen und vom Verantwortlichen unterschrieben sein. Auch der Name des Prüfers und den voraussichtlichen Beginn der Prüfung sollte enthalten sein.

Erkennbar sein müssen:

- der persönliche Umfang: Bei wem konkret wird geprüft
- welche Prüfung durchgeführt werden soll (Lohnsteuer- bzw. Umsatzsteuer-Sonderprüfung, abgekürzte Außenprüfung oder Betriebsprüfung)

- der sachliche Umfang: welche Steuerarten werden geprüft
- der zeitliche Umfang: Welche Jahre (Besteuerungszeiträume) werden geprüft. „Alles, was nicht verjährt ist“ ist übrigens keine genaue Zeitangabe.

Die Außenprüfung findet während der üblichen Geschäfts- oder Arbeitszeit grundsätzlich in den Geschäftsräumen desjenigen statt, der geprüft wird. Die Prüfung kann aber ausnahmsweise, z. B. wenn die Geschäftsräume zu klein sind oder sich in der Privatwohnung des Unternehmers in einem häuslichen Arbeitszimmer befinden, woanders stattfinden.

Die Prüfer sind berechtigt, Grundstücke und Betriebsräume zu betreten und zu besichtigen.

Sie sind von Gesetzes wegen verpflichtet, den Prüfer bei seiner Prüfungstätigkeit zu unterstützen.

Hinweis

Da bei der Außenprüfung die Prüfer direkt auf die Buchführung Ihres Unternehmens in der EDV zugreifen, sollten Sie von vornherein auf Ihren Computern „Ordnung“ haben und Zugriffsberechtigungen einrichten. Die Gefahr, dass der Prüfer von Ihrer Finanz- oder Lohnbuchhaltung mit wenigen Mausklicks in Ihre interne Rechnungslegung, also die Kalkulation oder die Personalstammdaten kommen kann, ist sonst recht groß. Zwar ist ein Prüfer zur Verschwiegenheit verpflichtet, aber die Grundfrage nach Datenschutz stellt sich genauso wie die nach unliebsamen „Zufallsfunden“.

11.4.2 Besondere Prüfungen

Außer den „normalen“ Betriebsprüfungen kann die Finanzverwaltung Sonderprüfungen ansetzen.

Die Umsatzsteuersonderprüfung befasst sich ausschließlich mit den Besteuerungsgrundlagen der Umsatzsteuer, da hier das Fehlerpotenzial – und auch das Missbrauchspotenzial – zu Recht als besonders hoch eingeschätzt wird. Bei einer solchen Sonderprüfung ist die Verwaltung nicht an besondere Prüfungszeiträume gebunden.

Viel bedeutender für einen Unternehmer, der sein Unternehmen neu gegründet oder erheblich erweitert hat, ist die „Umsatzsteuernachschau". Was betont harmlos „Nachschau" genannt wird, kann es „in sich haben": Denn das Finanzamt darf zu einer Umsatzsteuer-Sonderkontrolle jederzeit und ohne Vorwarnung innerhalb der normalen Geschäftszeiten im Unternehmen „auftauchen". Wenn einem Finanzbeamten in der Umsatzsteuer-Voranmeldung oder der Umsatzsteuer-Erklärung etwas „spanisch" vorkommt, dann muss er keine Betriebsprüfung anberaumen, dann muss er sich bei Ihnen nicht anmelden, dann darf er ganz einfach so vorbeikommen und in Ihren Akten „nachschauen", ob er etwas findet. Und wenn er zufällig etwas findet, das er gar nicht gesucht hat, von dem er aber annimmt, dass es einen Kollegen interessiert, darf das Finanzamt die Erkenntnisse, die es bei der Umsatzsteuer-Nachschau gewonnen hat, auch für andere Steuerzwecke verwenden.

Hinweis

Wenn Sie in einer Umsatzsteuer-Voranmeldung oder -Erklärung erheblich von den sonstigen Werten abweichen, sollten Sie die Formulare nicht einfach kommentarlos ans Finanzamt schicken. Machen Sie ein kurzes Begleitschreiben, z. B. mit der Erklärung „... habe gerade ein neues Firmenfahrzeug im Wert von 30 000 Euro netto gekauft und 4.800 Euro als Vorsteuer geltend gemacht." Dann brauchen Sie die Umsatzsteuer-Nachschau nicht (mehr so) zu fürchten!

Mit der Lohnsteueraußenprüfung soll sichergestellt werden, dass das Unternehmen, das Mitarbeiter beschäftigt, die Lohnsteuerabzugsbeträge korrekt einbehält und abführt. Zuständig für die Prüfung ist stets das Betriebsstättenfinanzamt. Welche Zeiträume das Finanzamt prüft, steht in seinem Ermessen. Für den Arbeitnehmer entfaltet die Lohnsteueraußenprüfung grundsätzlich keine Wirkung.

Hinweis

Da auch Sie als GmbH-(Gesellschafter-)Geschäftsführer häufig steuerlicher Arbeitnehmer der GmbH sind, werden im Rahmen von Lohnsteueraußenprüfungen auch Ihre Gehälter geprüft. Das gilt besonders dann, wenn Sie erfolgsabhängige Bezüge haben oder wenn Sie einen Geschäftswagen mit erlaubter Privatnutzung fahren oder wenn Ihr Gehalt „zu üppig" bemessen erscheint, so dass eine verdeckte Gewinnausschüttung vorliegen könnte. In solchen Fällen kann der Prüfer „auf dem kleinen Dienstweg" versuchen, die Prüfung auch auf Ihre privaten Steuern auszudehnen. Das ist so nicht möglich. Ausnahme: Es besteht ein Verdacht auf Steuerhinterziehung. Sie als GmbH-Geschäftsführer sollten deshalb, auch wenn Sie es „eigentlich" nicht müssen, Belege über Ausgaben und Einnahmen archivieren. Das gilt nicht nur für Ihre Tätigkeit bei der GmbH, sondern auch für Ihre übrigen Einkünfte, etwa aus vermieteten Immobilien oder aus Kapitalanlagen.

12 Steuern sparen

Steuern sparen ist ein legitimes Interesse jedes Steuerpflichtigen. Klar ist, dass es nur innerhalb der legalen Grenzen zulässig ist. Alles andere ist unzulässige Steuerverkürzung oder Steuerhinterziehung. „Kavaliersdelikte" gibt es hier nicht!

12.1 Die unternehmerischen Steuerbelastungen

Mit einem Unternehmen hat der Unternehmer eine „eigene" Steuerbelastung. Natürlich werden die anderen Einkünfte, die er z. B. aus Vermietungen hat, hinzugerechnet. Je nach Rechtsform des Unternehmens ergeben sich für den Unternehmer unterschiedliche Steuerpflichten. Über „den dicken Daumen gepeilt", ist aber die Steuerbelastung von Unternehmen unabhängig von ihrer Rechtsform annähernd gleich.

12.1.1 Die Steuerbelastungsbesonderheiten bei Personenunternehmen

Wie bereits mehrfach hervorgehoben, gehören auch die GmbH & Co. KG oder die GmbH & Co. OHG sowie die – meist – Besitzgesellschaften bei einer Betriebsaufspaltung zu den Personenunternehmen. Deshalb ist es wichtig, sich hier auch um die Steuerbelastungsbesonderheiten bei Personenunternehmen zu kümmern.

Die Thesaurierungsrücklage

Auch bei Personenunternehmen können Gewinne in Rücklagen eingestellt werden. Die Rücklagen werden aber nicht wie bei Kapitalgesellschaften gesondert ausgewiesen, sondern sind Bestandteil des Eigenkapitals. Rücklagen werden aus versteuerten Gewinnen gebildet. Es gibt Ausnahmen, wie etwa die Thesaurierungsrücklage, steuerfreie Rücklagen (§ 6b EStG) oder Sonderposten mit Rücklageanteil.

Im handelsrechtlichen Jahresabschluss dürfen Sonderposten mit Rücklageanteil nicht (mehr) gebildet werden. Wertansätze, die auf nur steuerlich zulässigen Abschreibungen beruhten, dürfen nicht mehr in die Handelsbilanz übernommen werden.

Seit der Unternehmenssteuerreform 2008 haben Personengesellschaften (Mitunternehmerschaften) die Möglichkeit, die Gewinne, die im Unternehmen einbehalten werden, steuerbegünstigt dort zu belassen: Die im Unternehmen belassenen Gewinne werden mit nur 28,25 % belastet (§ 34a EStG). Technisch wird die – im Vergleich zum persönlichen Steuersatz des Unternehmers gesehene – steuerliche Entlastung durch eine Rücklage, die so genannte Thesaurierungsrücklage, erreicht. Der Unternehmer muss die Rücklagenbildung bei seinem Finanzamt beantragen. Antragsberechtigt ist jeder, der zu mehr als 10 % am Gewinn beteiligt ist oder wenn der anteilige Gewinn mehr als 10.000 Euro beträgt. Der Antrag muss für jeden Betrieb oder Mitunternehmeranteil für jeden Veranlagungszeitraum gesondert gestellt werden. Der Antrag kann sich auf den gesamten (anteiligen) Gewinn beziehen oder lediglich auf Teile davon.

Hinweis

Wenn Sie beispielsweise für spätere Investitionen den gesamten Gewinn thesaurieren wollen, sollten Sie unbedingt mit Ihrem Steuerberater sprechen. Bereits vor dem Gespräch sollten Sie sich selbst darüber klar werden, ob Sie Steuerzahlungen oder Steuervorauszahlungen aus privaten Mitteln leisten können werden. Nur dann nämlich entfaltet die Thesaurierungsrücklage ihre volle Steuersparwirkung.

Sollten sich die Präferenzen ändern oder finanzielle Belastungen auf den Gesellschafter zukommen, kann er bis zur Unanfechtbarkeit des Einkommensteuerbescheids für den nächsten Veranlagungszeitraum den Antrag ganz oder teilweise zurücknehmen ((§ 34a Abs. 1 Satz 4). Der Einkommensteuerbescheid wird dann entsprechend geändert.

Hinweis

Einnahmen-Überschuss-Rechner, also Kleingewerbetreibende, dürfen keine Thesaurierungsrücklage bilden. Nur derjenige, der seinen Gewinn durch Betriebsvermögensvergleich ermittelt, hat das Recht dazu.

Werden die Gewinne entnommen, müssen sie mit einem pauschalen Steuersatz i. H. v. 25 % nachversteuert werden.

Steuerlich entlastet wird nur der nicht entnommene Gewinn. Nur er kann in die „Begünstigungsrücklage" eingestellt werden. Nach § 34a Abs. 2 EStG ist der nicht entnommene Gewinn (Begünstigungsbetrag) des Betriebs oder Mitunternehmeranteils der Gewinn, der nach § 4 Abs. 1 S. 1 oder § 5 EStG ermittelt wird, vermindert um den positiven Saldo der Entnahmen und Einlagen des Wirtschaftsjahres.

Ermittlung des Begünstigungsbetrags (= nicht entnommener Gewinn):

Steuerbilanzergebnis

+/- Ergebnis Ergänzungsbilanz

+/- Ergebnis Sonderbilanz

= Gewinn im Sinn der §§ 4 Abs. 1 und 5 Abs. 1 EStG

- Positiver Saldo (Entnahmen - Einlagen)

= Nicht entnommener Gewinn (Begünstigungsbetrag, § 34a EStG)

Am Ende eines jeden Jahres (steuerlich: Veranlagungszeitraum) ist der möglicherweise nachversteuerungspflichtige Gewinn des Betriebs oder der Mitunternehmerschaft für jeden Betrieb oder jeden Mitunternehmeranteil gesondert festzustellen (§ 34a Abs. 3 EStG).

Der nachversteuerungspflichtige Betrag des Betriebs oder Mitunternehmeranteils zum Ende des Veranlagungszeitraums errechnet sich aus dem Begünstigungsbetrag des Veranlagungszeitraums, vermindert um die darauf entfallende Steuerbelastung nach § 34a Abs. 1 EStG und den darauf entfallenden Solidaritätszuschlag, vermehrt um den nachversteuerungspflichtigen Betrag des Vorjahrs und den auf diesen Betrieb oder Mitunternehmeranteil nach § 34a Abs. 5 EStG übertragenen nachversteuerungspflichtigen Betrag, vermindert um den Nachversteuerungsbetrag im Sinne des § 34a Abs. 4 EStG und den auf einen anderen Betrieb oder Mitunternehmeranteil nach § 34a Abs. 5 EStG übertragenen nachversteuerungspflichtigen Betrag.

Ermittlung des nachzuversteuernden Gewinns:

Begünstigungsbetrag des Veranlagungszeitraums

-	Steuerbelastung in Höhe von 28,25 % zzgl. Solidaritätszuschlag
+	nachversteuerungspflichtiger Betrag des Vorjahrs
-	bereits festgesetzte Nachsteuer
+	nachversteuerungspflichtiger Betrag aus Wirtschaftsgut-Übertragungen auf diesen Betrieb
-	nachversteuerungspflichtiger Betrag aus Wirtschaftsgut-Übertragungen auf anderen Betrieb
-	Beträge, die für die Erbschaft- oder Schenkungsteuer anlässlich der Übertragung des Betriebs oder Mitunternehmeranteils entnommen wurden
=	Nachversteuerungspflichtiger Betrag

Werden die begünstigten Gewinne in einem späteren Wirtschaftsjahr entnommen, ist eine Nachversteuerung mit einem Steuersatz von 25 % (zuzüglich des Solidaritätszuschlags und der möglichen Kirchensteuer) durchzuführen.

Ein Gewinn ist immer nachzuversteuern, wenn der Saldo aus Entnahmen und Einlagen die Gewinne des laufenden Jahres übersteigt, also negativ ist.

Des Weiteren ist immer dann Nachversteuerung vorzunehmen, wenn der Betrieb

- verkauft oder aufgegeben wird,
- in eine Kapitalgesellschaft oder eine Genossenschaft eingebracht oder umgewandelt wird,

- den Gewinn nicht mehr nach § 4 Abs. 1 Satz 1 oder § 5 ermittelt,
- der Gesellschafter einen entsprechenden Antrag stellt oder
- verstirbt.

Verluste dürfen nicht mit dem Gewinn aus der Thesaurierungsrücklage ausgeglichen werden. Insoweit kann also der Verlust auch nicht zurückgetragen werden.

Der Grund für die Differenzierung ist, dass der entnommene begünstigte Gewinn mit 25 % nachzuversteuern ist, unabhängig von der Höhe des persönlichen Steuersatzes.

Hinweis

Ist absehbar, dass Ihr persönlicher Steuersatz in den kommenden Jahren unter 25 % liegen wird – was bei einem Existenzgründer, der sonst keine weiteren Einkommensquellen hat, durchaus der Fall sein kann – sollten Sie Abstand nehmen von einer Thesaurierungsrücklage.

Entnahmen sind alle Geldmittel, die der Gesellschafter nicht mehr im Unternehmen belässt. Auch Entnahmen für Steuerzahlungen oder Steuervorauszahlungen reduzieren den Begünstigungsbetrag im jeweiligen Veranlagungszeitraum. Bei der Berechnung der Einkommensteuer-Vorauszahlungen bleibt die Steuerermäßigung nach § 34a EStG außer Ansatz, § 37 Abs. 3 Satz 5 EStG. Es gibt es folgende weitere Besonderheiten:

1. Entnahmen, mit denen der Gesellschafter Erbschaft- und Schenkungsteuer bezahlt, führen im Jahr der Entnahme für den Teil nicht zur Nachversteuerung, der auf das übertragene Unternehmen entfällt.

2. Die Gewerbesteuer ist keine Betriebsausgabe und folglich nicht mehr abzugsfähig. Der Betrag, der in die Begünstigungsrücklage eingestellt werden darf, ist um die Gewerbesteuer zu reduzieren. Die Gewerbesteuer wird also wie eine „Quasi-Entnahme" gesehen.

Steuerfreie Einkünfte im laufenden Wirtschaftsjahr gelten als vorrangig entnommen. Damit ist das Volumen der Thesaurierungsbegünstigung entsprechend höher und es wird eine (falsche, weil systemwidrige) Nachversteuerung (der eigentlich steuerfreien Einkünfte) vermieden.

Nachzuversteuern ist immer der Betrag, der sich ergibt, wenn der positive Saldo aus Entnahmen und Einlagen eines Wirtschaftsjahrs den in diesem Zeitraum erzielten Gewinn übersteigt.

Steuerbelastungsvergleich Thesaurierung – Vollentnahme

		Thesaurierung	**Vollentnahme**
Gesellschaftsebene		Einheiten	Einheiten
	Gewinn vor (Gewerbe-)Steuern	100,00	100,00
	./. Gewerbesteuer (Hebesatz 400 %)	14,00	14,00
	Gewinn nach (Gewerbe-)Steuer	86,00	86,00
Gesellschafterebene			
	gewerbliche Einkünfte	100,00	100,00
	Einkommensteuer gewerbliche Gewinne (42 %*)	-	42,00
	Einkommensteuer thesaurierte Gewinne (28,25 %)	28,25	-
	Anrechnung Gewerbesteuer (Faktor 3,8)	./. 13,30	./. 13,30

		Thesaurierung	Vollentnahme
	./. möglicher Solidaritätszuschlag (5,5 %)	0,82	1,58
Nettozufluss beim Gesellschafter ohne Solidaritätszuschlag		**71,05**	**71,30**
Nettozufluss beim Gesellschafter mit Solidaritätszuschlag		**70,23**	**69,72**
Gesamtsteuerbelastung ohne Solidaritätszuschlag (auch in %)		**28,95**	**28,70**
Gesamtsteuerbelastung mit Solidaritätszuschlag (auch in %)		**29,77**	**44,28**

* Reichensteuer (45 %) nicht berücksichtigt

Investitionsabzugsbetrag

Unternehmen, deren Betriebsvermögen höchstens 235.000 Euro beträgt, dürfen 50 % der zukünftigen Anschaffungskosten für bewegliche Wirtschaftsgüter in eine steuerfreie Rücklage einstellen (Investitionsabzugsbetrag gem. § 7g Abs. 1 EStG). Einnahmen-Überschussrechner dürfen höchstens einen Gewinn in Höhe von 200.000 Euro erwirtschaften, wenn sie einen Investitionsabzugsbetrag bilden wollen (§ 7g Abs. 1 Nr. 1b EStG).

Die Obergrenze der Rücklage ist 200.000 Euro (§ 7g Abs. 1 Satz 4 EStG).

Positiv ist, dass mit dem Investitionsabzugsbetrag nicht mehr nur die Anschaffung von „ganz neuen“ Wirtschaftsgütern gefördert wird. Auch der Kauf gebrauchter Wirtschaftsgüter kann „angespart“ werden. Das entsprechende Wirtschaftsgut muss, wenn es angeschafft worden ist, aktiviert und zu mindestens 90 % betrieblich genutzt werden.

Die Investition muss innerhalb von drei Jahren erfolgen, nachdem der Investitionsabzugsbetrag gebildet worden ist. Allerdings wurden die Anforderungen an die genaue Definition der geplanten Investitionen deutlich heruntergeschraubt. Die geplanten Investitionen müssen nur nach ihrer Funktion bezeichnet werden. Wird dann nicht das eigentlich geplante neue, aber ein funktionsgleiches gebrauchtes Wirtschaftsgut angeschafft, gelten die Bedingungen für den Investitionsabzugsbetrag dennoch als erfüllt – er muss nicht aufgelöst werden.

Hinweis

Wird die geplante Investition nicht durchgeführt, muss der Investitionsabzugsbetrag rückgängig gemacht werden. Der Investitionsabzugsbetrag kann also nicht (mehr) zur „Gewinnverschiebung" in die Zukunft benutzt werden. Der Investitionsabzugsbetrag erhöht, nämlich, wenn er aufgelöst wird, den Gewinn des Jahres, in dem er – sozusagen zu Unrecht – gebildet worden ist. Ein bereits vorhandener Steuerbescheid wird dann rückwirkend gem. § 175 AO geändert. Sprechen Sie rechtzeitig, also sobald Sie absehen, dass Sie die geplante Investition nicht werden durchführen können oder wollen, mit Ihrem Steuerberater, welche steuerlichen Folgen auf Sie zukommen werden.

Überentnahmen / Unterentnahmen

Ursprung für die Regelung mit Über- und Unterentnahmen war die zunehmende Tendenz mit Hilfe des „Zwei-Konten-Modells" Finanzierungskosten für Privatausgaben in die betriebliche Sphäre zu verlagern. Nunmehr wird mit Hilfe eins typisierten Verfahrens der Abzug solcher „eigentlich in den Privatbereich gehörenden" Zinsen verhindert werden (Überentnahmen / Unterentnahmen).

Überentnahmen sind der Betrag, um den die Entnahmen die Summe des Gewinns und der Einlagen des Wirtschaftsjahres übersteigen (§ 4 Abs. 4a EStG). Überentnahmen liegen also vor, wenn ein Gesellschafter einer Personengesellschaft im Wirtschaftsjahr letztendlich mehr entnimmt, als sein Anteil am Erfolg der Gesellschaft ausmacht. Bei Überentnahmen wird ein Teil der für betriebliche Kredite „eigentlich" als Betriebsausgaben abziehbaren Zinsen steuerlich nicht anerkannt und dem Gewinn wieder hinzugerechnet wird.

Überentnahmen werden gesellschafterbezogen ermittelt. Die nicht abziehbaren Schuldzinsen werden typisiert mit 6 % der Überentnahme des Wirtschaftsjahres zuzüglich der Überentnahmen vorangegangener Wirtschaftsjahre und abzüglich der Beträge, um die in den vorangegangenen Wirtschaftsjahren der Gewinn und die Einlagen die Entnahmen überstiegen haben (Unterentnahmen), ermittelt. Bei der Ermittlung der Überentnahme ist vom Gewinn ohne Berücksichtigung der nicht abziehbaren Schuldzinsen auszugehen. Bei Zinsen bis zu einem Gesamtbetrag von 2.050 Euro (= Sockelbetrag) wird von einer Hinzurechnung abgesehen. Dieser Sockelbetrag wird nicht gesellschafter-, sondern nur gesellschaftsbezogen, also für alle Gesellschafter nur einmal, gewährt.

Sind die Entnahmen zu hoch, können auch die Schuldzinsen, die auf die Finanzierung von Umlaufvermögen, etwa den Erwerb eines Warenlagers, entfallen, nur gekürzt abgezogen werden.

Wird ein Sollsaldo, der durch Entnahmen entstanden ist oder sich durch Entnahmen erhöht hat, mit eingehenden Betriebseinnahmen getilgt, liegt im Zeitpunkt der Gutschrift eine Entnahme vor, die bei der Ermittlung der Überentnahmen (§ 4 Abs. 4a EStG) zu berücksichtigen ist.

Die Überentnahmen sind in einem Verlustjahr nicht höher als der Betrag anzusetzen, um den die Entnahmen die Einlagen des Wirtschaftsjahrs übersteigen.

Beispiel: **Überentnahmen:** Im Geschäftsjahr 01 belaufen sich die Entnahmen auf 100.000 Euro, der erwirtschaftete Gewinn beträgt 100.000 Euro. Einlagen wurden in Höhe von 5.000 Euro getätigt. In der Gewinn- und Verlustrechnung werden Schuldzinsen in Höhe von 32.000 Euro ausgewiesen, davon Kreditzinsen für die Anschaffung von Wirtschaftsgütern des Anlagevermögens in Höhe von 27.000 Euro.

Die Überentnahme wird wie folgt berechnet:

Gewinn	100.000 Euro
zuzüglich der Einlage	5.000 Euro
Zwischensumme	105.000 Euro
abzüglich Entnahme	140.000 Euro
= Überentnahme	35.000 Euro

Berechnung der verbleibenden Schuldzinsen

Schuldzinsen	32.000 Euro
abzüglich der betrieblich veranlassten Zinsen	27.000 Euro
zu berücksichtigender Schuldzinsenbetrag	5.000 Euro

Typisierend werden Überentnahmen mit 6% des festgestellten Überentnahmebetrags gewinnerhöhend erfasst, hier also 35.000 Euro x 6 % = 2.100 Euro. Lediglich der um den Sockelbetrag (= 2.050 Euro) verminderte angefallene Schuldzinsenbetrag (hier: 5.000 Euro ./. 2.050 Euro = 2950 Euro) wird dem Gewinn der Personengesellschaft wieder hinzugerechnet.

Als Unterentnahmen definiert § 4 Abs. 4a EStG den Betrag, um den die Gewinne und Einlagen in den vorangegangenen Wirtschaftsjahren die Entnahmen überstiegen haben. Die nicht abziehbaren Schuldzinsen werden typisiert mit 6 % der Überentnahmen des Wirtschaftsjahrs zuzüglich der Überentnahmen vorangegangener Wirtschaftsjahre und abzüglich der Beträge, um die in den vorangegangenen Wirtschaftsjahren der Gewinn und die Einlagen die Entnahmen überstiegen haben (Unterentnahmen), ermittelt.

Obwohl Personengesellschafter mit ihren Gesellschaften keine steuerlich anzuerkennenden Verträge abschließen können, werden Gesellschafterkonten bei Personengesellschaften steuerlich in Eigen- oder Fremdkapital unterschieden. Von der Antwort auf diese Frage hängt insbesondere ab, ob Verluste der Kommanditisten bzw. Schuldzinsen steuerlich abzugsfähig sind.

Hinweis

Sprechen Sie mit Ihrem Steuerberater darüber, wie Sie die Gesellschafterkonten bebuchen wollen oder werden. Denn über die steuerliche Behandlung von Personengesellschafterkonten entscheidet die Einordnung in Eigen- oder Fremdkapitalkonto. Die Abgrenzung richtet sich nicht nach der Kontenbezeichnung. Es entscheidet vielmehr der wirtschaftliche Gehalt. Damit ist zu prüfen, ob Kontenzu- und -abgänge gesellschafts- oder schuldrechtlicher Natur sind. Ein Konto ist beispielsweise dann ein Eigenkapital-Konto, wenn darauf Verlustanteile des Gesellschafters verbucht werden. Der Grund: Darlehensgeber beteiligen sich nicht an Verlusten des Darlehensnehmers. Das Gleiche gilt, wenn das Konto im Fall des Ausscheidens des Gesellschafters oder der Liquidation der Gesellschaft in die Ermittlung des Abfindungsguthabens des Gesellschafters eingeht. Folglich sind andere Konten solche mit Darlehenscharakter. Weitere Unterschiede der Gesellschafterkonten liegen in den Möglichkeiten zur Entnahme und der Verzinsung.

Guthaben, die auf Konten gebucht wurden, von denen Entnahmen getätigt werden können, begründen keinen Anspruch der Gesellschaft auf „Stehenlassen“ der Gewinne.

Im Gegensatz zu den Vollhaftern in einer GbR, OHG oder KG können Kommanditisten die auf sie entfallenden laufenden Verlustanteile nicht unbeschränkt mit anderen Einkünften im Steuerjahr ausgleichen, sondern der Verlust wird zur Verrechnung mit künftigen Gewinnen der KG vorgetragen (§ 15a Abs. 2 EStG).

Hinweis

Je nach Ihrer persönlichen steuerlichen Situation kann es sinnvoll sein, das Verlustausgleichsvolumen zu erhöhen. Dazu dient etwa der Verzicht auf ein Gesellschafterdarlehen oder die „Umwandlung" eines Darlehenskontos in ein Kapitalkonto. Das Zwei-Konten-Modell kennt kein Darlehenskonto und bietet damit ein Höchstmaß an Verlustausgleichspotenzial. Der Nachteil ist, dass gutgeschriebene Vorjahresgewinne mit späteren Verlusten verrechnet werden. Damit wird die Innenhaftung erweitert, obwohl ein Kommanditist keine gesetzliche Nachschusspflicht hat. Hier könnte eventuell ein modifiziertes Vier-Konten-Modell eine Alternative sein.

Im Gesellschaftsvertrag geregelte Entnahmen sind ein Vorabgewinn und auf dem Kapitalkonto des Gesellschafters zu erfassen. Sind Entnahmen im Gesellschaftsvertrag nicht oder nur beschränkt vorgesehen, zum Beispiel nur für laufende Steuern, entsteht dann, wenn der Gesellschafter „unzulässiger Weise" dennoch eine Entnahme tätigt, eine Forderung der Gesellschaft. Damit tangiert eine solche Entnahme das Eigenkapital des Gesellschafters nicht und führt vor allem nicht zu einer Minderung des Kapitalkontos. Die Folge ist, dass das steuerliche Verlustausgleichsvolumen erhalten bleibt. Das Risiko, eine Überentnahme möglicherweise nachversteuern zu müssen, entfällt.

12.1.2 Die Steuerbelastungsbesonderheiten bei Kapitalgesellschaften

Als juristische Person kann eine Kapitalgesellschaft, also Ihre GmbH und auch z. B. die GmbH in einer GmbH & Co. KG, Verträge nicht nur mit „Fremden", sondern auch mit Anteilseignern abschließen. In aller Regel sind diese Verträge – unter der Voraussetzung, dass sie angemessen sind – steuerlich anzuerkennen und die GmbH kann die Gegenleistungen, die sie an die Gesellschafter erbringt, als Betriebsausgabe geltend machen. Umgekehrt muss sie die Gegenleistungen, die sie von den Gesellschaftern erhält, als Betriebseinnahme buchen.

Verdeckte Gewinnausschüttung

Die Definition einer verdeckten Gewinnausschüttung lautet: Eine verdeckte Gewinnausschüttung ist „*... jede Vermögensminderung oder verhinderte Vermögensmehrung bei der GmbH, deren Ursache im Gesellschaftsverhältnis zu suchen ist, die sich auf die Höhe des Einkommens auswirkt und nicht im Zusammenhang mit einer offenen Ausschüttung steht, ...*“.

Übersicht vGA

Verdeckte Gewinnausschüttung	
↓	↓
Vermögensminderung	Verhinderte Vermögensmehrung
↓	↓
außerhalb der ordentlichen Gewinnverteilung	
↓	↓
Grund liegt im Gesellschaftsverhältnis	

Die erste Ebene einer verdeckten Gewinnausschüttung ist der Grund, die zweite die Höhe.

Unabhängig von der Höhe liegt eine verdeckte Gewinnausschüttung immer dann vor, wenn Leistungen der Gesellschaft an die Gesellschafter oder umgekehrt die der Gesellschafter an die Gesellschaft nicht klar und eindeutig bestimmt und bestimmbar sind.

An die steuerliche Anerkennung von Verträgen zwischen Kapitalgesellschaft und Anteilseignern sind strenge Voraussetzungen geknüpft: Ein solcher Vertrag muss

- zivilrechtlich gültig sein,
- im Voraus, möglichst schriftlich (falls nicht zivilrechtlich in der Form vorgeschrieben, empfehlenswert wegen der Beweisbarkeit der Vereinbarungen) vereinbart werden,
- tatsächlich und auch so wie vereinbart durchgeführt werden,
- ernsthaft gemeint sein.

Weiter müssen Leistung und Gegenleistung in einem angemessenen Verhältnis zueinander stehen. Als Maßstab gilt der fremde Dritte.

Wird gegen eine dieser Regeln verstoßen, wird der Vertrag ganz oder teilweise nicht steuerlich anerkannt, die Gegenleistungen der GmbH werden als verdeckte Gewinnausschüttung angesehen.

Die Regeln, wie sie für Sie als GmbH-Gesellschafter gelten, gelten in genau derselben Rigidität auch für Ihre nahen Angehörigen, also beispielsweise Kinder oder Ehepartner, aber auch für Geschäftspartner der Anteilseigner oder Schwester-, Tochter-, Enkel- oder Muttergesellschaften der GmbH.

Beispiele für verdeckte Gewinnausschüttungen gibt es aus nahezu jedem Lebensbereich einer Kapitalgesellschaft und ihrer Gesellschafter. Verdeckte Gewinnausschüttungen werden nicht als Betriebsausgaben anerkannt und dürfen nicht den körperschaftsteuerpflichtigen Gewinn der juristischen Person mindern. Die verdeckten Gewinnausschüttungen werden dem Gewinn wieder hinzugerechnet und mit 15 % Körperschaftsteuer (plus Gewerbesteuer, plus Solidaritätszuschlag) belastet.

Beim Gesellschafter respektive Aktionär gibt es in Bezug auf die Versteuerung keinen Unterschied zwischen verdeckter und offener Gewinnausschüttung: Auch die verdeckten Gewinnausschüttungen sind bei ihm Einkünfte aus Kapitalvermögen (Anteile sind im Privatvermögen), sie unterliegen entweder der Abgeltungsteuer oder dem Teileinkünfteverfahren. Bereits bezahlte Steuern, wie etwa Lohnsteuer bei einer verdeckten Gewinnausschüttung wegen eines zu hohen Gehalts, werden angerechnet.

Halten Sie als Gesellschafter die Anteile in einem Betriebsvermögen, handelt es sich um Einkünfte aus Gewerbebetrieb. Handelt es sich bei dem Betriebsvermögen um ein solches einer Kapitalgesellschaft ist auch die verdeckte Gewinnausschüttung bis auf 5 % steuerfrei (§ 8b Abs. 1 Satz 2 KStG). Voraussetzung: Die Zuwendungen haben das Einkommen der leistenden Kapitalgesellschaft nicht gemindert. Wird bei der leistenden Kapitalgesellschaft eine verdeckte Gewinnausschüttung festgestellt, ist über § 32a KStG (Korrespondenzprinzip) gewährleistet, dass bei der empfangenden Kapitalgesellschaft die Steuerbefreiung nach § 8b KStG verfahrensrechtlich abgesichert ist.

Beispiel: Die A-GmbH verkauft an ihre Allein-Gesellschafterin B-AG ein Grundstück, dessen Verkehrswert 1.000.000 Euro beträgt, zum Buchwert in Höhe von 500 000 Euro. Es liegt eine vGA in Höhe von 500.000 Euro vor. Bei der A-GmbH ist also das Einkommen außerhalb der Bilanz um 500.000 Euro zu erhöhen. Bei der B-AG handelt es sich in derselben Höhe um einen Beteiligungsertrag. Dieser bleibt bei der Ermittlung ihres Einkommens außer Ansatz (§ 8b Abs. 1 KStG).

Aber: Auch bei einer vGA ist § 8b Abs. 5 KStG zu beachten, d. h. 5 % der Bezüge (§ 8b Abs. 1 KStG), sind bei der B-AG außerhalb der Bilanz wieder hinzuzurechnen.

Ausnahme von der Steuerfreiheit: Streubesitzdividenden von inländischen Kapitalgesellschaften aus Beteiligungen an anderen Kapitalgesellschaften sind nicht steuerfrei, wenn die Höhe der unmittelbaren Beteiligung zu Beginn des Kalenderjahres unterhalb von 10 % liegt (§ 8b Abs. 4 KStG). Dies gilt auch für eine verdeckte Gewinnausschüttung.

Unter „Strafe“ gestellt ist die verdeckte Gewinnausschüttung nicht. Für die Kapitalgesellschaft stellt sie lediglich einen verfrühten Vermögensabfluss dar, der finanziert werden muss. Gesellschaftsrechtlich kann es wegen einseitiger verdeckter Gewinnausschüttungen zu Streit zwischen den Gesellschaftern kommen. Es kann sein, dass die nicht bedachten Anteilseigner dem bedachten Gesellschafter gleich gestellt werden wollen.

Die Hauptlast der verdeckten Gewinnausschüttung wird darin gesehen, dass sie auch die Bemessungsgrundlage für den Gewerbeertrag erhöht und somit auf diesen Betrag zusätzlich Gewerbesteuer bezahlt werden muss. Zu beachten ist in diesem Fall auch, dass die Gewerbesteuer keine Betriebsausgabe mehr ist und folglich den (körperschaft-)steuerlichen Gewinn nicht mindert.

Hinweis

Je nach Höhe Ihres persönlichen Steuersatzes kann eine verdeckte Gewinnausschüttung wegen der 25%-igen Abgeltungssteuer unter Umständen für den einzelnen Gesellschafter sogar günstiger sein als die Steuer auf die Transaktion, die mit der Gewinnausschüttung verdeckt werden soll, also z. B. eine Miet- oder Gehaltszahlung. Beraten Sie sich hier mit Ihrem Steuerberater. Sie sollten allerdings die Belange Ihre Mit-Gesellschafter nicht aus den Augen verlieren und hier eine gemeinsam getragene Lösung anstreben.

Umsatzsteuerlich werden verdeckte Gewinnausschüttungen der Kapitalgesellschaft an ihre Gesellschafter wie folgt behandelt:

- gegen zu niedriges* Entgelt: § 1 Abs. 1 Nr. 1 UStG; die Mindestbemessungsgrundlage gemäß § 10 Abs. 5 UStG ist zu beachten
- gegen zu hohes* Entgelt: § 1 Abs. 1 Nr. 1 UStG; Bemessungsgrundlage gemäß § 10 Abs. 1 UStG
- unentgeltlich aus unternehmerischen Gründen: § 3 Abs. 1b Nr. 2 oder Abs. 9a Nr. 1 oder Nr. 2 UStG; Bemessungsgrundlage gemäß § 10 Abs. 4 Nr. 1 oder Nr. 2 UStG
- unentgeltlich aus nicht unternehmerischen Gründen: § 3 Abs. 1b Nr. 2 oder Abs. 9a Nr. 1 oder Nr. 2 UStG; Bemessungsgrundlage gemäß § 10 Abs. 4 Nr. 1 oder Nr. 2 UStG

* Der Komparativ bezieht sich auf das im Fremdvergleich angemessene Entgelt

Verlustverrechnungseinschränkungen (§ 8c KStG)

§ 8c KStG regelt die Folgen der Veräußerung von Unternehmen bzw. Anteilen an Unternehmen, bei denen Verluste entstanden sind. Die Verlustübernahme wird eingeschränkt bzw. ganz ausgeschlossen, wenn mehr als 25 % bzw. mehr als 50 % der Anteile veräußert werden.

Der Kauf einer Beteiligung an einer Kapitalgesellschaft oder die Anteilsübertragung im Rahmen einer Umstrukturierung kann somit zu einem erheblichen Steuerschaden der Gesellschaft führen (schädlicher Beteiligungserwerb).

Beispiel: (Fall des FG Hamburg):

Eine Gesellschaft erwirtschaftet erst im dritten Jahr ihrer Tätigkeit einen Gewinn. Dieser Gewinn wäre steuerfrei, würden die Verluste aus den ersten beiden Geschäftsjahren gegengerechnet. Weil aber einer der beiden Gesellschafter ausgestiegen war, gingen die auf seinen Anteil (48 %) entfallenden Verluste nach § 8c Satz 1 KStG verloren – mit der Folge, dass die Gesellschaft Steuerbescheide über zusammen rund 100.000 Euro erhält.

Hinweis

Die in § 8c KStG vorgesehene Versagung der Verlustverrechnung im Fall eines Gesellschafterwechsels sei verfassungswidrig (Beschluss des FG Hamburg vom 04.04.2011 – 2 K 33/10). Sie verstoße gegen den Gleichheitssatz und das in ihm begründete Prinzip der Besteuerung nach der wirtschaftlichen Leistungsfähigkeit. Auch das Bundesverfassungsgericht (vom 29.3.2017 – 2 BvL 6/11) befand: Die Regelung in § 8c Satz 1 KStG, wonach der Verlustvortrag einer Kapitalgesellschaft anteilig wegfällt, wenn innerhalb von fünf Jahren mehr als 25 % und bis zu 50 % der Anteile übertragen werden (schädlicher Beteiligungserwerb), ist mit dem allgemeinen Gleichheitssatz (Art. 3 Abs. 1 GG) unvereinbar. Gleiches gilt für die wortlautidentische Regelung in § 8c Abs. 1 Satz 1 KStG in ihrer bis 31.12.2015 geltenden Fassung. Der Grund: Es fehle ein sachlich einleuchtender Grund für die Ungleichbehandlung von Kapitalgesellschaften bei der Bestimmung ihrer steuerpflichtigen Einkünfte im Fall eines sogenannten schädlichen Beteiligungserwerbs. Die Folge: Der Gesetzgeber musste bis 31.12.2018 rückwirkend für die Zeit vom 01.01.2008 bis 31.12.2015 eine Neuregelung treffen. Das hat der Gesetzgeber mit dem neu eingefügten § 8c Abs. 1a KStG getan.

Ein bei der Gesellschaft bestehender nicht genutzter Verlust in Höhe der zum Zeitpunkt des schädlichen Beteiligungserwerbs vorhandenen stillen Reserven des inländischen Betriebsvermögens kann abgezogen werden (§ 8c Abs. 1 Satz 6, § 8a Abs. 1 Satz 3 KStG). Als stille Reserve wird hier der Unterschiedsbetrag zwischen dem steuerlichen Eigenkapital und dem auf dieses Eigenkapital jeweils entfallenden gemeinen Wert der Anteile an der Kapitalgesellschaft gesehen. Es ist jedoch nur der Betrag des Unterschiedsbetrags zu berücksichtigen, der auf steuerpflichtige stille Reserven des inländischen Betriebsvermögens entfällt (§ 8c Abs. 1 Satz 7 KStG).

Hinweis

Erfolgt ein Beteiligungserwerb, um die Kapitalgesellschaft zu sanieren, entfallen diese Einschränkungen (§ 8a Abs. 1a KStG). Sanierung ist eine Maßnahme, die darauf gerichtet ist, die Zahlungsunfähigkeit oder Überschuldung zu verhindern oder zu beseitigen und zugleich die wesentlichen Betriebsstrukturen zu erhalten. Da viele neu gegründete Unternehmen in den ersten drei Jahren ihres „Lebens“ in Schwierigkeiten geraten, sollten Sie hier unbedingt das Gespräch mit Ihrem Steuerberater suchen, um eine möglichst günstige steuerliche Regelung für sanierende Investoren zu finden.

12.1.3 Vergleiche der steuerlichen Belastung

„Eigentlich“ sollten sich die Steuerbelastungen von Unternehmen, gleichgültig, welche Rechtsform das jeweilige Unternehmen hat, nicht unterscheiden. Diese Absicht ist dem Gesetzgeber – teils unter erheblicher Komplizierung der Steuergesetze – auch weitgehend, aber eben nicht vollständig gelungen. Es hängt also immer von dem „genauen Wie“ im individuellen Fall ab, wie hoch die Steuerbelastung konkret ist.

Vergleich Personenunternehmen zu Kapitalgesellschaften

Bei einem unterstellten Gewerbesteuer-Hebesatz von 400% stellt sich die steuerliche Situation auf Unternehmens- und Unternehmerebene wie folgt dar:

Einzelunternehmen und Personengesellschaften		Kapitalgesellschaften	
Gewinn vor Steuern	100,00	Gewinn vor Steuern	100,00
Gewerbesteuer (100 x 3,5 % x 400 %)	14,00	Gewerbesteuer (100 x 3,5 % x 400 %)	14,00
= Gewinn nach Gewerbesteuer	86,00	Gewinn nach Gewerbesteuer	86,00

Einzelunternehmen und Personengesellschaften		Kapitalgesellschaften	
Thesaurierungssteuersatz (100 x 28,25 %)	28,25	Körperschaftsteuer (100 x 15 %)	15,00
plus Gewerbesteueranrechnung (380%)	13,30	–	
Möglicher Solidaritätszuschlag (14,95 x 5,5 %)	0,82	Solidaritätszuschlag (15,00 x 5,5 %)	0,83
		= Gewinn nach Steuern	70,17
Steuerbelastung Einzel- oder Personenunternehmen	29,77	Steuerbelastung Kapitalgesellschaft	29,83
Entnahme begünstigter Gewinn	70,23	Ausschüttung/Dividende	70,17
Pauschale Nachversteuerung (25 %)	17,56	darauf Abgeltungsteuer (25 % auf 70,17)	17,54
Möglicher Solidaritätszuschlag (5,5 % von 17,56)	0,97	Solidaritätszuschlag (5 % von 17,54)	0,96
Einkünfte nach Steuern	51,70	Gesellschafter-Einkünfte nach Steuern	51,67
Steuerbelastung insgesamt	**48,30**	**Steuerbelastung insgesamt**	**48,33**

Hinweis

Abstrahiert man von der rechtlichen Trennung zwischen Gesellschafts- und Gesellschafterebene bei Kapitalgesellschaften und zieht beide Ebenen mit ein in die Betrachtung, haben sich die steuerlichen Belastungen sehr weit „angenähert“: Es dürfte sich also kaum lohnen, „nur wegen der Steuer“ die eine oder die andere Rechtsform zu präferieren.

Vergleich GmbH und GmbH & Co. KG

Da bei der Rechtsformwahl neben den steuerlichen Gesichtspunkten häufig auch der Wunsch nach Haftungsbeschränkung im Vordergrund steht, werden hier die beiden Rechtsformen, nämlich die GmbH (= Kapitalgesellschaft) und die GmbH & Co. KG (Personengesellschaft mit haftungsbeschränkter Vollhafterin), die dem Wunsch auf Haftungsbeschränkung vor allem in mittelständischen Unternehmen am nächsten kommen, gesondert vorgestellt.

Vollthesaurierung

Auf der Unternehmensebene scheint – der Gewerbesteuerhebesatz in Höhe von 400 % vorausgesetzt – eine praktisch rechtsformneutrale Besteuerung gelungen.

	GmbH	GmbH & Co. KG
Gewinn vor Steuer	100	100
Gewerbesteuer (400 %)	14	14
Körperschaftsteuer (15 %)	15	-
Einkommensteuer (Vollthesaurierung)*	-	28,25
Gewerbesteueranrechnung (100 x 3,5 x 3,8)	-	-13,30
Solidaritätszuschlag (5,5 %)	0,83	0,82
Gesamt	**29,83**	**29,77**

* Steuer wird aus privaten Mitteln bezahlt

Hinweis

Grundsätzlich muss bei dieser Darstellungsart hinterfragt werden, ob die Gesellschafter der Personengesellschaft überhaupt die Möglichkeit haben, die entstehenden Steuerschulden aus privaten Mitteln zu tilgen. Denn nur dann gilt die „Fast-Identität" der Steuerbelastung zwischen GmbH & GmbH & Co. KG.

Thesaurierung des nicht für Steuerzahlungen benötigten Gewinns

Auf der Unternehmensebene scheint bei der teilweisen Entnahme die GmbH & Co. KG im Nachteil zu sein.

	GmbH	GmbH & Co. KG
Gewinn vor Steuer	100	100
Gewerbesteuer (400 %)	14	14*
Körperschaftsteuer (15 %)	15	-
Einkommensteuer (Vorauszahlung)*	-	31,70
Möglicher Solidaritätszuschlag (Vorauszahlung)*	-	1,74
Summe Entnahmen	-	47,44
Vorabausschüttung	47,44	
Abgeltungsteuer**	11,86	
Begünstigter Gewinn (Thesaurierung)	-	52,56
Einkommensteuer (thesaurierter Gewinn; 52,26 x 28,25 %)	-	14,85
Einkommensteuer (entnommener Gewinn; (47,44 x 45 %***)	-	21,35
Gewerbesteueranrechnung (100 x 3,5 x 3,8)	-	-13,30
Möglicher Solidaritätszuschlag (5,5 %)	0,83	1,26
Gesamt Unternehmensebene	**29,83**	**38,16**
Einbezug der Gesellschafterebene	**42,34**	**38,16**

* Steuer wird aus betrieblichen Mitteln bezahlt und gilt deshalb als nicht thesauriert

** keine Kirchensteuer

*** „Reichensteuer"-Satz als persönlichen Steuersatz angenommen

Hinweis

Es wird also schon allein dann, wenn der Personengesellschafter Gewinne „nur" entnimmt, um die anfallenden Steuern zu bezahlen, deutlich, dass die GmbH & Co. KG auf der Unternehmensebene hier sehr viel stärker belastet ist als die reine GmbH. Dieses Verhältnis verschärft sich weiter, wenn man bedenkt, dass bei der GmbH z. B. das Geschäftsführungsentgelt des Gesellschafter-Geschäftsführers als Betriebsausgabe gilt, während der Unternehmerlohn bei einer Personengesellschaft oder einem Einzelunternehmen als Entnahme (Vorabgewinn) gilt.

Wird die Gesellschafterebene mit hinzugerechnet, scheint sich das Blatt zu wenden. Denn nunmehr ist in der Gesamtschau die GmbH stärker belastet als die GmbH & Co. KG. Allerdings muss hier beachtet werden, dass der GmbH-Gesellschafter die Ausschüttung abzüglich der Abgeltungsteuer auch tatsächlich vereinnahmen kann, während der Gesellschafter der GmbH & Co. KG dies nicht tun kann, da er damit die Steuern bezahlt.

Die Höhe des persönlichen Steuersatzes beeinflusst natürlich ebenfalls die gesamte steuerliche Belastung bei der GmbH & Co. KG. Werden die Steuern aus betrieblichen Mitteln bezahlt und ein Gewerbesteuerhebesatz von 400 % unterstellt, ergibt sich folgende Gesamtsteuerbelastung in Abhängigkeit vom persönlichen Steuersatz:

Persönlicher Steuersatz	Gesamtsteuerbelastung
30 %	31,16 %
35 %	32,40 %
40 %	35,00 %
45 %	38,16 %

Hinweis

Unter den genannten Bedingungen ist bei persönlichen Steuersätzen von rund 30 % und mehr auf Unternehmensebene die GmbH steuerlich günstiger.

Vollausschüttung / vollständige Entnahme

Bei der Vollausschüttung respektive vollständigen Entnahme ist die gesamte Steuerbelastung praktisch gleich.

	GmbH	GmbH & Co. KG
Gewinn vor Steuer	100	100
Gewinn vor Steuer	100	100
Gewerbesteuer (400 %)	14	14
Körperschaftsteuer (15 %)	15	-
Einkommensteuer (45 %)**	-	45,00
Gewerbesteueranrechnung (100 x 3,5 x 3,8)	-	-13,30
(Möglicher) Solidaritätszuschlag (5,5 %)	0,83	1,74
Zwischensumme (Unternehmensebene)	**29,83**	**47,44**
Ausschüttungsfähiger Gewinn	**70,17**	**-**
Abgeltungsteuer* (25 %)	17,54	-
Solidaritätszuschlag (5,5 %)	0,96	-
Gesamtbelastung	48,33	47,44
Möglicher Solidaritätszuschlag (5,5 %)	0,83	1,26
Gesamt Unternehmensebene	29,83	38,16
Einbezug der Gesellschafterebene	**42,34**	**38,16**

* keine Kirchensteuer

** „Reichensteuer"-Satz als persönlichen Steuersatz angenommen

Auch hier beeinflusst die Höhe des persönlichen Steuersatzes die gesamte steuerliche Belastung bei der GmbH & Co. KG. Bei vollständiger Entnahme und einem unterstellten Gewerbesteuerhebesatz von 400 %, ergibt sich folgende Gesamtsteuerbelastung in Abhängigkeit vom persönlichen Steuersatz:

Persönlicher Steuersatz	Gesamtsteuerbelastung
30 %	31,62 %
35 %	36,89 %
40 %	2,17 %
45 %	47,44 %

Hinweis

Unter den genannten Bedingungen (u.a. Spitzensteuersatz) erscheint die GmbH & Co. KG – wenn auch nur im geringen Umfang – steuerlich günstiger als die reine GmbH. Es zeigt sich aber auch: Je geringer der persönliche Steuersatz, desto geringer ist die Gesamtsteuerbelastung bei Entnahme des vollständigen Gewinns bei der GmbH & Co. KG, desto größer ist ihr steuerlicher Vorteil gegenüber der reinen GmbH.

Allerdings darf auch hier nicht vergessen werden, dass bei der GmbH % Co. KG der Unternehmerlohn als Entnahme gilt.

Nachversteuerung des thesaurierten Gewinns

Im vorigen Beispiel wurde praktisch „stillschweigend" unterstellt, dass Gewinnerzielung und Entnahme im selben Wirtschaftsjahr respektive Veranlagungszeitraum anfallen. Wenn dies nicht der Fall ist, muss – falls nicht ohnehin von vornherein auf die Thesaurierungsbegünstigung verzichtet wird – der thesaurierte Gewinn bei der GmbH & Co. KG nachversteuert werden. Für eine reine GmbH ist es gleichgültig, wann der Gewinn ausgeschüttet wird.

Der Nachversteuerungssatz beträgt fix 25 %, weshalb der persönliche Steuersatz des Gesellschafters ohne Belang ist.

Gesellschafter-Geschäftsführer-Entgelt und Unternehmerlohn

Bei einem angenommenen Gewinn in Höhe von 100 und einem Gesellschafter-Geschäftsführerentgelt respektive einem Unternehmerlohn in

Höhe von ebenfalls 100 (Gewerbesteuerhebesatz 400 % unterstellt) ist die GmbH & Co. KG in der Gesamtbetrachtung durchgängig – wenn auch nur geringfügig – steuerlich vorteilhafter als die reine GmbH. Der Grund liegt in der Anrechenbarkeit der Gewerbesteuer auf die persönliche Einkommensteuer. Bei der reinen GmbH muss der Gesellschafter-Geschäftsführer sein Entgelt voll mit dem persönlichen Satz versteuern.

Persönlicher Steuersatz	Gesamtsteuer-belastung GmbH	Gesamtsteuer-belastung GmbH & Co. KG	Vorteil GmbH & Co. KG
30 %	61,48 %	60,71 %	0,77
35 %	66,75 %	64,80 %	1,95
40 %	72,03 %	70,00 %	2,03
45 %	77,30 %	76,31 %	0,99

12.1.4 Die Option zur Körperschaftsteuer

Am 25.07.2021 wurde das Körperschaftsteuermodernisierungsgesetz verabschiedet (BGBl 2021 I S. 2050). Es tritt zum 01.01.2022 in Kraft.

Personengesellschaften, also BGB-Gesellschaften, OHG und KG sowie Partnerschaftsgesellschaften, können ab dann Gesellschafts- und Gesellschafterebene trennen, so wie dies bei Kapitalgesellschaften (GmbH, AG …) der Fall ist (§ 1a KStG).

Grob skizziert kann auch bei einer Personenhandelsgesellschaft nicht mehr „nur" der Gesellschafter Steuersubjekt sein, sondern wie bei Kapitalgesellschaften zunächst die Gesellschaft mit 15 % Körperschaftsteuer. Wird danach Gewinn entnommen, wird dieser auf der Gesellschafterebene versteuert.

Mit der Neuregelung soll die Wettbewerbsfähigkeit von kleinen und mittelgroßen (Familien-)Gesellschaften, die als OHG oder KG erfolgreich auf internationalen Märkten tätig sind, verbessert werden. Betroffen sind dabei auch die Besitzgesellschaften in einer Betriebsaufspaltung oder GmbH & Co. KG respektive GmbH & Co. OHG

Des Weiteren wird der persönliche Anwendungsbereich für Umwandlungen im Sinne des Umwandlungssteuergesetzes erweitert und damit weiter globalisiert. Neben Verschmelzungen sollen auch Spaltungen und Formwechsel von Körperschaften mit Bezug zu Drittstaaten, also Staaten außerhalb der EU, steuerneutral möglich sein. So können Umstrukturierungsmaßnahmen steuerneutral durchgeführt werden.

Bei körperschaftsteuerlichen Organschaften wird die Einlagelösung eingeführt. Sie ist einfacher im Vergleich zu den Ausgleichsposten für Mehr- und Minderabführungen.

Verluste aus Währungskursschwankungen im Zusammenhang mit Gesellschafterdarlehen sollen als Betriebsausgabe abgezogen werden können.

Wichtig!

Das Bundesfinanzministerium (BMF) hat relativ zügig den Entwurf eines Schreibens zur Option zur Körperschaftsbesteuerung (§ 1a KStG) veröffentlicht (https://bundesfinanzministerium.de) und den Verbänden zur Stellungnahme weitergeleitet. Wer optieren will, für den ist dieser Entwurf bereits ein erster Leitfaden. Dennoch sollten Sie einen derart weitreichenden Schritt mit – bislang noch unbekannten Fallstricken – nicht ohne den fachkundigen Rat Ihres Steuerberaters unternehmen. Der Antrag auf Option muss bis zum 30.11. des Vorjahres gestellt werden, also z. B. bis zum 30.11.2021 für den Veranlagungszeitraum 2022. Es ist zudem möglich, die Option erstmalig für spätere Veranlagungszeiträume (z. B. ab 2023) auszuüben.

12.2 Inhalt und Form von Rechnungen

Es gibt einige Formalien, die Sie selbst als noch so junger Unternehmer unter keinen Umständen vernachlässigen dürfen. Eine davon betrifft Ihre Organisation, was Rechnungen anbelangt. Neben dem finanziellen Aspekt, dass nur eine „bezahlte Rechnung eine gute Rechnung“ ist, gibt es den auch steuerlichen Aspekt, dass nur eine „richtig gestellte Rechnung eine gute Rechnung" ist.

Wer seine Rechnung nicht richtig stellt, riskiert, dass der Auftragnehmer einige Male nachfragt und – berechtigterweise – Nachbesserungen haben will, bevor er die Rechnung bezahlt. Diesen Zeitraum müssen Sie zwischenfinanzieren. Außerdem gehen Sie das Risiko ein, dass der Schuldner ganz oder teilweise ausfällt. Dann bleiben Sie auf Ihren Forderungen „sitzen".

Wenn Sie Eingangsrechnungen nicht kontrollieren und Fehler oder Versäumnisse nicht umgehend korrigieren lassen, riskieren Sie den möglichen Vorsteuerabzug für Ihre GmbH.

Rechnungsinhalte und –formen sind zwar „nur" im Umsatzsteuergesetz geregelt, gelten „so" aber auch für Ihre gesamte (Finanz-)Buchhaltung.

12.2.1 Die Rechnungsinhalte

Die Formalien, wie eine Rechnung, die zum Vorsteuerabzug berechtigt, auszusehen hat, sind sehr streng. Nach § 14 Abs. 4 UStG muss(!) eine Rechnung folgende Angaben enthalten:

- den vollständigen Namen und die vollständige Anschrift des leistenden Unternehmers und des Leistungsempfängers,
- die dem leistenden Unternehmer vom Finanzamt erteilte Steuernummer oder die ihm vom Bundeszentralamt für Steuern erteilte Umsatzsteuer-Identifikationsnummer,
- das Ausstellungsdatum,
- eine fortlaufende Nummer mit einer oder mehreren Zahlenreihen, die zur Identifizierung der Rechnung vom Rechnungsaussteller einmalig vergeben wird (Rechnungsnummer),
- die Menge und die Art (handelsübliche Bezeichnung) der gelieferten Gegenstände oder den Umfang und die Art der sonstigen Leistung,
- den Zeitpunkt der Lieferung oder sonstigen Leistung; in den Fällen des Absatzes 5 Satz 1 den Zeitpunkt der Vereinnahmung des Ent-

gelts oder eines Teils des Entgelts, sofern der Zeitpunkt der Vereinnahmung feststeht und nicht mit dem Ausstellungsdatum der Rechnung übereinstimmt,

- das nach Steuersätzen und einzelnen Steuerbefreiungen aufgeschlüsselte Entgelt für die Lieferung oder sonstige Leistung (§ 10) sowie jede im Voraus vereinbarte Minderung des Entgelts, sofern sie nicht bereits im Entgelt berücksichtigt ist,
- den anzuwendenden Steuersatz sowie den auf das Entgelt entfallenden Steuerbetrag oder im Fall einer Steuerbefreiung einen Hinweis darauf, dass für die Lieferung oder sonstige Leistung eine Steuerbefreiung gilt,
- in den Fällen des § 14b Abs. 1 Satz 5 einen Hinweis auf die Aufbewahrungspflicht des Leistungsempfängers und
- in den Fällen der Ausstellung der Rechnung durch den Leistungsempfänger oder durch einen von ihm beauftragten Dritten gemäß Absatz 2 Satz 2 die Angabe „Gutschrift".

Bei Rechnungen bis zu 250 Euro, so genannten Kleinbetragsrechnungen – nicht zu verwechseln mit Rechnungen eines Kleinunternehmers! – genügt es laut § 33 UStDV, wenn angegeben wird:

- der vollständigen Name und die vollständige Anschrift des leistenden Unternehmers,
- das Ausstellungsdatum,
- die Menge und die Art der gelieferten Gegenstände oder den Umfang und die Art der sonstigen Leistung und
- das Entgelt und den darauf entfallenden Steuerbetrag für die Lieferung oder sonstige Leistung in einer Summe sowie den anzuwendenden Steuersatz oder im Fall einer Steuerbefreiung einen Hinweis darauf, dass für die Lieferung oder sonstige Leistung eine Steuerbefreiung gilt.

Hinweis

Prüfen Sie Ausgangs-, aber vor allem Eingangsrechnungen darauf, ob sie vollständig und richtig sind. Fehlende Pflichtangaben auf einer Eingangsrechnung führen dazu, dass ein „normaler Unternehmer" die im Rechnungsbetrag enthaltene Umsatzsteuer nicht als Vorsteuer geltend machen kann (§ 15 Abs. 1 Nr. 1 S. 2 UStG).

12.3 Die Grundsätze der Betriebsausgaben

„Betriebsausgabe" ist ein steuerlicher Begriff. In der handelsrechtlichen Gewinn- und Verlustrechnung spricht man von Aufwendungen oder –sofern betrieblich bedingt – von Kosten. Betriebsausgaben gibt es nur bei den Gewinneinkunftsarten, also den „ersten drei", die im Einkommensteuergesetz genannt werden: den Einkünften aus Land- und Forstwirtschaft, den Einkünften aus Gewerbebetrieb und den Einkünften aus selbstständiger Tätigkeit.

Damit ist aus Sicht des Selbstständigen oder Unternehmers praktisch schon alles erklärt: Es gilt nach dem Motto „Wir sparen Steuern, koste es, was es wolle", Betriebsausgaben in möglichst hohem Maße zu generieren. Das Finanzamt hat logischerweise den „Gegenpart" und versucht, nur die Betriebsausgaben anzuerkennen, die es auch tatsächlich Gewinn mindernd anerkennen muss.

Beide Seiten, so darf man sagen, ohne der einen oder anderen Unrecht zu tun, sind äußerst erfindungsreich.

Während Selbstständige und Unternehmer mit hohem Engagement versuchen, Ausgaben, die – je nach Blickwinkel – durchaus auch privat sein könnten, wie etwa Zeitschriften oder Zeitungen, Kleidung, Kunst und Antiquitäten in den betrieblichen Bereich zu verlagern, greift das Finanzamt „gerne" zur „Keule" Steuergestaltungsmissbrauch und überstrapaziert dabei den § 42 Abgabenordnung (AO) gelegentlich.

Aber auch der Gesetzgeber ist in seinen „Gegenfinanzierungsbemühungen“ durchaus erfinderisch: Zunehmend wird das objektive Nettoprinzip verletzt. Gebremst werden können solche Regelungen immer erst durch die Gerichte. Aber das kann dauern.

Wie aber „eigentlich“ immer gilt: Auch beim Betriebsausgabenabzug bleibt vieles dem gesunden Menschenverstand des Unternehmers, seines Steuerberaters und „seines“ Finanzbeamten vorbehalten.

12.3.1 Die Nettoprinzipien

Das subjektive Nettoprinzip gilt „für jeden“. Es stellt das Existenzminimum (2022: 9.984 Euro) steuerfrei, da es kein frei verfügbares Einkommen ist. Das subjektive Nettoprinzip ist ein Verfassungsgebot, das sich unmittelbar aus dem verfassungsrechtlichen Leistungsfähigkeitsprinzip ableitet.

Hinweis

Aufwendungen für die Lebensführung außerhalb des Rahmens von Sonderausgaben und außergewöhnlichen Belastungen mindern nicht die einkommensteuerliche Bemessungsgrundlage. Dies gilt § auch für solche Lebensführungskosten, „die die wirtschaftliche oder gesellschaftliche Stellung des Steuerpflichtigen mit sich bringt, auch wenn sie zur Förderung des Berufs oder der Tätigkeit des Steuerpflichtigen erfolgen“ (§ 12 Nr. 1 Satz 2 EStG).

„Interessanter“ für Unternehmer ist das objektive Nettoprinzip.

Wer als Unternehmer was in welcher Höhe für sein Unternehmen ausgibt, ist ausschließlich seine Angelegenheit. Anders ausgedrückt: Die Finanzverwaltung darf nicht den „besseren Unternehmer“ geben und darüber entscheiden (wollen), welche (Betriebs-)Ausgaben sinnvoll sind und welche nicht. Voraussetzungen:

- Private Momente spielen keine oder allenfalls eine untergeordnete Bedeutung bei der Entscheidung über die Ausgabe, es liegt also keine Liebhaberei vor.
- Die Ausgaben sind angemessen, halten also einem Fremdvergleich Stand.

Das Nettoprinzip spielt im deutschen Einkommensteuerrecht eine wichtige Rolle. Das Nettoprinzip begrenzt also den – grundsätzlich weiten – Spielraum des Steuergesetzgebers für Gestaltungen. Das deutsche Steuersystem basiert zumindest bei den direkten Steuern und teilweise zumindest auch bei den indirekten Steuern – etwa bei dem dreigeteilten Umsatzsteuersatz – auf dem Grundgedanken der Besteuerung nach der individuellen finanziellen Leistungsfähigkeit. Was der steuerpflichtige Unternehmer also ausgibt, um seine Einkünfte aus Gewerbebetrieb zu erhalten oder zu gewinnen – „frei" nach der Definition der Werbungskosten – müsste „eigentlich", wenn er die oben genannten Bedingungen einhält, uneingeschränkt als Betriebsausgaben anerkannt werden, da diese Ausgaben seine wirtschaftliche Leistungsfähigkeit mindern (objektives Nettoprinzip).

Hinweis

Wo eine Regel ist, da gibt es auch Ausnahmen. So gibt es auch erhebliche Ausnahmen von dem objektiven Nettoprinzip. Nicht alle werden von allen als verfassungskonform angesehen. Grundsätzlich gilt: Ob eine Ausnahme vom objektiven Nettoprinzip verfassungsgemäß ist, bestimmt sich nach Artikel 3 Abs. 1 des Grundgesetzes (GG), dem allgemeinen Gleichheitssatz. Sprechen Sie in Zweifelsfällen mit Ihrem Steuerberater, bevor(!) Sie das Geld ausgeben oder den Vertrag schließen.

Gemischte, also teils betrieblich, teils privat veranlasste Aufwendungen sind dann wenig problembehaftet, wenn sie sich nachvollziehbar in einen betrieblich und einen privat veranlassten Teil aufsplitten lassen. Der Bundesfinanzhof (vom 29.09.2009 – GrS 1/06) hat mit Verweis auf das objektive Nettoprinzip ein vorher jahrzehntelang geltendes Aufteilungsverbot bei gemischter Veranlassung aufgehoben. In bestimmten Fällen kann jetzt also ein beruflich veranlasster Anteil von Aufwendungen bestimmt und abgezogen werden.

Der Aufteilungsmaßstab richtet sich nach Art und Anlass, bei dem die gemischten Aufwendungen entstehen. Beispielsweise kann man bei gemischten Reisen die Aufwendungen nach Zeitanteilen aufteilen. Der private und betriebliche/berufliche Anteil kann, wenn kein anderer Aufteilungsmaßstab vorhanden ist, auch nach Prozentanteilen geschätzt werden. Die Finanzverwaltung lehnt eine Aufteilung ab, wenn bei gemischten Aufwendungen die betrieblichen und privaten Anlässe so verwoben sind, dass keine Trennung möglich ist und damit auch keine Grundlage für eine Schätzung ermittelt werden kann (BMF-Schreiben vom 06.07.2010, IV C 3 – S 2227/07/10003:02, 2010/0522213).

Es ist nicht einfach zu beurteilen, ob bei gemischten Aufwendungen die betrieblichen und privaten Anlässe so ineinandergreifen, dass eine Trennung nicht möglich ist. In folgenden Fällen werden die gemischten Aufwendungen insgesamt nicht zum Betriebsausgabenabzug zugelassen:

- Kosten für den Bezug einer überregionalen Zeitung können trotz des Bezugs einer regionalen Zeitung nicht, auch nicht teilweise, als Betriebsausgaben abgezogen werden
- Aufwendungen für Sicherheitsmaßnahmen zum Schutz von Leben, Gesundheit, Freiheit und Vermögen
- Aufwendungen eines Ausländers für das Erlernen der deutschen Sprache
- Einbürgerungskosten zum Erwerb der deutschen Staatsangehörigkeit
- Kosten für den Erwerb eines Führerscheins

Hinweis

Gemischte Aufwendungen können nur dann aufgeteilt werden, wenn der betriebliche Anteil der Aufwendungen mindestens 10 % beträgt. Ist dies nicht der Fall unterliegen die gesamten Kosten einem Betriebsausgabenabzugsverbot. Beträgt dagegen der private Anteil lediglich 10 % oder weniger, können alle Aufwendungen als Betriebsausgaben geltend gemacht werden, falls keine anderweitigen gesetzlichen Einschränkungen dagegen stehen.

Bei Auslandsgruppenreisen ist unverändert danach zu entscheiden, ob eine betriebliche Veranlassung vorliegt. Ist die Auslandsgruppenreise zu einem beachtlichen Teil privat mit veranlasst, lässt die Finanzverwaltung den Betriebsausgabenabzug nicht zu.

12.3.2 Die Angemessenheit von Betriebsausgaben

Wenn es um die Frage geht, in welcher Höhe Aufwendungen nach § 4 Abs. 5 Nr. 7 EStG unangemessen und daher nicht als Betriebsausgaben abziehbar sind, kommt es nicht allein auf die absolute Höhe der entstandenen Kosten an. Bei der Prüfung der Angemessenheit ist darauf abzustellen, ob ein ordentlicher und gewissenhafter Unternehmer angesichts der erwarteten Vorteile und Folgekosten die Aufwendungen ebenfalls auf sich genommen hätte.

Neben der Größe des Unternehmens, der Höhe des längerfristigen Umsatzes und der kalkulierten Gewinnauswirkung sind vor allem die Bedeutung des Repräsentationsaufwands für den Geschäftserfolg und seine Üblichkeit maßgebend. Für die Frage, ob die Kosten üblich sind, können als Beurteilungskriterien auch vergleichbare Betriebe herangezogen werden.

Die Angemessenheit von Betriebsausgaben wird nicht nur, aber vor allem geprüft bei der betrieblichen Nutzung von Luxus-Autos, extravaganten Büroeinrichtungen, Luxus-Mobiltelefonen, Bewirtungen, Ehegattenarbeitsverhältnissen und Vergütungen von Kapitalgesellschaften an ihre Gesellschafter.

Die Angemessenheit von Aufwendungen ergibt sich dabei nicht bereits aus dem Umstand, dass ein besonders teures repräsentatives Wirtschaftsgut angeschafft wurde. Vielmehr kann die Höhe der Aufwendungen nur im Rahmen der im Einzelfall zu würdigenden Tatsachen wie Größe des Unternehmens, Bedeutung des Repräsentationsaufwands für den Geschäftserfolg und Umfang und Häufigkeit der Nutzung des Wirtschaftsguts usw. eine Rolle spielen. Schließlich ist auch von Bedeutung, in welchem Maße die Anschaffung des Wirtschaftsguts die private Lebenssphäre des Steuerpflichtigen berührt.

So ist beispielsweise ein Fahrzeug, etwa ein Ferrari, das für den Unternehmer durchgehend horrend hohe Kosten verursacht, weder geeignet noch dazu bestimmt, den Betrieb zu fördern. Zwar ist der Unternehmer grundsätzlich frei in seiner Entscheidung, welche und wie viele Fahrzeuge er für betriebliche Zwecke anschafft. Allerdings obliegt es ihm auch, darzulegen und glaubhaft zu machen, dass es betriebliche und eben keine privaten Gründe waren, das Fahrzeug zu erwerben. Aber auch ein ausschließlich zu betrieblichen Zwecken eingesetztes Oldtimerfahrzeug kann wegen fehlender Angemessenheit als Betriebsausgabe gestrichen werden.

Die angemessenen Anschaffungskosten sind aber als Betriebsausgaben abzugsfähig. Die übrigen (laufenden) Betriebskosten (Kfz-Steuer, Versicherung, Kraftstoff, Reparaturen, Pflege, Garage) müssen anerkannt werden, sofern sie auch für ein angemessenes Fahrzeug anfallen.

Liebhaberei

Bei der Ermittlung des Einkommens für die Zwecke der Einkommensteuer sind nur solche positiven oder negativen Gewinneinkünfte zu berücksichtigen, die unter die Einkunftsarten des § 2 Abs. 1 Nrn. 1 – 3 des Einkommensteuergesetzes (EStG) fallen. Kennzeichnend für diese Einkunftsarten ist, dass die ihnen zugrunde liegenden Tätigkeiten auf eine größere Zahl von Jahren gesehen der Erzielung positiver Einkünfte dienen. Fehlt es an dieser Voraussetzung, so fallen die wirtschaftlichen Ergebnisse auch dann nicht unter eine Einkunftsart, wenn sie sich ihrer Art nach unter § 2 Abs. 1 EStG einordnen ließen. Heißt „übersetzt“: Die Einkünfte – aber auch die dazugehörigen Betriebsausgaben – sind steuerlich irrelevant, weil sie dem privaten Bereich zugeordnet werden.

Liebhaberei ist nicht an eine natürliche Person gebunden. Auch eine GmbH kann folglich steuerliche Liebhaberei betreiben.

Liebhaberei liegt vor, wenn der Steuerpflichtige die Tätigkeit aus privaten Gründen betreibt. Die Vorschrift des § 12 Nr. 1 EStG verweist Liebhaberei-Aktivitäten in den nicht steuerbaren Bereich. Zu genaueren Ergebnissen wird man immer dann kommen, wenn man die Sachverhaltsgestaltung unter dem Gesichtspunkt der Veranlassung untersucht. Persönliche Gründe sind im Sinne des BFH alle einkommensteuerrechtlich unbeachtlichen Motive, z. B. persönlicher Lebenszuschnitt, Befriedigung persönlicher Neigungen, Hobby, Reitsport, Jagd, Segel- und Motorbootsport, Erholung und Freizeitgestaltung, mit dem ausgeübten Beruf des Steuerpflichtigen verbundenes Sozialprestige, um in dem Beruf auf dem Laufenden zu bleiben, um eine sinnvolle Beschäftigung zu haben, der Betrieb (Generationenbetrieb) soll der Familie erhalten bleiben, Gehaltszahlungen an nahe Angehörige im Betrieb und Erlangung wirtschaftlicher Vorteile außerhalb der Einkommenssphäre.

Eine große Bedeutung wird in diesem Zusammenhang von der Rechtsprechung der Beantwortung der Frage beigemessen, ob derartige Betriebe mit Gewinnerzielungsabsicht betrieben werden. Bei fehlender Gewinnerzielungsabsicht sind die Gerichte stets von einem Liebhabereibetrieb ausgegangen. Besonders kritisch wird es oft für Steuerpflichtige, die verlustbringende Tätigkeiten im Rahmen einer Nebentätigkeit ausüben und andere positive Einkünfte haben.

Die Gewinnerzielungsabsicht als Merkmal des gewerblichen Unternehmens besteht in dem Bestreben des Unternehmers, eine Vermehrung seines Betriebsvermögens in Gestalt eines Totalgewinns über die Dauer seiner Betriebsinhaberschaft zu erreichen. Ob der Steuerpflichtige sich im beschriebenen Sinne mit Gewinnerzielungsabsicht betätigt hat, ist wiederum Tatfrage. Sie muss anhand objektiver Feststellungen und nicht allein nach den Angaben des Steuerpflichtigen beantwortet werden. Hierbei hat auch die betriebliche Entwicklung, insbesondere eine längere Verlustperiode, ihre Bedeutung. Lässt sich feststellen, dass der Steuerpflichtige die verlustbringende Tätigkeit nur aus im Bereich seiner Lebensführung liegenden persönlichen Gründen und Neigungen ausübt, ist der Schluss gerechtfertigt, dass es sich um eine steuerlich unbeachtliche Betätigung handelt.

Ebenso wie bei den Einkünften aus Gewerbebetrieb ist auch bei den Einkünften aus selbstständiger Arbeit eine Gewinnerzielungsabsicht Voraussetzung für das Vorliegen einer einkommensteuerrechtlich relevanten Tätigkeit. Bei der freiberuflichen Nebentätigkeit ist die Abgrenzung zur Liebhaberei besonders schwierig, weil diese Tätigkeit oftmals eine gewisse Nähe zu privaten Neigungen aufweist und persönlichen Einsatz erfordert.

In der Regel wird deshalb die Frage der Liebhaberei nur dann bedeutsam werden, wenn die geltend gemachten Verluste sich einkommensmindernd und damit steuermindernd auswirken können.

Verluste und Gewinne aus dem Liebhabereibetrieb scheiden für die Einkommensbesteuerung aus. Liebhaberei wird in der Regel nur aus Neigung, zur persönlichen Befriedigung und Erholung, d. h. als „Hobby" ausgeübt. Die mit der Liebhaberei zusammenhängenden Aufwendungen sind Lebenshaltungskosten im Sinne des § 12 EStG und sind nicht als Betriebsausgaben abziehbar. Bei entstandenen Verlusten wird kein Verlustausgleich, kein Verlustvortrag bzw. Verlustrücktrag gewährt. Die Verluste aus Liebhabereibetrieben dürfen sich somit nicht einkommensteuermindernd und steuermindernd auswirken.

Die Frage, ob die unternehmerische oder selbstständige Tätigkeit auf Erzielung positiver Einkünfte gerichtet ist oder ohne Gewinnerzielungsabsicht gearbeitet wird, lässt sich häufig erst nach Ablauf von mehreren Jahren abschließend beurteilen. Verluste in der Anfangsphase lassen häufig noch nicht auf das Fehlen der Gewinnerzielungsabsicht schließen. In einem solchen Fall liegen, bis sichere Anhaltspunkte erkennbar sind, ungewisse Verhältnisse vor. Das zuständige Finanzamt darf die Einkommensteuerveranlagung daher insoweit vorläufig (§ 165 Abs. 1 Abgabenordnung / AO) durchführen. Das Finanzamt kann die vorläufige Steuerfestsetzung mit einer Steuerfestsetzung unter Vorbehalt der Nachprüfung verbinden.

Kommt das Finanzamt in späteren Jahren zur Erkenntnis, dass kein Liebhabereibetrieb vorliegt, wird der Steuerbescheid ohne Änderung für endgültig erklärt bzw. der Vorbehalt der Nachprüfung wird aufgehoben. Entscheidet das Finanzamt jedoch, dass von vornherein ein Liebhabereibetrieb unterhalten wurde, werden die Steuerbescheide rückwirkend geändert. Dies wird in der Regel zu nicht unerheblichen Steuernachzahlungen führen.

Hinweis

Geht die Finanzverwaltung zunächst von Liebhaberei aus, werden die Verluste nicht berücksichtigt. Allerdings ergehen die Steuerbescheide dann ebenfalls vorläufig (§ 165 AO) respektive unter dem Vorbehalt der Nachprüfung (§ 164 AO). Können später die Bedenken der Finanzverwaltung ausgeräumt werden, d. h. kann der Verdacht der Liebhaberei entkräftet werden, muss das Finanzamt die Steuerbescheide der vorausgegangenen Jahre ändern und die Verluste nachträglich berücksichtigen. Dies führt dann in der Regel zu einer nicht unerheblichen Steuererstattung. Sprechen Sie mit Ihrem Steuerberater, wie Sie – beispielsweise durch Umstrukturierung oder Beendigung von nicht lukrativen Geschäftsfeldern – die „Liebhaberei“ aus der Welt schaffen können.

Wegfall der Gewinnerzielungsabsicht

Grundsätzlich gilt die Vermutung, dass ein Unternehmer sich betätigt, um Gewinne zu erzielen. Die Gewinnerzielungsabsicht kann während des Bestehens eines Betriebs wegfallen. Dies hat zur Folge, dass eine einkommensteuerlich relevante Tätigkeit nicht mehr anzunehmen ist. Ab dem Wegfall der Gewinnerzielungsabsicht liegt keine einkommensteuerlich beachtliche Tätigkeit mehr vor.

Ein Indiz für den Wegfall der zunächst vorhandenen Gewinnerzielungsabsicht kann neben Veränderungen auf der objektiven Ebene sein, dass der Steuerpflichtige auf anhaltende Verluste nicht reagiert, d. h. zu Umstrukturierungsmaßnahmen nicht bereit ist.

Zum Zeitpunkt des Wegfalls der Gewinnerzielungsabsicht ist eine (neue) Totalgewinnprognose aufzustellen. Ist diese erstmals negativ, so liegt keine Gewinnerzielungsabsicht mehr vor. Die Folge ist, dass künftige Tätigkeiten als Verluste aus Liebhaberei steuerlich nicht berücksichtigungsfähig sind.

Hinweis

Bereits angefallene Verluste können weiterhin steuerlich geltend gemacht werden, sofern sie zu einem Zeitpunkt erzielt wurden, als noch von einer Gewinnerzielungsabsicht auszugehen war.

Die bis zum Zeitpunkt des Übergangs zur Liebhaberei entstandenen stillen Reserven müssen für eine spätere Besteuerung festgehalten werden („eingefrorenes Betriebsvermögen“). Durch geeignete Maßnahmen, die sowohl für den Unternehmer als auch für die Verwaltung zumutbar sind, ist dafür zu sorgen, dass die bei der Umqualifizierung des Betriebs in einen Liebhabereibetrieb vorhandenen stillen Reserven festgehalten und bei einem späteren gewinnrealisierenden Vorgang aufgelöst und besteuert werden können. Die realisierten festgeschriebenen stillen Reserven sind als nachträgliche Einkünfte aus Gewerbebetrieb zu verstehen.

Wird eine ursprünglich mit Gewinnerzielungsabsicht betriebene Tätigkeit später als Liebhaberei beurteilt, weil die Gewinnerzielungsabsicht weggefallen ist, so führt der Übergang zur Liebhaberei nicht zur Betriebsaufgabe. Solange der Unternehmer nicht ausdrücklich die Betriebsaufgabe erklärt, wird zu diesem Zeitpunkt daher nicht das Betriebsvermögen unter Auflösung der stillen Reserven in das Privatvermögen überführt.

Die willkürliche Beschränkung von Betriebsausgaben

Nach handelsrechtlichen Vorschriften dürfen grundsätzlich alle nützlichen Aufwendungen den Gewinn mindern. Zu diesen „nützlichen Aufwendungen" gehören auch die Aufwendungen, die steuerlich nicht abzugsfähig sind. Hierbei handelt es sich um Aufwendungen, die durch den Betrieb veranlasst sind. Ausnahmen bestehen nur bei Aufwendungen, die der Privatsphäre des Unternehmers / eines Unternehmens zugeordnet werden können. Diese mindern nicht den Handelsbilanzgewinn.

Was in der Handelsbilanz steht, muss in die Steuerbilanz, aber kein Grundsatz ohne Ausnahme. Auf Grund der Maßgeblichkeit der Handelsbilanz für die Steuerbilanz, sind alle Aufwendungen zuerst einmal zu übernehmen (§ 5 Abs. 1 Satz 1 EStG). Bei besonderen Aufwendungen schließt sich das Steuerrecht nicht dem Handelsrecht an – hier wird der Maßgeblichkeitsgrundsatz durchbrochen. Obwohl handelsrechtlich eine Gewinnminderung möglich ist, schränkt das Steuerrecht die Abzugsmöglichkeit ein. Der Fiskus verweigert bei bestimmten Aufwendungen entweder ganz oder teilweise den Betriebsausgabenabzug (§ 4 Abs. 5 EStG).

Die Kürzung des Betriebsausgabenabzugs hat nicht nur Auswirkung auf den steuerlichen Gewinn und damit auf die Einkommensteuer bzw. Körperschaftsteuer und Gewerbesteuer, sondern auch teilweise auf die Umsatzsteuer.

Bei den nicht abzugsfähigen Betriebsausgaben erfolgt kein Ausgleich. Diese bleiben für immer vom Betriebsausgabenabzug ausgeschlossen. Aus diesem Grund darf auch in der Handelsbilanz für sie kein Posten für latente Steuern gebildet werden.

Steuerrechtlich sind Betriebsausgaben alle Aufwendungen, die durch den Betrieb veranlasst sind (§ 4 Abs. 4 EStG). Diese Generalregel für den Betriebsausgabenabzug wird aber im nächsten Absatz des § 4 EStG wieder relativiert. Folgende Aufwendungen dürfen den Gewinn nicht oder nicht in voller Höhe mindern, obwohl sie betrieblich veranlasst – und auch für Sie als Gründer, wie etwa die Regelungen bei doppelter Haushaltsführung, Geschäfts- oder Dienstwagen und Bewirtungen – interessant sind:

„1. *Aufwendungen für Geschenke an Personen, die nicht Arbeitnehmer des Steuerpflichtigen sind. Satz 1 gilt nicht, wenn die Anschaffungs- oder Herstellungskosten der dem Empfänger im Wirtschaftsjahr zugewendeten Gegenstände insgesamt 35 Euro nicht übersteigen;*

2. *Aufwendungen für die Bewirtung von Personen aus geschäftlichem Anlass, soweit sie 70 Prozent der Aufwendungen übersteigen, die nach der allgemeinen Verkehrsauffassung als angemessen anzusehen und deren Höhe und betriebliche Veranlassung nachgewiesen sind. Zum Nachweis der Höhe und der betrieblichen Veranlassung der Aufwendungen hat der Steuerpflichtige schriftlich die folgenden Angaben zu machen: Ort, Tag, Teilnehmer und Anlass der Bewirtung sowie Höhe der Aufwendungen. Hat die Bewirtung in einer Gaststätte stattgefunden, so genügen Angaben zu dem Anlass und den Teilnehmern der Bewirtung; die Rechnung über die Bewirtung ist beizufügen;*

3. *Aufwendungen für Einrichtungen des Steuerpflichtigen, soweit sie der Bewirtung, Beherbergung oder Unterhaltung von Personen, die nicht Arbeitnehmer des Steuerpflichtigen sind, dienen (Gästehäuser) und sich außerhalb des Orts eines Betriebs des Steuerpflichtigen befinden;*

4. *Aufwendungen für Jagd oder Fischerei, für Segeljachten oder Motorjachten sowie für ähnliche Zwecke und für die hiermit zusammenhängenden Bewirtungen;*

5. *Mehraufwendungen für die Verpflegung des Steuerpflichtigen. Wird der Steuerpflichtige vorübergehend von seiner Wohnung und dem Mittelpunkt seiner dauerhaft angelegten betrieblichen Tätigkeit entfernt betrieblich tätig, sind die Mehraufwendungen für Verpflegung nach Maßgabe des § 9 Absatz 4a abziehbar;*
6. *Aufwendungen für die Wege des Steuerpflichtigen zwischen Wohnung und Betriebsstätte und für Familienheimfahrten, soweit in den folgenden Sätzen nichts anderes bestimmt ist. Zur Abgeltung dieser Aufwendungen ist § 9 Absatz 1 Satz 3 Nummer 4 Satz 2 bis 6 und Nummer 5 Satz 5 bis 7 und Absatz 2 entsprechend anzuwenden. Bei der Nutzung eines Kraftfahrzeugs dürfen die Aufwendungen in Höhe des positiven Unterschiedsbetrags zwischen 0,03 Prozent des inländischen Listenpreises im Sinne des § 6 Absatz 1 Nummer 4 Satz 2 des Kraftfahrzeugs im Zeitpunkt der Erstzulassung je Kalendermonat für jeden Entfernungskilometer und dem sich nach § 9 Absatz 1 Satz 3 Nummer 4 Satz 2 bis 6 oder Absatz 2 ergebenden Betrag sowie Aufwendungen für Familienheimfahrten in Höhe des positiven Unterschiedsbetrags zwischen 0,002 Prozent des inländischen Listenpreises im Sinne des § 6 Absatz 1 Nummer 4 Satz 2 für jeden Entfernungskilometer und dem sich nach § 9 Absatz 1 Satz 3 Nummer 5 Satz 5 bis 7 oder Absatz 2 ergebenden Betrag den Gewinn nicht mindern; ermittelt der Steuerpflichtige die private Nutzung des Kraftfahrzeugs nach § 6 Absatz 1 Nummer 4 Satz 1 oder Satz 3, treten an die Stelle des mit 0,03 oder 0,002 Prozent des inländischen Listenpreises ermittelten Betrags für Fahrten zwischen Wohnung und Betriebsstätte und für Familienheimfahrten die auf diese Fahrten entfallenden tatsächlichen Aufwendungen; § 6 Absatz 1 Nummer 4 Satz 3 zweiter Halbsatz gilt sinngemäß. 4§ 9 Absatz 1 Satz 3 Nummer 4 Satz 8 und Nummer 5 Satz 9 gilt entsprechend;*

6a. die Mehraufwendungen für eine betrieblich veranlasste doppelte Haushaltsführung, soweit sie die nach § 9 Absatz 1 Satz 3 Nummer 5 Satz 1 bis 4 abziehbaren Beträge und die Mehraufwendungen für betrieblich veranlasste Übernachtungen, soweit sie die nach § 9 Absatz 1 Satz 3 Nummer 5a abziehbaren Beträge übersteigen;

6b. Aufwendungen für ein häusliches Arbeitszimmer sowie die Kosten der Ausstattung. Dies gilt nicht, wenn für die betriebliche oder berufliche Tätigkeit kein anderer Arbeitsplatz zur Verfügung steht. In diesem Fall wird die Höhe der abziehbaren Aufwendungen auf 1 250 Euro begrenzt; die Beschränkung der Höhe nach gilt nicht, wenn das Arbeitszimmer den Mittelpunkt der gesamten betrieblichen und beruflichen Betätigung bildet. Liegt kein häusliches Arbeitszimmer vor oder wird auf einen Abzug der Aufwendungen für ein häusliches Arbeitszimmer nach den Sätzen 2 und 3 verzichtet, kann der Steuerpflichtige für jeden Kalendertag, an dem er seine betriebliche oder berufliche Tätigkeit ausschließlich in der häuslichen Wohnung ausübt und keine außerhalb der häuslichen Wohnung belegene Betätigungsstätte aufsucht, für seine gesamte betriebliche und berufliche Betätigung einen Betrag von 5 Euro abziehen, höchstens 600 Euro im Wirtschafts- oder Kalenderjahr;

7. andere als die in den Nummern 1 bis 6 und 6b bezeichneten Aufwendungen, die die Lebensführung des Steuerpflichtigen oder anderer Personen berühren, soweit sie nach allgemeiner Verkehrsauffassung als unangemessen anzusehen sind;

8. Geldbußen, Ordnungsgelder und Verwarnungsgelder, die von einem Gericht oder einer Behörde im Geltungsbereich dieses Gesetzes oder von einem Mitgliedstaat oder von Organen der Europäischen Union festgesetzt wurden sowie damit zusammenhängende Aufwendungen. Dasselbe gilt für Leistungen zur Erfüllung von Auflagen oder Weisungen, die in einem berufsgerichtlichen Verfahren erteilt werden, soweit die Auflagen oder Weisungen nicht lediglich der Wiedergutmachung des durch die Tat verursachten Schadens dienen. Die Rückzahlung von Ausgaben im Sinne der Sätze 1 und 2 darf den Gewinn nicht erhöhen. Das Abzugsverbot für Geldbußen gilt nicht, soweit der wirtschaftliche Vorteil, der durch den Gesetzesverstoß erlangt wurde, abgeschöpft worden ist, wenn die Steuern vom Einkommen und Ertrag, die auf den wirtschaftlichen Vorteil entfallen, nicht abgezogen worden sind; Satz 3 ist insoweit nicht anzuwenden;

8a. Zinsen auf hinterzogene Steuern nach § 235 der Abgabenordnung und Zinsen nach § 233a der Abgabenordnung, soweit diese nach § 235 Absatz 4 der Abgabenordnung auf die Hinterziehungszinsen angerechnet werden;

9. Ausgleichszahlungen, die in den Fällen der §§ 14 und 17 des Körperschaftsteuergesetzes an außenstehende Anteilseigner geleistet werden;

10. die Zuwendung von Vorteilen sowie damit zusammenhängende Aufwendungen, wenn die Zuwendung der Vorteile eine rechtswidrige Handlung darstellt, die den Tatbestand eines Strafgesetzes oder eines Gesetzes verwirklicht, das die Ahndung mit einer Geldbuße zulässt. Gerichte, Staatsanwaltschaften oder Verwaltungsbehörden haben Tatsachen, die sie dienstlich erfahren und die den Verdacht einer Tat im Sinne des Satzes 1 begründen, der Finanzbehörde für Zwecke des Besteuerungsverfahrens und zur Verfolgung von Steuerstraftaten und Steuerordnungswidrigkeiten mitzuteilen. Die Finanzbehörde teilt Tatsachen, die den Verdacht einer Straftat oder einer Ordnungswidrigkeit im Sinne des Satzes 1 begründen, der Staatsanwaltschaft oder der Verwaltungsbehörde mit. Diese unterrichten die Finanzbehörde von dem Ausgang des Verfahrens und den zugrundeliegenden Tatsachen;

11. Aufwendungen, die mit unmittelbaren oder mittelbaren Zuwendungen von nicht einlagefähigen Vorteilen an natürliche oder juristische Personen oder Personengesellschaften zur

Verwendung in Betrieben in tatsächlichem oder wirtschaftlichem Zusammenhang stehen, deren Gewinn nach § 5a Absatz 1 ermittelt wird;

12. *Zuschläge nach § 162 Absatz 4 der Abgabenordnung;*
13. *Jahresbeiträge nach § 12 Absatz 2 des Restrukturierungsfondsgesetzes."*

Die Gewerbesteuer ist keine Betriebsausgabe (§ 4 Abs. 5b EStG). Ebenso wenig die Aufwendungen zur Förderung staatspolitischer Zwecke (§ 10b Absatz 2 EStG). Auch Aufwendungen für eine erstmalige Berufsausbildung oder für ein Erststudium, das zugleich eine Erstausbildung vermittelt, sind keine Betriebsausgaben.

Hinweis

Die nicht abzugsfähigen Betriebsausgaben sind einzeln und getrennt von den sonstigen Betriebsausgaben aufzuzeichnen. Wer diese Pflicht missachtet, riskiert den Betriebsausgabenabzug, sofern die Aufwendungen nicht ohnehin vom Abzug ausgeschlossen.

Diese folgenden Grundsätze gelten also nicht für Betriebsausgaben, die ohnehin nicht abzugsfähig sind (z. B. Geschenke über 35 Euro). Dem Grunde nach brauchen diese Aufwendungen nicht auf Sonderkonten gebucht zu werden. Aber folgende Aufwendungen dürfen den steuerlichen Gewinn nur mindern, wenn sie einzeln und getrennt auf separaten Konten verbucht werden:

- Geschenke bis 35 Euro
- Bewirtungskosten
- Gästehäuser
- Kosten für ein häusliches Arbeitszimmer und der Ausstattung

Ausnahmen bestehen aber für

- Verpflegungsmehraufwendungen bei Geschäftsreisen
- Fahrten zwischen Wohnung und Betriebsstätte
- Mehraufwendungen bei doppelter Haushaltführung
- Geldbußen, Ordnungsgelder und Verwarnungsgelder.
- Zinsen auf hinterzogene Steuern
- Ausgleichszahlungen an außenstehende Anteilseigner
- Bestechungsgelder und Schmiergelder

Es ist nicht erforderlich, für die einzelnen nicht abzugsfähigen Aufwendungen jeweils ein Konto einzurichten. Es reicht aus, wenn für alle nicht abzugsfähigen Aufwendungen, insgesamt ein Konto eingerichtet wird. In diesem Fall muss sich aber aus jeder Buchung die Art der Aufwendung ergeben.

Es reicht nicht aus, wenn Sie die Belege gesondert abheften. Eine Verbuchung muss innerhalb von 10 Tagen erfolgen – in Einzelfällen ausnahmsweise innerhalb eines Monats.

Fehlbuchungen, die sich als offenbare Unrichtigkeit herausstellen (z. B. Schreibfehler bei der Kontierung), sind unschädlich für den steuerlichen Abzug.

Werden die besonderen Aufwendungen nicht auf Sonderkonten, sondern zusammen mit den sonstigen Betriebsausgaben gebucht, liegen grundsätzlich nicht abzugsfähige Betriebsausgaben vor. Fehlbuchungen innerhalb der Sonderkonten, für die besondere Aufzeichnungspflichten gelten, sind unbeachtlich. Diese Fehlbuchung kann jederzeit steuerunschädlich berichtigt werden.

Werden die besonderen Aufzeichnungspflichten nicht beachtet, können die entsprechenden Aufwendungen auch nicht als Betriebsausgaben abgezogen werden. Dieses Abzugsverbot betrifft aber nur Aufwendungen, die auf allgemeinen Konten gebucht werden. Buchungen von Kosten auf den besonderen Konten sind hiervon nicht betroffen.

Die EStG-Vorschriften gelten auch für Kapitalgesellschaften (§ 8 Abs. 1 KStG), sowie zusätzlich noch folgende Einschränkungen:

- Aufwendungen für die Erfüllung von Zwecken, die durch Stiftungsgeschäft, Satzung oder sonstige Verfassung vorgeschrieben sind (§ 10 Nr. 1 KStG).
- die Körperschaftsteuer, Kapitalertragsteuer und der Solidaritätszuschlag; Umsatzsteuer auf Entnahmen oder verdeckte Gewinnausschüttungen; Vorsteuerbeträge auf Aufwendungen, für die das Abzugsverbot des § 4 Abs. 5 Satz 1 Nr. 1 bis 4 und 7 oder Abs. 7 EStG gilt (§ 10 Nr. 2 KStG)
- festgesetzte Geldstrafen oder sonstige Rechtsfolgen mit Strafcharakter (§ 10 Nr. 3 KStG)
- die Hälfte der Vergütungen an Personen, die mit der Überwachung der Geschäftsführung beauftragt sind z. B. Aufsichtsrat, Beirat, Verwaltungsrat (§ 10 Nr. 4 KStG).

Neben der Erhöhung der Einkommen- oder Körperschaftsteuer und Gewerbesteuer kann für die nicht abzugsfähigen Betriebsausgaben auch kein Vorsteuerabzug in Anspruch genommen werden (§ 15 Abs. 1a Nr. 1 UStG). Nur Vorsteuerbeträge, die auf abzugsfähigen Kosten entfallen, sind abzugsfähig.

Besonderheiten von ausgewählten Betriebsausgaben in ABC-Form

Beirats- oder Aufsichtsratsvergütungen

Aufwendungen für die Vergütung an einen Aufsichtsrat oder Beirat können als Betriebsausgaben steuermindernd gebucht werden. Zur Ermittlung der Körperschaftsteuer muss die Hälfte dieser Zahlungen außerhalb der Bilanz dem Gewinn wieder hinzugerechnet werden. Nicht nur die Barvergütungen, sondern auch die Sachbezüge und sonstigen Leistungen sind nur zur Hälfte abzugsfähig, z. B.

- Reisekosten
- geldwerte Vorteil aus der Pkw- oder Immobiliennutzung

- Tagegelder
- Sitzungsgelder

Nicht zu den Kosten für Überwachungsorgane gehören

- Aufwendungen, die dem Aufsichtsratsmitglied tatsächlich entstehen und auch gesondert erstattet werden (BFH vom 12.1.1966, BStBl. III 1966, S. 206).
- Zurverfügungstellung von Personal oder Räumlichkeiten in der Verwaltung.
- gelegentliche Nutzung eines Firmen-Pkws für die Überwachungstätigkeit.
- Unterliegt die Aufsichtsratsvergütung der Umsatzsteuer, ist nur die Hälfte des Nettobetrages (ohne Umsatzsteuer) nicht abzugsfähig. Die Umsatzsteuerbeträge können in voller Höhe als Vorsteuer gebucht werden. Ist die Kapitalgesellschaft nicht oder nur verhältnismäßig zum Vorsteuerabzug berechtigt, gehören auch die Hälfte der nicht abzugsfähigen Vorsteuerbeträge zu den nicht abzugsfähigen Betriebsausgaben.

Bestechungs- und Schmiergelder

Zu Bestechungs- und Schmiergelder gehören neben Geldzahlungen auch Sachzuwendung, um den Empfänger zu einer bestimmten Leistung zu veranlassen. Auch kann es sich um eine Zuwendung handeln, die erst zu einem späteren Zeitpunkt erfolgt, um sich für eine gewisse Leistung erkenntlich zu zeigen bzw. zu bedanken.

Bestechungs- und Schmiergelder (§ 4 Abs. 5 Satz 1 Nr. 10 EStG) sind keine Betriebsausgaben, wenn hiermit objektiv gegen das Straf- oder Ordnungswidrigkeitenrecht verstoßen wird. Es kommt dabei weder auf ein Verschulden des Zuwendenden noch auf die Stellung eines Strafantrags oder auf eine tatsächliche Ahndung an.

Sind die Aufwendungen auch privat mit veranlasst, fallen sie unter das Aufteilungs- und Abzugsverbot (§ 12 EStG).

Hinweis

Stellt das Finanzamt fest, dass Bestechungs- und/oder Schmiergelder gezahlt wurden, muss es hiervon die Staatsanwaltschaft unterrichten. Umgekehrt müssen Gerichte, Staatsanwaltschaften und Verwaltungsbehörden das Finanzamt über derartige Zahlungen informieren. Durch die nicht abzugsfähigen Betriebsausgaben erhöht sich der Gewinn. Für die Steuerbescheide besteht eine Änderungsmöglichkeit nach § 173 AO. Ziehen Sie hier unbedingt Ihren Steuerberater ins Vertrauen, damit mögliche Folgen abgeklärt und gebotene Maßnahmen in die Wege geleitet werden können.

Auch Zahlungen an ausländische Personen dürfen den Gewinn nicht mindern.

Bestechungs- und Schmiergelder führen beim Empfänger immer zu steuerpflichtigen Einnahmen. Im privaten Bereich sind dies sonstige Einkünfte (§ 22 EStG). Im betrieblichen Bereich führen diese Zahlungen zu Betriebseinnahmen.

Umsatzsteuerrechtlich kann die Annahme von Schmiergeldzahlungen zu einem steuerpflichtigen Umsatz nach § 1 Abs. 1 Nr. 1 UStG führen.

Erhält ein GmbH-Geschäftsführer „Schmiergelder" von einem Lieferanten, ist er zivilrechtlich verpflichtet, diese Zahlung an die GmbH herauszugeben (§ 667 BGB, § 88 Abs. 2 Satz 2 AktG, § 113 Abs. 1 HGB). Gegenüber der GmbH ist der Geschäftsführer verpflichtet, deren Vermögensinteressen wahrzunehmen. Dazu gehört auch, die Waren so günstig wie möglich einzukaufen und Lieferantenrabatte in Anspruch zu nehmen. Werden die Vorteile nicht an die GmbH weitergegeben, handelt es sich im Falle eines GmbH-Gesellschafter-Geschäftsführers um eine verdeckte Gewinnausschüttung. Diese besteht in dem Augenblick, in dem sich das Vermögen der Kapitalgesellschaft mindert.

Betriebsveranstaltungen und Tagungen

Betriebsveranstaltungen sind Veranstaltungen, die zwar gesellschaftlichen Charakter haben, aber auf betrieblicher Ebene stattfinden. Bedingung für die steuerliche Anerkennung als Betriebsveranstaltung ist, dass sie allen Betriebsangehörigen offensteht. Eine Abendveranstaltung, die nur Führungskräften offensteht, ist keine Betriebsveranstaltung. Eine Begrenzung der Teilnehmer ist nur dann unschädlich, wenn die Beschränkung des Teilnehmerkreises nicht als eine Bevorzugung bestimmter Arbeitnehmergruppen gesehen werden kann. So können derartige Veranstaltungen auch beschränkt für eine Organisationseinheit (z. B. Abteilung) durchgeführt werden. Bedingung ist jedoch, dass alle Arbeitnehmer dieser Organisationseinheit an der Veranstaltung teilnehmen dürfen.

Die Veranstaltung muss herkömmlich bzw. üblich sein. Ein Indiz dafür ist die Häufigkeit oder die besondere Ausgestaltung. Unter dem Aspekt Häufigkeit kann eine Veranstaltung üblich sein, wenn sie nicht mehr als zweimal im Jahr durchgeführt wird. Die Dauer der einzelnen Veranstaltung ist unerheblich.

Hinweis

Werden mehr als zwei Veranstaltungen durchgeführt, kann der Arbeitgeber wählen, welche der durchgeführten Veranstaltungen als die Üblichen angesehen werden sollen.

Im begründeten Einzelfall können auch einzelne Arbeitnehmer an mehr als zwei Veranstaltungen teilnehmen. So wird es in aller Regel als unschädlich angesehen, wenn beispielsweise der Geschäftsführer mehr als drei Veranstaltungen besucht. Bedingung hier ist auch, dass er diese Veranstaltungen in Erfüllung seiner beruflichen Aufgaben besucht.

Bei üblichen Betriebsveranstaltungen dürfen den Arbeitnehmern nur die üblichen Zuwendungen gewährt werden. Als übliche Zuwendungen gelten hierbei:

- Speisen, Getränke, Tabakwaren und Süßigkeiten,
- Übernachtungs- und Fahrtkosten, auch wenn die Fahrt als solche einen Erlebnischarakter hat,
- Eintrittskarten für kulturelle oder sportliche Veranstaltungen, wenn sich die Betriebsveranstaltung nicht im Besuch einer derartigen Veranstaltung erschöpft. Barzuwendungen können nur dann für die oben aufgeführten Sachzuwendungen als üblich angesehen werden, wenn Sie sicherstellen, dass damit auch die zweckentsprechenden Aufwendungen getätigt werden.
- Geschenke; üblich ist auch die nachträgliche Überreichung der Geschenke an solche Arbeitnehmer, die aus betrieblichen oder persönlichen Gründen nicht an der Betriebsveranstaltung teilnehmen konnten. Barlohn gehört hier jedoch nicht dazu.
- Aufwendungen für den äußeren Rahmen der Veranstaltung. Hierzu gehören Mietaufwendungen für Räume, Musik, Kegelbahn, künstlerische bzw. artistische Darbietungen usw. Bedingung hierbei ist jedoch, dass die Darbietung nicht wesentlicher Zweck der Betriebsveranstaltung ist.

Hinweis

Die Kosten pro Arbeitnehmer dürfen einschließlich Umsatzsteuer 110 Euro je Veranstaltung nicht übersteigen. Aufwendungen für Kinder oder Partner sind in diesen Freibetrag mit einzubeziehen. Wird der Betrag von 110 Euro nicht überschritten, verbleiben die Aufwendungen steuerfreie Annehmlichkeiten. Wird der Freibetrag überschritten, betragen also beispielsweise die Kosten bei einer Feier 120 Euro je Person, müssen also 10 Euro (lohn-)versteuert werden. Der Freibetrag gilt für bis zu zwei Veranstaltungen pro Jahr. Bei Überschreiten kann der Restbetrag mit 25 % pauschalversteuert werden.

Bei anderen, also nicht „üblichen“ Veranstaltungen, die aber immer noch betrieblich veranlasst sein müssen, liegt Sachlohn vor. Die hierauf entfallende Lohnsteuer kann pauschaliert werden (§ 40 Abs. 2 Satz 1 Nr. 2 EStG).

Sind Veranstaltungen „gemischt“, also sowohl betrieblich als auch nicht betrieblich veranlasst, sind die Aufwendungen grundsätzlich aufzuteilen. Die Aufwendungen des Arbeitgebers für die Durchführung der gemischt veranlassten Gesamtveranstaltung sind nur dann kein Arbeitslohn, wenn die Kosten, die dem Teil der Veranstaltung, der betrieblich veranlasst ist, nicht den Freibetrag von 110 Euro überschreiten.

Aufwendungen für Tagungen und Betriebsveranstaltungen sind Betriebsausgaben. Allerdings müssen bestimmte Formalien und Grenzen beachtet werden, die für die weitere steuerliche Behandlung wichtig sind. Neben den üblichen Belegen für die Durchführung einer Tagung werden weitere Belege benötigt:

- Ziel und Absicht der Tagung
- Lückenloses Programm der Tagung
- Die Tagung muss im ganz überwiegenden betrieblichen Interesse erfolgen
- Die Tagung darf keine nennenswerten freizeitgestalterischen Elemente enthalten.

Vor allem bei Tagungen im Ausland stellt sich die Frage, ob eine derartige Veranstaltung eine Veranstaltung darstellt, die im ganz überwiegend betrieblichen Interesse veranstaltet wird. Falls nicht, stellen die Aufwendungen für eine solche Veranstaltung grundsätzlich steuerpflichtigen Sachlohn dar. Die Pauschalierung nach § 40 Abs. 2 EStG ist möglich.

Bewirtungskosten

Eine Bewirtung liegt vor, wenn die Darreichung von Speisen und/oder Getränken bzw. sonstiger Genussmittel eindeutig im Vordergrund steht.

Hierzu gehören auch Aufwendungen, die im engeren Zusammenhang mit der Bewirtung anfallen, wie z. B. Trinkgelder und Garderobengebühren.

Werden neben dieser Bewirtung auch noch andere Leistungen geboten (Varieté, Nachtlokal und Ähnliches) und steht der Gesamtpreis in einem offensichtlichen Missverhältnis zum Wert der verzehrten Speisen/Getränke, sind die gesamten Kosten nicht abzugsfähig (§ 4 Abs. 5 Nr. 7 EStG).

Soweit die Bewirtungskosten wegen Unangemessenheit nicht zu Betriebsausgaben führen, ist auch die gezahlte Umsatzsteuer (§ 15 Abs. 1a Nr. 1 UStG) nicht als Vorsteuer abzugsfähig und unterliegt zusätzlich dem Abzugsverbot als Betriebsausgaben (§ 12 Nr. 3 EStG).

Keine Bewirtung – und damit voller Betriebsausgabenabzug – liegt vor bei:

- Aufmerksamkeiten in geringem Umfang (wie Kaffee, Tee, Gebäck), z. B. anlässlich betrieblicher Besprechungen, wenn es sich hierbei um eine übliche Geste der Höflichkeit handelt;
- Produkt- bzw. Warenverkostungen, z. B. im Herstellungsbetrieb, beim Kunden, beim (Zwischen-)Händler, bei Messeveranstaltungen; hier besteht ein unmittelbarer Zusammenhang mit dem Verkauf der Produkte oder Waren. Voraussetzung für den unbeschränkten Abzug ist, dass nur das zu veräußernde Produkt und ggf. Aufmerksamkeiten (z. B. Brot anlässlich einer Weinprobe) gereicht werden. Diese Aufwendungen können als Werbeaufwand unbeschränkt den Gewinn mindern.

Steuerrechtlich können daher nur Bewirtungskosten berücksichtigt werden

- bei betrieblicher Veranlassung – für Personen, die im engeren und weiteren Sinne zum Betrieb gehören. Hierzu gehört auch die Bewirtung von Arbeitnehmern des bewirtenden Unternehmens.
- aus geschäftlichem Anlass – für Personen, zu denen eine Geschäftsbeziehung besteht oder sich anbahnt. Bei privater Veranlassung

oder Mitveranlassung (Bewirtung in der Wohnung oder Geburtstagsfeier) unterliegen die gesamten Kosten dem Abzugsverbot (§ 12 Nr. 1 Satz 2 EStG). Die Bewirtung von Besuchern des Betriebes, z. B. im Rahmen der Öffentlichkeitsarbeit, ist geschäftlich veranlasst.

- die angemessen sind – hierbei ist die gesamte Veranstaltung und nicht der Aufwand für die einzelne Person zu beurteilen. Der Bundesfinanzhof hat sich zur Frage der Unangemessenheit bisher noch nie allgemeinverbindlich geäußert. Er hat dies immer auf den Einzelfall abgestellt.

Die betriebliche Veranlassung müssen Sie durch schriftliche Angaben zu Ort, Tag, Teilnehmer, Anlass der Bewirtung und den Aufwendungen nachweisen. Bei einer Bewirtung im Lokal können die Aufwendungen anhand der Rechnung nachgewiesen werden. Auf der Rechnung oder in einer Anlage sind Angaben zum Anlass und den Teilnehmern der Bewirtung erforderlich. Bei Rechnungen über 150 Euro (Kleinbetragsrechnung) muss eine vollständige Rechnung im Sinne des § 14 Abs. 4 Umsatzsteuergesetz (UStG) als Nachweis vorgelegt werden.

Angegeben werden müssen

- Name und Anschrift des Lokals
- Tag der Bewirtung
- Rechnungsempfänger. Die Rechnung muss auf den Unternehmer ausgestellt sein (Ausnahme: Kleinbetragsrechnungen bis 150 Euro).
- Art und Umfang der einzelnen Speisen und Getränke
- Entgelt für die einzelnen Speisen und Getränke.

Die Teilnehmer der Bewirtung brauchen lediglich nur mit dem Namen benannt zu werden. Ausnahmen bestehen z. B. bei Bewirtung einer größeren Personenzahl im Rahmen einer Betriebsbesichtigung oder vergleichbaren Anlässen. Hier reichen die Zahl der Teilnehmer und eine Sammelbezeichnung für die Personengruppe aus.

Bei einer geschäftlichen Bewirtung sind nur 70 % der angemessenen und nachgewiesenen Kosten als Betriebsausgaben abzugsfähig. Von den gesamten Aufwendungen scheiden aber vorab folgende Kosten aus, die:

- privat veranlasst sind,
- nach allgemeiner Verkehrsauffassung als unangemessen anzusehen sind,
- nicht nachgewiesen werden können,
- nicht auf gesonderten Konten gebucht wurden (§ 4 Abs. 7 EStG,
- nach ihrer Art keine Bewirtungsaufwendungen sind (z. B. Musik für eine Informations- oder Werbeveranstaltung und andere Nebenkosten). Ausnahmen bei Aufwendungen im Zusammenhang mit der Bewirtung, die aber von untergeordneter Bedeutung sind (z. B. Trinkgeld, Garderobengebühren).

Von den verbleibenden Aufwendungen dürfen nur 70 % den ertragsteuerlichen Gewinn mindern. Bei den restlichen 30 % der Kosten handelt es sich um nicht abzugsfähige Betriebsausgaben. Als Vorsteuer können jedoch die Steuern aus 100 % des Rechnungsbetrags geltend gemacht werden.

Drittaufwand

Betriebsausgaben können nur dann geltend gemacht werden, wenn der Unternehmer oder das Unternehmen sie auch persönlich getragen hat.

Bei Anschaffungs- oder Herstellungskosten liegt Drittaufwand vor, wenn ein Dritter sie trägt und das angeschaffte oder hergestellte Wirtschaftsgut vom Steuerpflichtigen zur Erzielung von Einkünften genutzt wird.

Beispiel: Der im Alleineigentum der Ehefrau stehende Grund und Boden wird mit einem Gebäude bebaut. Die Aufwendungen für das Gebäude werden ausschließlich von der Ehefrau allein getragen. Nach der Fertigstellung des Gebäudes überlässt die Ehefrau der GmbH ihrem Ehemann das Gebäude unentgeltlich zur betrieblichen Nutzung.

> Drittaufwand lässt sich also definieren als Kosten, die ein Dritter im eigenen Namen und für eigene Rechnung trägt und die durch die Einkünfteerzielung des Steuerpflichtigen veranlasst werden. Die Aufwendungen sind steuerlich weder beim zahlenden Dritten (mangels Einkünfteerzielung) noch beim Steuerpflichtigen (wegen fehlender wirtschaftlicher Belastung) berücksichtigungsfähig.

Aufwendungen eines Dritten können allerdings im Falle der so genannten Abkürzung des Zahlungswegs als Aufwendungen des Steuerpflichtigen zu werten sein. Darunter wird die Zuwendung eines Geldbetrages an den Steuerpflichtigen in der Weise verstanden, dass der Zuwendende im Einvernehmen mit dem Steuerpflichtigen dessen Schuld tilgt (§ 267 Abs. 1 BGB), statt ihm den Geldbetrag unmittelbar zu geben. Beim abgekürzten Zahlungsweg leistet ein Dritter für Rechnung des Steuerpflichtigen an dessen Gläubiger. Im Gegensatz zum Drittaufwand sind die Kosten somit durch die Einkünfteerzielung des Steuerpflichtigen veranlasst und können als Betriebsausgabe bzw. Werbungskosten steuerlich einkunftsmindernd angesetzt werden.

Beispiel: Das im Alleineigentum des Vaters stehende bebaute Grundstück überlässt er seiner Tochter unentgeltlich für Wohnzwecke. Die Tochter nutzt im Rahmen ihrer GmbH innerhalb dieser Wohnung ein Zimmer als steuerlich anerkanntes häusliches Arbeitszimmer (unstrittig). Den getroffenen Vereinbarungen zufolge hat die Tochter die gewöhnlichen Erhaltungsaufwendungen zu tragen. Im Rahmen einer Reparatur in der Wohnung beauftragt die Tochter einen Handwerker. Die auf die Tochter lautende Rechnung wird vom Vater bezahlt. Im wirtschaftlichen Ergebnis hat der Vater seiner Tochter einen Geldbetrag geschenkt, damit diese in der Lage ist, die Rechnung des Handwerkers zu bezahlen. Wenn der Vater die Rechnung unmittelbar bezahlt, handelt es sich um einen abgekürzten Zahlungsweg. Die Tochter kann die anteiligen Aufwendungen für das Arbeitszimmer als Betriebsausgaben bei der GmbH geltend machen.

Schließt hingegen der Dritte im eigenen Namen einen Vertrag und leistet er selbst die geschuldeten Zahlungen – so genannter abgekürzter Vertragsweg – , sind die Aufwendungen als solche des Steuerpflichtigen nur abziehbar, wenn es sich um Geschäfte des täglichen Lebens handelt. Bei Dauerschuldverhältnissen führt eine Abkürzung des Vertragsweges dagegen nicht zu abziehbaren Aufwendungen des Steuerpflichtigen. Deshalb können Schuldzinsen, die ein Ehegatte auf seine Darlehensverbindlichkeit zahlt, vom anderen Ehegatten auch dann nicht als Betriebsausgabe abgezogen werden, wenn die Darlehensbeträge zur Anschaffung von Wirtschaftsgütern zur Einkünfteerzielung verwendet wurden.

Bezahlt hingegen der andere Ehegatte die Zinsen aus eigenen Mitteln, bilden sie bei ihm abziehbare Betriebsausgaben oder Werbungskosten. Nehmen Ehegatten gemeinsam ein selbstschuldnerisches Darlehen zur Finanzierung eines Wirtschaftsgutes auf, das nur einem von ihnen gehört und von diesem zur Einkünfteerzielung genutzt wird, sind die Schuldzinsen in vollem Umfang bei den Einkünften des Eigentümer-Ehegatten als Betriebsausgabe abziehbar.

Werden die laufenden Aufwendungen für ein Wirtschaftsgut, das dem nicht einkünfteerzielenden Ehegatten gehört, gemeinsam getragen, kann der das Wirtschaftsgut einkünfteerzielend nutzende (andere) Ehegatte nur die nutzungsorientierten Aufwendungen (z. B. bei einem Arbeitszimmer die anteiligen Energiekosten und die das Arbeitszimmer betreffenden Reparaturkosten) als Betriebsausgaben geltend machen.

Trägt der Unternehmer aus betrieblichem Anlass auf eigene Rechnung Anschaffungs- oder Herstellungskosten mit der Zustimmung eines Dritten, in dessen Alleineigentum oder Miteigentum das Gebäude, um das es sich dreht, steht, und darf der Unternehmer den Eigentumsanteil des Dritten unentgeltlich nutzen, ist er wirtschaftlicher Eigentümer des Gebäudes. Endet das wirtschaftliche Eigentum, steht dem Unternehmer gegenüber dem Dritten ein Anspruch auf Entschädigung aus einer vertraglichen Vereinbarung oder gesetzlich (§§ 951, 812 BGB) zu.

Beispiel: Der im Alleineigentum der Ehefrau stehende Grund und Boden wird mit einem Gebäude, das rein unternehmerisch genutzt wird, bebaut. Die Aufwendungen für das ihm nicht gehörende, fremde Wirtschaftsgut „Gebäude“ werden allein von der GmbH des Ehemanns getragen.

Die vom unternehmerisch tätigen Steuerpflichtigen getätigten Aufwendungen stellen bei ihm Anschaffungskosten für ein immaterielles Wirtschafsgut „Nutzungsmöglichkeit“ dar, welches nach den für Gebäude geltenden Regelungen abzuschreiben ist.

Geldstrafen und ähnliche Rechtsnachteile

Geldstrafen und ähnliche Rechtsnachteile dürfen nicht als Betriebsausgaben den Gewinn mindern. Das steuerrechtliche Abzugsverbot betrifft

- die in einem Strafverfahren festgesetzten Geldstrafen. Die betrifft nur die natürlichen Personen, also Unternehmer und die Organe von Kapitalgesellschaften. Denn Geldstrafen sowie Auflagen oder Weisungen sind nach deutschem Strafrecht gegenüber juristischen Personen nicht zulässig. Daher gilt bei Kapitalgesellschaften das Abzugsverbot nur für ausländische Geldstrafen. Ersetzt die Kapitalgesellschaft dem Gesellschafter-Geschäftsführer eine Geldstrafe, liegt eine verdeckte Gewinnausschüttung vor.
- sonstige Rechtsfolgen vermögensrechtlicher Art, bei denen der Strafcharakter überwiegt. Dies ist auch gegen juristische Personen möglich (§ 75 StGB).
- Leistungen zur Erfüllung von Auflagen oder Weisungen z. B. Auflagen bei Strafaussetzung bzw. bei Verfahrenseinstellung.

Hinweis

Auflagen oder Weisungen zur Wiedergutmachung des verursachten Schadens, sind abzugsfähig. Auch Gerichts- und Anwaltskosten fallen als Verfahrenskosten nicht unter das Abzugsverbot und können als Betriebsausgaben gebucht werden.

Abschreibungen

Wer als Unternehmer von Abschreibung spricht, denkt meist an „AfA", also die „Absetzung für Abnutzung" und damit allein an die steuerlich zulässigen Formen der Abschreibung. Von diesen sei hier die Rede, wenn diese Sicht auch unternehmerisch verkürzt ist

Regelungen der handelsrechtlichen Abschreibungen (§ 253 Absätze 1, 3 – 5 HGB)

	Anlagevermögen	**Umlaufvermögen**
Planmäßige Wertminderungen	Pflicht bei abnutzbarem Anlagevermögen	entfällt
Dauerhafte außerplanmäßige Wertminderungen	Pflicht	Pflicht
Vorübergehende außerplanmäßige Wertminderungen	Wahlrecht bei Finanzanlagen	Pflicht
Zuschreibungen	Pflicht nach vorhergehender außerplanmäßiger Abschreibung Verbot bei Geschäfts- oder Firmenwert nach vorheriger außerplanmäßiger Abschreibung Gebot bei bestimmten Vermögensgegenständen im Zusammenhang mit Altersvorsorgeverpflichtungen	Pflicht nach vorheriger außerplanmäßiger Abschreibung

Steuerlich gibt es drei Arten von zulässigen Abschreibungen:

- die lineare Abschreibung, die Regelabschreibung, bei der die Anschaffungs- oder Herstellungskosten in gleich hohen Raten auf die betriebsgewöhnliche Nutzungsdauer (n) verteilt werden (= 100 % : n),
- die (geometrisch) degressive Abschreibung, die beschränkt etwa zur Konjunkturförderung oder zur Bekämpfung der Covid 19-Auswirkungen (in der Zeit nach dem 31.12.2019 und vor dem 01.01.2022) „erlaubt" wird. Bei der steuerlich zulässigen geometrisch-degressiven AfA bleibt nicht wie bei der linearen Abschreibung der Abschreibungsbetrag als solcher gleich, sondern der Abschreibungsprozentsatz bleibt gleich, ist allerdings steuerlich gedeckelt auf 25 %.

- die Leistungsabschreibung (§ 7 Abs. 1 Satz 6 EStG). Sie muss wirtschaftlich begründet werden. Wirtschaftlich begründet ist sie, wenn das Wirtschaftsgut in den Jahren der Nutzung verschieden stark beansprucht und damit in unterschiedlichen Maßen verschlissen wird. Weitere Voraussetzung: Die Leistung muss gemessen werden. Beispiele für Leistungsmessung: Betriebsstundenzähler (Maschinen), Kilometerzähler (Fahrzeuge) ...

Geringwertige Wirtschaftsgüter (GWG)

Grundsätzlich sind auch GWG „ganz normale" Wirtschaftsgüter. Deshalb können sie grundsätzlich auch „ganz normal" aktiviert und regulär über ihre betriebsgewöhnliche Nutzungsdauer abgeschrieben werden. Aber: Wirtschaftsgüter, die netto nicht mehr als 800 Euro kosten, dürfen sofort und in voller Höhe als Betriebsausgaben geltend gemacht werden.

Überblick über die bestehenden Abschreibungsmöglichkeiten (GWG)

Netto-AHK/-Einlagewert	Steuerliche Regelung
bis 250 Euro	sofort abziehbar, keine Aufzeichnungspflicht
zwischen 250,01 Euro und 800 Euro	sofort abziehbar
zwischen 250,01 Euro und 1.000 Euro	Sammelposten (Pool) möglich
ab 1.000,01 Euro	Aktivierungspflicht

Es gilt also, drei Grenzen zu beachten:

1. Grenze Als GWG, die nach § 6 Abs. 2a EStG sofort voll abgeschrieben werden können, gelten die Wirtschaftsgüter, deren Netto-Anschaffungs- oder -Herstellungskosten **250 Euro netto** nicht übersteigen.

2. Grenze Wirtschaftsgüter mit Anschaffungs- oder Herstellungskosten **über 250 Euro bis 1.000 Euro netto** können in einen Sammelposten eingestellt werden, der gleichmäßig auf fünf Jahre verteilt wird (Poolabschreibung).

3. Grenze Wirtschaftsgüter, deren Netto-Anschaffungs- oder -Herstellungskosten **zwischen 250,01 und 800 Euro netto** liegen. Auch sie können sofort und voll abgeschrieben werden (§ 6 Abs. 2 EStG). Aber: Es darf dann für die Wirtschaftsgüter, die mehr als 800 Euro kosten, kein Sammelposten gebildet werden, weitere Wirtschaftsgüter, die bis zu 1.000 Euro kosten, müssen bei Wahl dieser Variante linear – oder bei Anschaffung zwischen 2020 und 2021 auch degressiv – abgeschrieben werden. Es müssen – sollten sich die Angaben nicht aus der Buchführung ergeben – Aufzeichnungen über die Wirtschaftsgüter geführt werden, deren Wert über 250 Euro liegt.

Hinweis

Für Unternehmer, die nicht vorsteuerabzugsberechtigt sind (Kleinunternehmer) und die auch nicht zur Regelbesteuerung optiert haben, gelten keine anderen (erhöhten) Werte. Es gelten immer die Netto-Anschaffungskosten für die Bestimmung der Wertgrenze eines GWG.

Praxistipp

Das Wahlrecht muss einheitlich für alle Wirtschaftsgüter, die im laufenden Wirtschaftsjahr angeschafft wurden, ausgeübt werden. Hier sollten Sie mit Ihrem Steuerberater im Rahmen der Gespräche zur Vorbereitung des Jahresabschlusses sprechen, welche Alternative für Sie für welches Wirtschaftsjahr sinnvoll ist.

Digitalisierungsabschreibung

Seit dem 01.01.2021 dürfen digitale Wirtschaftsgüter sofort in voller Höhe abgeschrieben werden. Die neuen Abschreibungsmöglichkeiten wurden – gegen erhebliche (verfassungs-)rechtliche Bedenken der Bundesländer – „untergesetzlich“, also in einem Schreiben des Bundesfinanzministeriums (BMF vom 26.02.2021 – IV C 3 – S 2190/21/10002:013), geregelt. Darin wird die Nutzungsdauer von Computerhardware einschließlich der dazugehörenden Peripheriegeräte und Software zur Dateneingabe und -verarbeitung von bislang in der Regel drei Jahren auf ein Jahr verkürzt.

Der Begriff „Computerhardware“ umfasst Computer, Desktop-Computer, Notebook-Computer, Desktop-Thin-Clients, Workstations, Dockingstations, externe Speicher- und Datenverarbeitungsgeräte (Small-Scale-Server), externe Netzteile sowie Peripheriegeräte, also beispielsweise Drucker oder Scanner, aber auch Tastatur, Mikrofon, Headset, externe Festplatten, USB-Sticks und Streamer, Beamer und Plotter …

„Software“ umfasst die Betriebs- und Anwendersoftware zur Dateneingabe und -verarbeitung. Dazu gehören auch die nicht technisch-physikalischen Anwendungsprogramme eines Systems zur Datenverarbeitung. Neben Standardanwendungen fallen darunter auch Anwendungen, die individuell auf den Nutzer abgestimmte Anwendungen sind, wie beispielsweise ERP-Software (Enterprise-Ressource-Planning), Software für Warenwirtschaftssysteme oder sonstige Anwendungssoftware zur Unternehmensverwaltung oder Prozesssteuerung. Zur Software gehört auch die Betriebssoftware, ohne die die Hardware nicht genutzt werden kann. Bislang galt, dass eine solche Software zusammen mit der Hardware aktiviert und über die gleiche Nutzungsdauer abgeschrieben werden musste. Nunmehr kann für jede Software zur Dateneingabe und -verarbeitung eine Nutzungsdauer von einem Jahr gewählt werden.

Die neuen Abschreibungsmöglichkeiten gelten auch für digitale Anschaffungen, die früher, also beispielsweise im Jahr 2020, angeschafft oder hergestellt wurden, und bei der eine andere als die einjährige Nutzungsdauer zugrunde gelegt worden war.

Geschenke an Kunden und Sachzuwendungen an Mitarbeiter

Geschenke sind unentgeltliche Zuwendungen oder anders ausgedrückt: Leistungen, die zu keiner bestimmten Gegenleistung verpflichten.

Wird hier von „Geschenken“ gesprochen, sind nur betrieblich motivierte Geschenke an Kunden, Lieferanten, Geschäftsfreunde etc. gemeint, nicht privat veranlasste Zuwendungen.

Als Geschenke gelten nicht nur die obligate Flasche Wein oder Spirituosen, sondern auch Karten zu Sport- oder Kulturveranstaltungen respektive Einladungen in VIP-Logen oder Incentive-Reisen.

Die Kosten für eine „Streuwerbung“ sind Betriebsausgaben – und zwar in voller Höhe. Streu-Artikel sind Warenproben oder Werbeartikel, die in großen Massen unter die Leute gebracht werden. Als Streuwerbeartikel werden Sachzuwendungen angesehen, deren Anschaffungs- oder Herstellungskosten 10 Euro nicht übersteigen.

Hinweis

Wer an bei einem Geschäftsessen „tafelt“, muss als Eingeladener nicht befürchten, deswegen als „beschenkt“ zu gelten. Die Teilnahme an geschäftlich veranlassten Bewirtungen wird nicht von § 37b EStG erfasst.

Aufwendungen für Geschenke an Kunden, Lieferanten, Geschäftsfreunde und andere Geschäftspartner dürfen nur dann als Betriebsausgabe angesetzt werden, wenn sie 35 Euro pro Empfänger in einem Kalenderjahr nicht übersteigen (§ 4 Abs. 5 S. 1 Nr. 1 EStG).

Bei Unternehmern, die zum Vorsteuerabzug berechtigt sind, ist die 35 Euro-Grenze netto zu rechnen. Das heißt: Vorsteuerabzugsberechtigte Unternehmer können Geschenke bis höchstens 41,65 Euro kaufen. Rechnen Sie die – hier unterstellte – 19 % Umsatzsteuer heraus, sind Sie genau bei 35 Euro. Sind Unternehmer nicht zum Vorsteuerabzug berechtigt, gehört die Umsatzsteuer mit zu den Anschaffungskosten des Geschenks: Das Geschenk darf also im Einkauf nicht teurer als 35 Euro sein.

Rabatte, Boni oder Skonti „drücken" den Preis auch steuerwirksam bei Kunden-Geschenken! Nicht mit zu den Geschenk-Kosten rechnen die Transportkosten zum Empfänger und die Verpackungskosten; Ausnahme: Es handelt sich um eine Geschenkverpackung, die wertmäßig ins Gewicht fällt. Dann rechnen die Verpackungskosten mit zu den 35 Euro.

Übersteigt ein Geschenk die 35 Euro-Grenze, sind die Ausgaben dafür nicht abzugsfähig, sondern müssen außerhalb der Bilanz dem Gewinn wieder hinzugerechnet werden.

Die Schenker müssen Geschenke getrennt von den anderen Betriebsausgaben auf gesonderten „Geschenke-Konten" verbuchen. Halten Sie die 35 Euro-Grenze ein, buchen Sie das Geschenk auf dem Konto „Geschenke abzugsfähig", falls nicht, auf dem Konto „Geschenke nicht abzugsfähig". Sie müssen die Aufwendungen für Geschenke einzeln und zeitnah verbuchen. Schon bei geringen Geschenk-Aufwendungen und kleinen Aufzeichnungsmängeln erkennt das Finanzamt die Aufwendungen nicht als Betriebsausgaben an. Ebenso ist das Finanzamt bei Fehlbuchungen äußerst genau: In den allermeisten Fällen ist und bleibt der Betriebsausgabenabzug verwehrt.

Hinweis

Nennen Sie den Namen des Beschenkten direkt bei der Verbuchung. Oder fügen Sie wenigstens Unterlagen als Buchungsbelege bei, aus denen der Empfänger Ihres Geschenkes klar und eindeutig zu ersehen ist.

Sammelbuchungen bei Geschenken sind dann möglich, wenn die Geschenke gleicher Art sind und die Namen der Empfänger aus den Buchungsbelegen ersichtlich sind. Sammelbuchungen bei Geschenken sind auch dann möglich, wenn die Vermutung besteht, dass wegen der Art der Geschenke die 35 Euro-Grenze je Empfänger nicht überschritten werden kann. Solche Geschenke sind beispielsweise Streuwerbeartikel wie Taschenkalender, Kugelschreiber oder ähnliches. Bei solchen Geschenken muss übrigens der Name der „Beschenkten" nicht aufgezeichnet werden.

Bei der 35 Euro-Grenze müssen an folgende drei Punkte gedacht werden:

1. Die 35 Euro-Grenze gilt für jeden einzelnen Empfänger!
2. Die 35 Euro-Grenze ist kein Freibetrag, bei dem nur der übersteigende Betrag steuerpflichtig wäre. Die 35 Euro-Grenze bei Geschenken ist vielmehr eine Freigrenze! Das heißt, sobald die Aufwendungen für ein Geschenk die 35 Euro-Grenze überschreiten, können Sie den gesamten Betrag nicht mehr als Betriebsausgabe absetzen.
3. Die 35 Euro-Grenze gilt jährlich!

Wer als Kunde, Lieferant oder Geschäftsfreund eines Unternehmens von diesem etwas geschenkt oder zugewendet bekommt, musste und muss immer noch diese Geschenke und Zuwendungen als Einnahmen versteuern. Das gilt unabhängig davon, ob der Schenker, die Aufwendungen für das Geschenk als Betriebsausgabe ansetzen kann. Nur wenn der Schenker das Geschenk pauschal versteuert und Sie als Beschenkten darüber unterrichtet, müssen Sie keine Steuer mehr bezahlen.

Es gibt die Möglichkeit der Pauschalbesteuerung von Geschenken. Begünstigt sind nur Sachzuwendungen, keine Geldgeschenke. Der Schenker versteuert das Geschenk pauschal mit 30 % plus Solidaritätszuschlag und Kirchensteuer. Damit sind alle Folgen für den Empfänger abgegolten, er muss keine Steuer mehr auf die Einnahmen bezahlen. Der Schenker muss den Beschenkten darüber unterrichten, dass er die Pauschalsteuer übernommen hat.

Beispiel: So kann eine solche Benachrichtigung aussehen:

„Hiermit teilen wir mit, dass wir für Ihr Geschenk bereits die Pauschalsteuer nach § 37b EStG übernommen haben. Wir haben diese

> Pauschalsteuer beim Finanzamt Musterstadt unter der Steuernummer 12345/67890 angemeldet und abgeführt. Bitte nehmen Sie diese Bescheinigung zu Ihren Steuerunterlagen."

Der Beschenkte sollte diese Benachrichtigung mit zu seinen Akten nehmen, denn sie – und nur sie – ist der „Freibrief" dafür, dass er selbst das Geschenk nicht als Betriebseinnahme versteuern muss.

Die Pauschalierung ist ausgeschlossen, wenn die Aufwendungen je Empfänger und Wirtschaftsjahr oder für die einzelne Zuwendung 10.000 Euro übersteigen.

Übersteigt der Wert des Geschenks die Freigrenze von 35 Euro nicht, ist für den Schenker die übernommene Pauschalsteuer Betriebsausgabe.

Werden Geschenke verteilt, deren Einzelwert über 35 Euro liegt, können diese zwar immer noch pauschal versteuert werden, in diesen Fällen kann aber der Schenker die Pauschalsteuer nicht als Betriebsausgabe geltend machen.

Gibt ein Steuerpflichtiger eine pauschaliert besteuerte Zuwendung unmittelbar weiter, entfällt eine erneute pauschale Besteuerung nach § 37b EStG, wenn der Steuerpflichtige hierfür keinen Betriebsausgabenabzug vornimmt.

Übernimmt der Schenker – wie dies wohl der Normalfall werden wird – die Pauschalsteuer, so kann er diese selbst als Betriebsausgabe geltend machen, sofern der Geschenkewert die Freigrenze von 35 Euro nicht übersteigt. Werden Geschenke verteilt, deren Einzelwert die Freigrenze übersteigen, können – bis zur Höchstgrenze von 10.000 Euro je Empfänger und Wirtschaftsjahr (§ 37b Abs. 1 S. 3 EStG) diese immer noch pauschal versteuert werden. Aber: In diesen Fällen kann der Schenker die Pauschalsteuer nicht als Betriebsausgabe geltend machen, sondern muss sie „privat" tragen.

Die Pauschalsteuer wird nach dem Bruttowert des Geschenks, also einschließlich der darauf entfallenen Umsatzsteuer, berechnet. Diese Pauschalsteuer entsteht unabhängig davon, ob der Unternehmer den Vorsteuerabzug geltend machen kann oder nicht.

Beispiel: Ein Unternehmer macht seinem Lieferanten ein Geschenk, für das er netto 15 Euro bezahlt hat. Diesen Wert erfasst er als vorsteuerabzugsberechtigter Unternehmer so in seiner Buchhaltung. Er muss dennoch die Geschenke-Pauschalsteuer aus dem Bruttobetrag in Höhe von 17,85 Euro (19 % Umsatzsteuer unterstellt) berechnen.

Die Pauschalsteuer von 30 % erhöht sich – da sie wie Lohnsteuer behandelt wird – um die mit der pauschalen Lohnsteuer verbundenen Nebensteuern wie Kirchensteuer oder Solidaritätszuschlag. Dabei ist es gleichgültig, ob der Geschäftspartner einer steuererhebungsberechtigten Kirche angehört oder nicht – die pauschale Kirchensteuer wird stets fällig.

Der Unternehmer kann das Wahlrecht zur Pauschalierung nur einheitlich für alle Zuwendungen im Wirtschaftsjahr ausüben (§ 37b Abs. 1 Satz 1 EStG). Das Wahlrecht ist unwiderruflich. Es ist aber zulässig, Geschenke an Geschäftspartner anders zu behandeln als Zuwendungen an Mitarbeiter. Mit anderen Worten: Geschenke an Geschäftspartner können pauschaliert besteuert werden, ohne deswegen die Zuwendungen an Ihre Arbeitnehmer auch pauschaliert besteuern zu müssen – und umgekehrt.

Wer Arbeitnehmer verbundener Unternehmen (im Konzern) beschenkt, kann diese Zuwendungen individuell besteuern, auch wenn er die übrigen Zuwendungen an eigene Arbeitnehmer pauschaliert besteuert. Aber Achtung: Nur diese Differenzierung ist erlaubt. Heißt: Für die übrigen Zuwendungen kann er dann das Wahlrecht wiederum nur einheitlich ausüben.

Übt ein ausländischer Zuwendender das Wahlrecht zur Anwendung des § 37b EStG aus, sind die Zuwendungen, die im Inland gewährt werden, insgesamt einheitlich zu pauschalieren.

Ausgeübt wird das Wahlrecht über die Lohnsteueranmeldungen. Das gilt auch für Zuwendungen an Geschäftspartner.

Beispiel: A schenkt am Ende des Jahres seinen guten Kunden traditionell eine Flasche Wein. Der Einkaufspreis beträgt 30 Euro pro Flasche. Er erwirbt 200 Flaschen, die er verschenken wird. Die hierfür zu entrichtenden 6.000 Euro sind bei ihm Betriebsausgaben (§ 4 Abs. 5

Satz 1 Nr. 1 EStG), da pro Kunde und Jahr die Grenze von 35 Euro je Geschenk nicht überschritten wird.

A hat einen ganz besonders guten Kunden, dem er statt der „obligatorischen" Flasche Wein eine VIP-Lounge-Eintrittskarte im Wert von 250 Euro schenken will. Damit der Kunde keinen „Ärger mit dem Finanzamt" bekommt, will A die 250 Euro nach § 37b EStG pauschal versteuern. Er denkt, dass mit 75 Euro (= 250 Euro x 30 %) alles „erledigt" ist. Weit gefehlt! Denn er muss alle Geschenke eines Kalenderjahres einheitlich behandeln. Mit anderen Worten: Er muss – wenn er das 250 Euro-Geschenk pauschal versteuern will – auch die anderen Geschenke pauschal versteuern. Damit müsste er:

a) 250 Euro x 30 % x 1 = 75 Euro

und

b) 30 Euro x 30 % x 200 = 1.800 Euro

insgesamt also 1.875 Euro Pauschalsteuer bezahlen. Der Einfachheit halber wurde auf den Miteinbezug von pauschaler Kirchensteuer und Solidaritätszuschlag verzichtet. Folge: Sie müssen auch alle „Weinflaschen-Empfänger" unterrichten, dass Sie die pauschale Steuer für das Geschenk übernommen haben. Die „eigentlich richtige weitere" Folge wäre: Die Übernahme der Pauschalsteuer erhöht den Wert des Geschenks. Würde heißen: Der Wert der Flasche Wein wäre in unserem Beispiel dann nicht mehr 30 Euro, sondern läge wegen der übernommenen Pauschalsteuer 39 Euro – über der 35 Euro-Grenze und ist nicht mehr als Betriebsausgabe abzugsfähig. Hier hat das Bundesfinanzministerium (BMF-Schreiben vom 29.04.2008, IV B 2 – S 2297-b/07/0001, BStBl 2008 I S. 566) eine steuerzahlerfreundlichere Lösung gefunden: Zwar gilt auch bei der Pauschalierung die 35-Euro-Grenze für Geschenke. In die Freigrenze muss aber die übernommene Steuer, die ebenfalls eine Zuwendung an den Empfänger darstellt, nicht einbezogen werden. Allerdings muss klar gesagt werden, dass bei einem Streit das Finanzgericht diese Regelung „kippen" könnte, weil sie „eigentlich" nicht gesetzeskonform ist.

Auf der absolut sicheren Seite ist der, der entweder darauf verzichtet, dem guten Kunden seine VIP-Lounge-Eintrittskarte zu geben oder ihm mitteilt, was das Geschenk wert war und es ihn als Betriebseinnahme versteuern lassen oder er gibt ihm das Geschenk privat.

Sachzuwendungen an Arbeitnehmer gehören bei diesem regelmäßig zum steuerpflichtigen (und auch sozialversicherungspflichtigen) Arbeitslohn. Von dieser Regel gibt es Ausnahmen:

1. Bei so genannten Gelegenheitsgeschenken (= solchen nicht über 40 Euro) entsteht weder Lohnsteuer- noch Sozialversicherungspflicht. Solche Gelegenheitsgeschenke sind beispielsweise Blumen, Bücher, CD etc. die dem Arbeitnehmer aus besonderem Anlass gewährt werden. Wichtig: Bei den 40 Euro handelt es sich um eine Freigrenze. Übersteigt also ein Gelegenheitsgeschenk diesen Betrag, ist der gesamte Betrag steuer- und sozialversicherungspflichtig.

Hinweis

Die Freigrenze von 40 Euro kann mehrmals im Jahr angewendet werden, falls verschiedene Anlässe anstehen (z. B. Geburtstag, Namenstag etc.).

2. Neben der 40 Euro-Freigrenze gibt es eine weitere Freigrenze in Höhe von monatlich 44 Euro für Sachzuwendungen ohne besonderen Anlass zusätzlich zum ohnehin geschuldeten Arbeitslohn (§ 8 Abs. 4 EStG). Diese Grenze galt bis zum 31.12.2021, ab dem 01.01.2022 wurde die Grenze auf 50 Euro angehoben.

Immaterielle Wirtschaftsgüter

Viele Unternehmen, vor allem Start-ups, benötigen „eigentlich“ nicht viel materielles Anlagevermögen, weil sie vor allem mit Ideen, Rechten oder anderen immateriellen Gütern handeln oder weil sie Dienstleister sind. Andererseits sieht die Bilanz „so ohne Vermögen“ recht „traurig“ aus. Der Ausweg: Die Bilanzierung von immateriellen Wirtschaftsgütern. Durch die Aktivierung von immateriellen Wirtschaftsgütern sind in der Handelsbilanz eine Bilanzverlängerung und damit eine Erhöhung des Gewinns durch die Aktivierung von selbst geschaffenen immateriellen Vermögensgegenständen möglich. Es besteht eine Ausschüttungssperre (§ 268 Abs. 8 HGB). Die Ausübung dieses Aktivierungswahlrechts führt zudem zur Bildung passiver latenter Steuern.

HGB-Wahlrechte führen grundsätzlich zu steuerlichen Aktivierungsverboten. Eine Bilanzverlängerung durch die Aktivierung von selbst geschaffenen immateriellen Wirtschaftsgütern ist nicht möglich. Die Aufwendungen, die für die immateriellen Wirtschaftsgüter getätigt wurden, sind aber natürlich Betriebsausgaben in dem Jahr (steuerlich: Veranlagungszeitraum), in dem sie entstanden sind.

Die Aktivierung von derivativen, also gegen Entgelt erworbenen, immaterielle Wirtschaftsgütern ist zwingend (Bilanzverlängerung). Sie erhöhen den steuerpflichtigen Gewinn.

Übersicht HBG – EStG

Kriterien	HGB	EStG
Allgemeine Pflicht zur Aktivierung	Gegen Entgelt erworben und der Kapitalgesellschaft zurechenbar (§ 246 Abs. 1 Satz 2 HGB)	Gegen Entgelt erworben
Selbst erstelltes immaterielles Vermögen	Aktivierungswahlrecht, Ausnahmen: § 258 Abs. 2 HGB, Ausschüttungssperre (§ 258 Abs. 8 HGB)	Aktivierungsverbot (§ 5 Abs. 2 EStG) Aufwendungen sind Betriebsausgaben
Forschungskosten	Aktivierungsverbot (§ 255 Abs. 2 Satz 4 HGB)	Aktivierungsverbot (§ 5 Abs. 2 EStG Aufwendungen sind Betriebsausgaben)
Entwicklungskosten	Aktivierungswahlrecht (§§ 248 Abs. 2 i. V. m. 255 Abs. 2a, 285 Nr. 22 HGB)	Aktivierungsverbot (§ 5 Abs. 2 EStG) Aufwendungen sind Betriebsausgaben
Originärer Goodwill	Aktivierungsverbot (§ 248 Abs. 2 HGB)	Aktivierungsverbot (§ 5 Abs. 2 EStG) Aufwendungen sind Betriebsausgaben
Derivativer Goodwill aus Asset Deal	Aktivierungspflicht (§ 246 Abs. 1 Satz 4 und Satz 1 HGB)	Aktivierungspflicht (§ 5 Abs. 2 EStG)

Kriterien	HGB	EStG
Derivativer Goodwill aus Konsolidierung	Aktivierungspflicht (§ 301 Abs. 3 Satz 1 HGB)	Aktivierungspflicht (§ 5 Abs. 2 EStG)
Negativer Unterschiedsbetrag	Nur für Konzernabschluss geregelt, Ausweis auf der Passivseite (§ 301 Abs. 3 Satz 1 HGB)	Passiver Ausgleichposten nach Buchwertabstockung (BFH vom 12.12.1996 – IV R 77/93)

12.4 Verträge mit Familienangehörigen und nahe stehenden Personen: Steuerliche Grundsätze

Warum sollten Sie Verträge mit Ihrem Ehepartner oder eingetragenen Lebenspartner oder anderen Familienmitgliedern schließen? Neben rechtlichen Überlegungen, die Sie beispielsweise dann anstellen müssen, wenn Sie Gütertrennung vereinbart haben oder wenn Sie in einer nicht ehelichen Lebensgemeinschaft leben, können Sie dann, wenn Sie durch Verträge Einkünfte auf andere Familienmitglieder, z. B. Partner oder Kinder, übertragen, „ganz einfach“ Steuern sparen.

Und das ist heute wichtiger denn je. Nominell nämlich sind die Steuersätze gefallen. Aber die so genannte Bemessungsgrundlage wurde tatsächlich und auch durch die Inflation „verbreitert“. Auf Deutsch: Sie zahlen zwar nicht mehr so hohe Steuern wie früher, dafür aber „schneller“. Die „kalte Progression“ soll zwar schon lange beseitigt werden, wurde es aber nicht und wird es auch in wohl absehbarer Zeit nicht werden.

Bei einer „Familienbeteiligung“ an Ihren Einkünften können Sie Freibeträge mehrfach nutzen. Das gilt sowohl für die Freibeträge bei der Einkommensteuer – z. B. der Grundfreibetrag oder der Arbeitnehmerpauschbetrag – als auch für die Freibeträge bei der Erbschaft- und Schenkungsteuer, die alle zehn Jahre neu genutzt werden können.

Weiterer angenehmer „Nebeneffekt“: Wenn Sie Ihren Familien-Mitgliedern zu der Möglichkeit verhelfen, eigene Einkünfte zu haben, mindern Sie Ihre Unterhaltspflichten.

Was ein Ehepartner ist oder ein eingetragener Lebenspartner ist klar. Aber schon bei „Angehörigen“ sind viele – nicht erst, seit Patchwork-Familien zahlenmäßig zugenommen haben – unsicher. Die meisten verstehen unter „Angehörigen“ ihre engeren Familien-Mitglieder. Dabei aber ist der Begriff „Angehörige“ weiter. Nach § 11 StGB (Strafgesetzbuch) zählen hierzu der Ehepartner, der Lebenspartner , Verwandte und Verschwägerte gerader Linie, der Verlobte, Geschwister, Ehegatten oder Lebenspartner der Geschwister, Geschwister der Ehegatten oder Lebenspartner, und zwar auch dann, wenn die Ehe oder die Lebenspartnerschaft, welche die Beziehung begründet hat, nicht mehr besteht oder wenn die Verwandtschaft oder Schwägerschaft erloschen ist, Pflegeeltern und Pflegekinder.

Als nahe stehende Personen gelten natürliche sowie juristische Personen und Unternehmen, die eine Person beherrschen respektive beeinflussen können oder solche, auf die eine Person ihrerseits unmittelbar oder mittelbar wesentlich einwirken kann.

Das Strafgesetzbuch hat die umfassendste Definition von „Angehöriger“. Aber Angehöriger und nahe stehende Person lassen sich zivilrechtlich ähnlich umschreiben, auch wenn im Bürgerlichen Gesetzbuch weder „Angehörige“ noch „nahe stehende Person“ definiert sind, sondern als „bekannt“ vorausgesetzt werden. Steuerrechtlich dagegen werden Angehörige in § 15 Abgabenordnung (AO) definiert und umfassen Verlobte, Ehegatte(n), Verwandte und Verschwägerte gerader Linie, Geschwister, Neffen und Nichten, Ehegatten der Geschwister und Geschwister der Ehegatten, Geschwister der Eltern, Pflegeeltern und Pflegekinder. Das Angehörigenverhältnis bleibt auch bestehen, wenn die früheren Beziehungen nicht mehr bestehen (§ 15 Abs. 2 AO). (Eingetragene) Partnerschaften (unter gleich geschlechtlichen Partnern) oder nicht eheliche Lebensgemeinschaften (unter Partnern verschiedenen Geschlechts) – gleichgültig wie lange die Verbindung dauert – sieht das Steuerrecht weder als Angehörige noch als nahe stehende Person.

Auch wenn die Finanzverwaltung Verträge zwischen Angehörigen und nahe stehenden Personen immer besonders kritisch unter die Lupe nimmt: Prinzipiell muss sie solche Verträge steuerrechtlich auch dann anerkennen, wenn diese wegen der damit verbundenen Steuersparmöglichkeiten abgeschlossen werden. Voraussetzung ist allerdings, dass die von der Rechtsprechung entwickelten Grundsätze beachtet werden. Das bedeutet: Der Vertrag muss

- zivilrechtlich wirksam abgeschlossen werden, das heißt, mögliche Formvorschriften müssen eingehalten werden
- ernstlich gewollt sein, das heißt, es muss ein wirtschaftlicher Grund für den Vertrag angegeben werden können („Steuern sparen" allein ist kein Grund für einen Vertrag)
- klare und eindeutige Vereinbarungen enthalten, das heißt, es dürfen keine Umdeutungen im Nachhinein möglich sein
- entsprechend den Vereinbarungen tatsächlich so durchgeführt werden, wie im Vertrag vereinbart wurde und nicht nach Gutdünken ausgesetzt oder abgeändert werden und
- dem Fremdvergleich standhalten, also sowohl in Inhalt und Durchführung dem entsprechen, was unter Fremden üblich ist.

Hinweis

Die Finanzverwaltung überstrapaziert den „Fremdvergleich" häufig. Dabei kann dieser allenfalls ein Indiz für eine Steuerumgehung sein. Nicht alles, was – aus Sichtweise des betreffenden Finanzbeamten – ungewöhnlich anmutet, oder vom angeblich „Üblichen" abweicht – rechtfertigt gleich die steuerliche Nichtanerkennung des Vertrags. Entscheidend sind die Gesamtumstände. Einzelne Kriterien müssen unterschiedlich gewichtet werden. Abweichungen vom angeblich Üblichen bei Nebenabreden im Vertrag sind allenfalls zweitrangig und geben „keine Gründe her" für dessen Ablehnung. Sie sollten deshalb dann, wenn Ihre Verträge von der Finanzverwaltung mit Hinweis auf den vorgeblich nicht erfüllten Fremdvergleich abgelehnt werden, die vorgetragenen Argumente sorgfältig prüfen und gegebenenfalls dagegen mit Einspruch vorgehen.

Hinweis

Verträge mit nicht ehelichen Lebenspartnern unterliegen nicht den strengen Prüfkriterien der Finanzverwaltung. Denn steuerlich „bedeutsam und wirksam" ist bislang – trotz intensiver Bemühungen der Betroffenen lediglich die Ehe respektive die eingetragene Lebenspartnerschaft. Was beispielsweise bei der Erbschaft- und Schenkungsteuer von Nachteil ist, ist bei Verträgen zwischen nicht ehelichen Lebenspartnern wiederum von Vorteil. Denn solche Verträge müssen steuerlich selbst dann anerkannt werden, wenn sie „ungewöhnlich" sind. Es muss davon ausgegangen werden, dass Eigen- und Fremdinteressen hier gewahrt werden und nicht – wie in einer Ehe oder eingetragenen Lebenspartnerschaft unterstellt – auch vermischt werden können.

Diese Vertragsmöglichkeiten gibt es:	Das müssen Sie zusätzlich zu den üblichen Voraussetzungen bedenken
Abschluss eines Ehegatten-Arbeitsvertrags mit dem Ehepartner oder eines Partner-Arbeitsvertrags mit dem eingetragenen Lebenspartner. Das kann auch dann getan werden, wenn der „Arbeitgeber-Partner" selbst Angestellter (Arbeitnehmer) ist (so genannter Unterarbeitsvertrag). Die Gehaltszahlungen sind beim Arbeitgeber-Partner Werbungskosten. Auch wenn die beiden Partner zusammenveranlagt sind, steht dem Arbeitnehmer-Partner der Werbungskosten-Pauschbetrag zu.	Lohn oder Gehalt muss regelmäßig bezahlt werden. Am besten auf ein Konto, bei dem nur der Partner verfügungsberechtigt ist. Der Partner muss, damit das Finanzamt den Vertrag anerkennt, mehr tun als das, wozu er auf familienrechtlicher Basis verpflichtet wäre. Der eigene Arbeitsvertrag des Arbeitgeber-Partners muss so gestaltet sein, dass er seinerseits Arbeiten an einen „Unterarbeitnehmer" delegieren darf. Oder er muss eine regelmäßige Nebentätigkeit haben, z. B. er schreibt Bücher oder Artikel und hält Vorträge.
Abschluss von Arbeits- oder Ausbildungsarbeitsverträgen mit den eigenen Kindern.	Siehe Partner-Arbeitsvertrag
Darlehensvertrag	Damit Darlehensverträge unter Angehörigen steuerlich anerkannt werden, damit also z. B. die Zinsen als Betriebsausgaben anerkannt werden, muss der Vertrag wie unter fremden Dritten abgeschlossen werden und auch tatsächlich – so wie vereinbart – durchgeführt werden.

Diese Vertragsmöglichkeiten gibt es:	Das müssen Sie zusätzlich zu den üblichen Voraussetzungen bedenken
Übertragung von Einkunftsquellen (Schenkung), z. B. aus Kapitalvermögen, auf die eigenen Kinder, die selbst noch keine oder nur wenig Einkünfte haben.	Werden die einkommensteuerlichen Grenzen ausgeschöpft, gefährdet dies den Bezug von Kindergeld. Für minderjährige Kinder wird (je ein) Ergänzungspfleger dann benötigt, wenn nicht nur rechtliche Vorteile übertragen werden. Wenn die Kinder volljährig sind, können sie über die Einkunftsquelle verfügen. Die schenkenden Eltern haben keinen Einfluss mehr darauf, wie das geschieht. Wer hier zu vorsichtig ist und „Missbrauchsklauseln" einbaut, nach denen die Großzügigkeit rückgängig gemacht werden kann, riskiert, dass das Finanzamt die Schenkung steuerlich nicht anerkennt.
Schenken von Vermögen – hauptsächlich Immobilien, denn hier drohen neue höhere Wertansätze – an den Ehegatten oder im Wege der vorweggenommenen Erbfolge an die eigenen Kinder. So können Erbschaftsteuerfreibeträge mehrfach ausgenutzt werden, da diese alle zehn Jahre wieder aufleben.	Für die Schenkung an minderjährige Kinder wird ein Ergänzungspfleger für jedes der Kinder benötigt. Wenn Ihre Kinder volljährig sind, können diese über ihr Vermögen frei verfügen. So genannte Kettenschenkungen (Schenkung des einen Ehegatten an den anderen mit der Maßgabe, das Geschenk an die gemeinsamen Kinder weiter zu verschenken) akzeptiert die Finanzverwaltung nicht. Wenn dagegen ein Ehepartner das Geschenkte freiwillig weiter verschenkt, können alle Steuervorteile genutzt werden (mittelbare Schenkung). Wenn Grundbesitz im Ausland auf die Kinder vererbt werden soll, muss damit gerechnet werden, dass doppelte Erbschaftsteuer anfällt, weil es nur wenige Länder gibt, die bezüglich der Erbschaftsteuer ein Doppelbesteuerungsabkommen mit Deutschland haben.

13 Sozialabgaben

Alle beschäftigten Arbeitnehmer sind mit wenigen Ausnahmen (z. B. kurzfristig beschäftigte Arbeitnehmer) sozialversicherungspflichtig. Auch für Mini-Jobber (= geringfügig beschäftigte Personen, aktuell bis zu 450 Euro monatlich) pauschal Sozialversicherungsbeiträge abzuführen an die Minijobzentrale. In Deutschland tätige Ausländer unterliegen der Sozialversicherungspflicht, wenn ihr Beschäftigungsverhältnis dem deutschen Recht unterliegt. Der Arbeitgeber muss die Sozialversicherungspflicht bzw. -freiheit des einzelnen Arbeitnehmers prüfen. Für Fehleinschätzungen haftet er!

Die gesetzliche Sozialversicherung umfasst in der Bundesrepublik Deutschland die Kranken-, Pflege-, Renten-, Arbeitslosen- und Unfallversicherung.

Sie als inländischer Arbeitgeber müssen Ihre Arbeitnehmer zur gesetzlichen Sozialversicherung bei der gesetzlichen Krankenversicherung des jeweiligen Arbeitnehmers anmelden. Sie müssen den Gesamtsozialversicherungsbeitrag, also sowohl den 50 %-igen Arbeitnehmeranteil, den Sie vom Brutto-Entgelt einbehalten haben, als auch den 50 %-igen Arbeitgeberanteil, den Sie zusätzlich zum Arbeitnehmer-Brutto je sozialversicherungspflichtigem Arbeitnehmer bezahlen müssen, an die gesetzliche Krankenversicherung des Arbeitnehmers. Die Krankenkasse leitet die Beiträge dann an die anderen Sozialversicherungsträger weiter.

Die Beiträge zur Unfallversicherung trägt der Arbeitgeber allein.

Bei der Insolvenzgeldumlage (InsO-Umlage) (§ 360 Drittes Sozialgesetzbuch / SGB III) ist das rentenversicherungspflichtige Arbeitsentgelt umlagepflichtig. Bei rentenversicherungsfreien Beschäftigten wird das Entgelt herangezogen, von dem die Beiträge zu berechnen wären, wenn Rentenversicherungspflicht bestünde.

Sie müssen die Meldungen zur Sozialversicherung und die Beitragsnachweise Ihrer Beschäftigten per Datenfernübertragung oder E-Mail übermitteln. Dabei sind folgende Daten anzugeben:

- Versicherungsnummer, die vom Rentenversicherungsträger vergeben wird
- persönliche Daten der Beschäftigten, wie Name und Anschrift
- Grund der Meldung
- Betriebsnummer des Arbeitgebers
- Angaben zu Beitragsgruppen
- Angaben zu der Art der Tätigkeit
- Angaben zur Staatsangehörigkeit

Sie als Arbeitgeber von sozialversicherungspflichtigen Arbeitnehmern müssen die Meldung über den Beginn eines Beschäftigungsverhältnisses innerhalb von sechs Wochen nach Aufnahme der Beschäftigung abgeben. Bei bestimmten Branchen, z. B. Bau, Gaststätte oder Spedition ..., müssen Sie sofort eine – kurze – Meldung abgeben, spätestens aber dann, wenn die betreffende Person die Arbeit bei Ihnen aufgenommen hat. Die vollständige Meldung können Sie dann innerhalb von sechs Wochen nach der Aufnahme der Beschäftigung abgeben.

Hinweis

Sie als Arbeitgeber haften für die vollständige und richtige Berechnung der Sozialversicherungsabgaben. Außerdem haften Sie für die pünktliche und vollständige Abgabe zumindest der Arbeitnehmeranteile zur Sozialversicherung auch persönlich, also mit Ihrem Privatvermögen. Das gilt auch für Sie als GmbH-Geschäftsführer. Wenn Sie die Gesamtsozialversicherungsbeiträge nicht vollständig bezahlen können, sollten Sie auf jeden Fall eine Aufteilungserklärung mitgeben. Sorgen Sie dafür, dass die Arbeitnehmeranteile auf jeden Fall bezahlt werden. Die Arbeitgeberanteile können ohne persönliches Haftungsrisiko später bezahlt werden.

Beachten Sie, dass die Sozialversicherung eine äußerst komplizierte Materie ist. Die Sozialversicherungsträger prüfen hier auch regelmäßig und intensiv. Wenn Sie sich zu Beginn Ihres Unternehmertums mit der Entgeltabrechnung überfordert fühlen, sollten Sie keinen „falschen Stolz" entwickeln, sondern mit Ihrem Steuerberater über weitere Möglichkeiten, beispielsweise auch über entsprechende Software sprechen.

Der Termin für den Einzug der Beiträge wird generell auf das Ende des Monats gelegt, in dem die Arbeit geleistet wird, die den Beiträgen zugrunde liegt. Dabei wird rechtlich auf den drittletzten Bankarbeitstag des Monats für die Zahlung durch Arbeitgeber abgestellt. Der Beitragsnachweis ist jeweils zwei Arbeitstage vor der Beitragszahlung fällig.

Bei Minijobbern muss der Beitragsnachweis der Knappschaft spätestens am zweitletzten Arbeitstag vor der Fälligkeit um 0:00 Uhr vorliegen. Dies bedeutet, dass der Beitragsnachweis bereits im Laufe des Vortags übermittelt werden muss.

Arbeitgeber, deren Entgeltabrechnungen sehr unterschiedlich sind, beispielsweise wegen hoher Fluktuation oder wegen variabler Entgeltstrukturen, können auf ein besonderes Berechnungsverfahren zurückgreifen: Sie können die voraussichtliche Beitragsschuld an Höhe der Beiträge des Vormonats festmachen. Man kann es auch anders ausdrücken: Solche Arbeitgeber müssen zwei Abrechnungen für den jeweiligen Monat machen!

Anhang

Muster individueller GmbH-Satzungen

Muster 1: Individueller Gesellschaftsvertrag für eine Einpersonen-GmbH / Einpersonen-Unternehmergesellschaft (haftungsbeschränkt)

Anlage zur Urkundenrolle .... des Notars ....

Gesellschaftsvertrag der ....-GmbH / Unternehmergesellschaft (haftungsbeschränkt)

§ 1 Firma, Sitz und Anschrift des Unternehmens

(1) Die Gesellschaft ist eine Gesellschaft mit beschränkter Haftung / haftungsbeschränkte Unternehmergesellschaft. Sie führt die Firma ....-GmbH / .... UG (haftungsbeschränkt) mit Sitz in ....

(2) Geschäftsanschrift der Gesellschaft ist ....

§ 2 Gegenstand

Gegenstand des Unternehmens ist .... (Beschreibung der Tätigkeit)

§ 3 Stammkapital / Geschäftsanteile

Das Stammkapital beträgt ..... Euro (mindestens fünfundzwanzigtausend Euro für GmbII / mindestens 1 Euro für Unternehmergesellschaft). .... (Name des Gesellschafters) übernimmt den Geschäftsanteil in gleicher Höhe.

Entweder:

Die Geschäftsanteile sind in bar einzubezahlen.

Oder

Die Stammeinlage kann auch in Sachwerten erbracht werden (nicht möglich bei Unternehmergesellschaft).

Das Stammkapital ist

entweder

voll (bei Unternehmergesellschaft unbedingt notwendig)

oder

zur Hälfte

auf ein Konto der GmbH / UG (haftungsbeschränkt) einbezahlt.

§ 4 Verfügung über Geschäftsanteile

Die Verfügung über einen Geschäftsanteil oder einen Teil des Geschäftsanteils, insbesondere Abtretung oder Verpfändung, ist nur mit Zustimmung des Gesellschafters zulässig.

§ 5 Geschäftsführung

Die Gesellschaft hat einen oder mehrere Geschäftsführer. Die Geschäftsführer sind verpflichtet, die Weisungen des Gesellschafters zu befolgen, insbesondere eine von dem Gesellschafter aufgestellte Geschäftsordnung zu beachten und von dem Gesellschafter als zustimmungspflichtig bezeichnete Geschäfte nur mit dessen Zustimmung vorzunehmen.

§ 6 Vertretung

Die Gesellschaft wird durch einen Geschäftsführer allein vertreten, wenn er alleiniger Geschäftsführer ist oder wenn die Gesellschaft ihn zur Alleinvertretung ermächtigt hat. Im Übrigen wird die Gesellschaft gemeinschaftlich durch zwei Geschäftsführer oder durch einen Geschäftsführer gemeinschaftlich mit einem Prokuristen vertreten.

Der Geschäftsführer .... ist von den Beschränkungen des § 181 BGB befreit.

§ 7 Geschäftsjahr

Das Geschäftsjahr ist das Kalenderjahr.

§ 8 Bekanntmachungen

Die Bekanntmachungen der Gesellschaft erfolgen nur im elektronischen Bundesanzeiger für die Bundesrepublik Deutschland.

§ 9 Gründungsaufwand

Die Gesellschaft trägt die mit der Gründung verbundenen Kosten der Eintragung und Bekanntmachung (Gründungsaufwand) bis zu einem Betrag von insgesamt .... EUR.

....

(Unterschrift des Gesellschafters)

Einpersonen-GmbH: Gründungsprotokoll

Verhandelt am .... in ....

Vor mir, dem unterzeichnenden Notar ....,

erschien(en) heute Herr/Frau ....

(Beruf und Privatanschrift)

Der/die Erschienene erklärte:

Ich errichte eine Gesellschaft mit beschränkter Haftung / haftungsbeschränkte Unternehmergesellschaft und stelle den Gesellschaftsvertrag, der dieser Niederschrift als Anlage beigefügt ist, fest.

Alternative A:

Ich bestelle mich zum allein vertretungsberechtigten Geschäftsführer und befreie mich von den Beschränkungen des § 181 BGB.

Alternative B:

Ich bestelle ... zum allein vertretungsberechtigten Geschäftsführer und befreie sie/ihn von den Beschränkungen des § 181 BGB.

Alternative C:

Ich bestelle ... zum gesamtvertretungsberechtigten Geschäftsführer.

Alternative D:

Ich bestelle .../ mich zum allein vertretungsberechtigten Geschäftsführer und befreie mich/sie/ihn von den Beschränkungen des § 181 BGB. Des Weiteren bestelle ich ... zum gesamtvertretungsberechtigten Geschäftsführer.

Der Notar hat den/die Erschienenen auf Folgendes hingewiesen:

Der Gesellschafter und die Personen, für deren Rechnung er Stammeinlagen übernommen hat, haften der Gesellschaft als Gesamtschuldner, für den Fall, dass zur Errichtung der Gesellschaft falsche Angaben gemacht wurden oder die Gesellschaft durch Einlagen oder Gründungsaufwand vorsätzlich oder grob fahrlässig geschädigt worden ist.

Der Gesellschafter, der zum Zwecke der Errichtung der Gesellschaft falsche Angaben gemacht hat, kann mit einer Freiheitsstrafe von bis zu drei Jahren oder mit einer Geldstrafe bestraft werden.

Der Wert des Gesellschaftsvermögens und des Gründungsaufwands dürfen bei der Eintragung der Gesellschaft nicht niedriger sein als das Stammkapital. Für einen bestehenden Fehlbetrag haftet der Gesellschafter.

Die Gesellschaft besteht vor ihrer Eintragung im Handelsregister nicht als Gesellschaft mit beschränkter Haftung. Handelt der Geschäftsführer schon vor der Eintragung im Namen der Gesellschaft, besteht die Möglichkeit, dass er persönlich haftet.

Vorstehende Niederschrift nebst Anlage (Gesellschaftsvertrag) werden beurkundet.

....

(Siegel und Unterschrift des Notars)

Muster 2: Individuelle Satzung bei einer Mehrpersonen-GmbH oder einer haftungsbeschränkten Mehrpersonen-Unternehmergesellschaft

§ 1 Firma, Sitz, Anschrift, Errichtung und Dauer der Gesellschaft

(1) Die Gesellschaft hat die Firma ....-GmbH / UG (haftungsbeschränkt).

(2) Sitz der Gesellschaft ist in ....

(3) Geschäftsanschrift der Gesellschaft ist ....

(4) Die Gesellschaft ist auf unbestimmte Zeit errichtet.

§ 2 Gegenstand des Unternehmens

(1) Gegenstand des Unternehmens ist ....

(2) Die Gesellschaft kann gleichartige oder ähnliche Unternehmen im In- und Ausland erwerben, sich an solchen beteiligen und Zweigniederlassungen im In- und Ausland errichten und ihren Verwaltungssitz ins Ausland verlegen.

(3) Die Gesellschaft ist berechtigt, alle Geschäfte einzugehen, die der Förderung des vorgenannten Gegenstands des Unternehmens dienen.

§ 3 Stammkapital, Geschäftsanteile

(1) Das Stammkapital der Gesellschaft beträgt .... Euro (in Worten: .... Euro)

(2) Auf das Stammkapital übernehmen Geschäftsanteile

- Herr/Frau .... EUR
- Herr/Frau .... EUR

(3) Die Stammeinlagen in Höhe von mindestens .... Euro sind sofort zur Zahlung fällig.

§ 4 Organe der Gesellschaft

Organe der Gesellschaft sind:

- die Gesellschafterversammlung
- die Geschäftsführer

§ 5 Geschäftsführer

(1) Die Gesellschaft hat einen oder mehrere Geschäftsführer. Ist nur ein Geschäftsführer bestellt, wird die Gesellschaft durch diesen allein vertreten. Sind mehrere Geschäftsführer bestellt, so wird die Gesellschaft durch sämtliche Geschäftsführer gemeinschaftlich oder durch sämtliche Geschäftsführer in Gemeinschaft mit einem Prokuristen vertreten.

(2) Die Gesellschafterversammlung kann, falls mehrere Geschäftsführer bestellt sind, einem oder mehreren Alleinvertretungsbefugnis einräumen.

(3) Die Gesellschaftsversammlung kann dem Geschäftsführer oder mehreren Geschäftsführern durch Beschluss die Befreiung von den Beschränkungen des § 181 BGB erteilen.

§ 6 Geschäftsführung

(1) Jeder Geschäftsführer ist verpflichtet, die Geschäfte der Gesellschaft in Übereinstimmung mit dem Gesetz, diesem Gesellschaftsvertrag in seiner jeweils gültigen Fassung sowie den Beschlüssen der Gesellschafter zu führen.

(2) Jeder Geschäftsführer bedarf der vorherigen Zustimmung durch Gesellschafterbeschluss für alle Geschäfte, die über den gewöhnlichen Geschäftsbetrieb der Gesellschaft hinausgehen, dies gilt insbesondere für:

- ....
- ....

Alternative: (Erhebliche Einschränkung der Geschäftsführer im Innenverhältnis)

(2) Jeder Geschäftsführer bedarf der vorherigen Zustimmung durch Gesellschafterbeschluss für alle Geschäfte, die über den gewöhnlichen Geschäftsbetrieb der Gesellschaft hinausgehen, dies gilt insbesondere für:

- einen jährlich aufzustellenden Investitions- und Finanzplan,
- Investitionen und Kreditaufnahmen, die den Investitions- und Finanzplan übersteigen,
- die Veräußerung und Stilllegung des Betriebs oder eines Betriebsteils, die wesentliche Aufgabe eines wesentlichen Tätigkeitsbereichs,
- die Gründung, den Erwerb oder die Veräußerung von Unternehmen oder Unternehmensbeteiligungen,
- den Erwerb, die Veräußerung oder Belastung von Grundstücken und grundstücksgleichen Rechten sowie die Verpflichtung zur Vornahme solcher Rechtsgeschäfte,
- bauliche Maßnahmen und Anschaffung von Sachmitteln aller Art, soweit die hierfür erforderlichen Aufwendungen einen Betrag von .... Euro übersteigen,
- die Eingehung von Wechselverbindlichkeiten,
- die Eingehung von Bürgschaftsverbindlichkeiten,
- die Erteilung oder den Widerruf von Prokura und Handlungsvollmacht,
- den Abschluss, die Änderung, Kündigung oder sonstige Beendigung von Vertriebsverträgen,
- die Einstellung, Entlassung, den Abschluss und die Änderung von Anstellungsverträgen mit Mitarbeitern mit einem jeweiligen Brutto-Jahreseinkommen von .... EUR,
- die Zusage von Altersversorgungen,
- alle sonstigen Geschäfte, die die Gesellschafterversammlung oder eine Geschäftsordnung für zustimmungspflichtig erklären.

§ 7 Gesellschafterversammlung

(1) Für die in den Angelegenheiten der Gesellschaft zu treffenden Entscheidungen ist die Gesellschafterversammlung zuständig. Sie findet mindestens einmal jährlich am Sitz der Gesellschaft statt. Die Einberufung hat schriftlich unter Angabe der Tagesordnung mit einer Frist von zwei Wochen zu erfolgen. Die Einberufung erfolgt durch den Geschäftsführer. Jeder Geschäftsführer ist allein einberufungsberechtigt. Die Geschäftsführer sind darüber hinaus zur Einberufung verpflichtet, wenn ein oder mehrere Gesellschafter unter Angabe des Zwecks und der Gründe die Einberufung der Gesellschafterversammlung verlangen. Kommen die Geschäftsführer diesem Verlangen nicht binnen drei Wochen nach, so ist bzw. sind die die Einberufung verlangenden Gesellschafter unter Wahrung der Formen und Fristen berechtigt, die Gesellschafterversammlung selbst einzuberufen.

(2) Die Gesellschaft ist beschlussfähig, wenn mindestens 50 % des Stammkapitals vertreten sind. Erweist sich eine Gesellschafterversammlung hiernach als nicht beschlussfähig, so ist binnen einer Woche eine zweite Versammlung mit gleicher Tagesordnung und einer Einberufungsfrist, die auf sieben Tage verkürzt werden kann, einzuberufen. Diese ist ohne Rücksicht auf die Höhe des vertretenen Stammkapitals beschlussfähig, der Geschäftsführer hat in der wiederholten Einberufung darauf hinzuweisen.

(3) Der Leiter der Gesellschafterversammlung wird vor Beginn der Versammlung mit einfacher Mehrheit aus der Mitte der Gesellschafter gewählt.

Alternative:

(3) Die Leitung der Sitzung obliegt dem Gesellschafter .... oder einem von ihm zu bestimmenden Vertreter. Macht er von diesem Recht keinen Gebrauch, erfolgt die Bestimmung des Versammlungsleiters durch Wahl der Gesellschafterversammlung.

(4) Gesellschafterbeschlüsse werden einstimmig gefasst. Je ... Euro eines Geschäftsanteils gewähren eine Stimme. Die Gesellschafterversammlung ist beschlussfähig, wenn alle Geschäftsanteile der Gesellschaft vertreten sind.

(5) Sollten bei der Beschlussfassung in der Gesellschaftsversammlung die notwendigen Mehrheiten nicht erreicht werden, steht dem Gesellschafter .... eine Sonderstimme zu, damit eine Mehrheit gewährleistet wird.

Alternative: Schlichter-Lösung:

(5) Wird bei der Gesellschafterabstimmung eine Mehrheit nicht erreicht oder gilt ein Beschluss als nicht gefasst, kann von jedem Gesellschafter ein Steuerberater oder Rechtsanwalt zu einer Beratung und Schlichtung hinzugezogen werden. Der Schlichter soll von den Gesellschaftern gemeinsam benannt werden. Ist diesbezüglich keine Einigung zu erzielen, kann von jedem der Gesellschafter ein Schlichter benannt werden.

§ 8 Geschäftsjahr

Das Geschäftsjahr ist das Kalenderjahr.

§ 9 Jahresabschluss, Lagebericht, Ergebnisverwendung

(1) Der Geschäftsführer hat den Jahresabschluss (Bilanz nebst Gewinn- und Verlustrechnung) und den Lagebericht innerhalb der gesetzlichen Fristen aufzustellen und den Gesellschaftern mit ihrem Ergebnisverwendungsvorschlag vorzulegen.

(2) Die Gesellschafter haben innerhalb der gesetzlichen Fristen über die Feststellung des Jahresabschlusses und über die Verwendung des Ergebnisses zu beschließen.

(3) Beschlüsse, Beträge in die Gewinnrücklagen einzustellen oder als Gewinn vorzutragen, bedürfen der Mehrheit der abgegebenen Stimmen.

§ 10 Verfügung über Geschäftsanteile

(1) Die Verfügung über einen Gesellschaftsanteil oder einen Teil eines Gesellschaftsanteils, insbesondere die Veräußerung, Verschenkung oder Verpfändung, ist nur mit schriftlicher Zustimmung der Gesellschafterversammlung zulässig. § 17 GmbHG bleibt unberührt.

(2) Die Abtretung ist dem Geschäftsführer innerhalb von zwei Wochen nach notarieller Beurkundung der Abtretung anzuzeigen, es sei denn, dem Geschäftsführer ist die Abtretung schon bekannt.

(3) Will ein Gesellschafter seinen Geschäftsanteil ganz oder teilweise veräußern, so hat er den Anteil zunächst schriftlich den übrigen Gesellschaftern im Verhältnis ihrer seitherigen Beteiligung zum Erwerb anzubieten. Der Kaufpreis richtet sich nach § 13 dieser Satzung.

(4) Übt einer der übrigen Gesellschafter sein Erwerbsrecht nicht aus, so steht das Erwerbsrecht den verbleibenden Gesellschaftern im Verhältnis ihrer seitherigen Beteiligung zu. Im Fall der Ausübung nur durch einen Gesellschafter, erwirbt dieser den Geschäftsanteil allein.

Wird das Erwerbsrecht innerhalb von sechs Monaten nach Zugang des Angebots von keinem Gesellschafter ausgeübt, so geht das Erwerbsrecht auf die Gesellschaft über. Diese kann das Erwerbsrecht ebenfalls nur innerhalb von zwei Monaten, beginnend mit dem Zeitpunkt, in dem das Recht für sie entsteht, ausüben.

(5) Das Ankaufsrecht kann nur für alle angebotenen Geschäftsanteile ausgeübt werden.

(6) Die Veräußerung eines Geschäftsanteils an einen Nichtgesellschafter ist nur dann zulässig, wenn weder einer der Gesellschafter noch die Gesellschaft ihr Erwerbsrecht ausgeübt haben. Im Übrigen gilt Abs. 3. Der Übernahmepreis gegenüber den seitherigen Gesellschaftern bzw. der Gesellschaft entspricht dem Wert gemäß den Bestimmungen über die Abfindung (§ 13 dieser Satzung).

§ 11 Einziehung von Geschäftsanteilen

(1) Die Einziehung (Amortisation) von Geschäftsanteilen mit Zustimmung des betroffenen Gesellschafters ist zulässig.

(2) Die Einziehung des Geschäftsanteils ohne Zustimmung des betreffenden Gesellschafters ist zulässig, wenn

a) der Geschäftsanteil von einem Gläubiger des Gesellschafters gepfändet oder sonst wie in diesen vollstreckt wird, und die Vollstreckungsmaßnahme nicht innerhalb von zwei Monaten, spätestens bis zur Verwendung des Geschäftsanteils, aufgehoben wird,

b) über das Vermögen des Gesellschafters das Insolvenzverfahren eröffnet oder die Eröffnung eines solchen Verfahrens mangels Masse abgelehnt wird, oder der Gesellschafter die Richtigkeit seines Vermögensverzeichnisses an Eides statt zu versichern hat oder

c) der Gesellschafter Auflösungsklage erhebt oder seinen Austritt aus der Gesellschaft erklärt.

(3) Steht ein Geschäftsanteil mehreren Mitberechtigten ungeteilt zu, so ist die Einziehung gemäß Abs. 2 auch zulässig, wenn deren Voraussetzungen nur in der Person eines Mitberechtigten vorliegen.

(4) Die Einziehung wird durch die Geschäftsführung erklärt. Sie bedarf eines Gesellschafterbeschlusses, der mit Mehrheit der abgegebenen Stimmen gefasst wird. Dem betroffenen Gesellschafter steht kein Stimmrecht zu.

(5) Die Einziehung nach Abs. 2 erfolgt gegen Zahlung einer Vergütung in Höhe des Buchwertes des Geschäftsanteils.

§ 12 Rechtsnachfolge

(1) Verstirbt einer der Gesellschafter, wird die Gesellschaft mit dessen Erben oder den anderweitig durch Verfügung von Todes wegen Begünstigten fortgesetzt.

Alternative:

(1) Geht ein Geschäftsanteil von Todes wegen auf eine oder mehrere Personen über, kann die Gesellschafterversammlung unter Ausschluss des Stimmrechts des betroffenen Gesellschafters innerhalb von drei Monaten nach Kenntnis des Erbfalls die Einziehung oder Übertragung des Geschäftsanteils beschließen. § 11 Abs. 2 bis 5 gelten entsprechend.

(2) Versterben alle Gesellschafter gleichzeitig oder auf Grund desselben plötzlichen Ereignisses und im zeitlichen Zusammenhang damit, wird die Gesellschaft aufgelöst. Der Liquidationserlös wird an die Erben der Gesellschafter entsprechend den Geschäftsanteilen ausgezahlt.

§ 13 Abfindung

(1) Scheidet ein Gesellschafter aus der Gesellschaft aus, so erhält er eine Abfindung.

(2) Die Bewertung eines Geschäftsanteils (Abfindung) erfolgt nach dem anteiligen Ertragswert. Der Ertragswertberechnung ist das Durchschnittsergebnis der drei letzten festgestellten Bilanzen zu Grunde zu legen und nach der Formel für ewige Renten mit einem Zinsfuß von 4 % über dem Basiszinssatz nach § 247 BGB zu kapitalisieren.

Alternativen:

- Bewertung nach dem vereinfachten Ertragswertverfahren (§ 200 BewG)
- Bewertung nach dem Stuttgarter Verfahren

(2) Die Bewertung des Geschäftsanteils wird nach den jeweiligen zum Ausscheidungsstichtag geltenden Grundsätzen des Stuttgarter Verfahrens ermittelt.

(3) Die Abfindung wird fällig in drei gleichen Jahresraten, die erste Rate am 31.12. des Ausscheidungsjahres, frühestens jedoch 6 Monate nach dem Zeitpunkt des Ausscheidens. Die Gesellschaft ist berechtigt, die Abfindung durch höhere Raten vorzeitig zu tilgen. Die nicht ausgezahlten Teile des Abfindungsguthabens sind mit 6 % zu verzinsen. Die Zinsen werden mit den Jahresraten jeweils fällig und ausgezahlt.

(4) Die Auszahlung des Abfindungsbetrags gemäß § 13 Abs. 3 dieses Vertrags wird nur dann vorgenommen, wenn ein unabhängiger Steuerberater oder Wirtschaftsprüfer vor der Vornahme der Auszahlung feststellt, dass die Gesellschaft durch die Vornahme der Abfindungsauszahlung in keine wirtschaftliche Situation gerät, die einer Insolvenz der Gesellschaft gleichkäme. Die Aufschiebung der Auszahlung des Abfindungsbetrags ist jedoch längstens für einen Zeitraum von zwei Jahren nach Fälligkeit der Abfindung möglich, so dass nach Ablauf dieser Frist eine Auszahlung vorzunehmen ist.

(5) Für die Abfindung und die Zinsen kann die Sicherheitsleistung nicht verlangt werden.

§ 14 Auflösung der Gesellschaft

(1) Im Falle der Auflösung der Gesellschaft erfolgt die Abwicklung durch den vorhandenen Geschäftsführer als Liquidatoren, sofern die Abwicklung nicht durch Beschluss der Gesellschafterversammlung anderen Personen übertragen wird.

(2) Die Gesellschafterversammlung kann einzelne oder alle Liquidatoren von den Beschränkungen des § 181 BGB befreien.

§ 15 Schlussbestimmungen

(1) Die Gesellschaft trägt die mit ihrer Gründung entstehenden Kosten, u.a. Beratung, Beurkundung, Eintragung und Bekanntmachung sowie die Gesellschaftsteuer bis zu einer Höhe von 2.500 EUR.

(2) Alle das Gesellschaftsverhältnis betreffenden Vereinbarungen zwischen Gesellschaftern oder zwischen Gesellschaft und Gesellschaftern bedürfen zu ihrer Wirksamkeit der Schriftform, soweit nicht kraft Gesetzes notarielle Beurkundung vorgeschrieben ist. Das gilt auch für einen etwaigen Verzicht auf das Erfordernis der Schriftform.

(3) Falls einzelne Bestimmungen dieses Vertrags unwirksam sein sollten, oder dieser Vertrag Lücken enthält, wird dadurch die Wirksamkeit der übrigen Bestimmungen nicht berührt. Anstelle der unwirksamen Bestimmung gilt diejenige wirksame Bestimmung als vereinbart, welche dem Sinn und Zweck der unwirksamen Bestimmung entspricht. Im Falle von Lücken gilt diejenige Bestimmung als vereinbart, die dem entspricht, was nach Sinn und Zweck dieses Vertrags vernünftigerweise vereinbart worden wäre, hätte man die Angelegenheit von vornherein bedacht.

(4) Die Bekanntmachungen der Gesellschaft erfolgen nur im elektronischen Bundesanzeiger für die Bundesrepublik Deutschland.

....

(Ort, Datum

....

Gesellschafter 1 Gesellschafter n

Musterprotokoll für die Gründung einer Einpersonen-GmbH

UR. Nr. ___________________

Heute, den ________________

erschien vor mir, ___________, Notar/in mit dem Amtssitz in ________,

Herr/Frau[1]

____

____[2].

1. Der Erschienene errichtet hiermit nach § 2 Abs. 1a GmbHG eine Gesellschaft mit beschränkter Haftung unter der Firma ____________ mit dem Sitz in ___________.

2. Gegenstand des Unternehmens ist ________________.

3. Das Stammkapital der Gesellschaft beträgt ______ Euro (i.W. _________ Euro) und wird vollständig von Herrn / Frau[1] __________ (Geschäftsanteil Nr. 1) übernommen. Die Einlage ist in Geld zu erbringen, und zwar sofort in voller Höhe/zu 50 %, im Übrigen sobald die Gesellschafterversammlung ihre Einforderung beschließt[3].

4. Zum Geschäftsführer der Gesellschaft wird Herr / Frau[4] ________. geboren am _________, wohnhaft in ________, bestellt. Der Geschäftsführer ist von den Beschränkungen des § 181 des Bürgerlichen Gesetzbuchs befreit.

5. Die Gesellschaft trägt die mit der Gründung verbundenen Kosten bis zu einem Gesamtbetrag von 300 Euro, höchstens jedoch bis zum Betrag ihres Stammkapitals. Darüber hinausgehende Kosten trägt der Gesellschafter.

6. Von dieser Urkunde erhält eine Ausfertigung der Gesellschafter, beglaubigte Ablichtung die Gesellschaft und das Registergericht (in elektronischer Form) sowie eine einfache Abschrift das Finanzamt – Körperschaftsteuerstelle –.

7. Der Erschienene wurde vom Notar/von der Notarin insbesondere auf folgendes ____________ hingewiesen.

Hinweise:

[1] Nicht Zutreffendes streichen. Bei juristischen Personen ist die Anrede Herr / Frau wegzulassen.

[2] Hier sind neben der Bezeichnung des Gesellschafters und den Angaben zur notariellen Identitätsfeststellung ggf. der Güterstand und die Zustimmung des Ehegatten sowie die Angaben zu einer etwaigen Vertretung zu vermerken.

[3] Nicht Zutreffendes streichen. Bei der Unternehmergesellschaft muss die zweite Alternative gestrichen werden.

[4] Nicht Zutreffendes streichen.

Musterprotokoll für die Gründung einer Mehrpersonengesellschaft mit bis zu drei Gesellschaftern

UR. Nr. ________________

Heute, den ______________

erschienen vor mir, __________, Notar/in mit dem Amtssitz in _______,

Herr/Frau[1]

____

_____________________________________[2].

Herr/Frau[1]

____

_____________________________________[2].

Herr/Frau[1]

____

_____________________________________[2].

1. Der Erschienenen errichten hiermit nach § 2 Abs. 1a GmbHG eine Gesellschaft mit beschränkter Haftung unter der Firma ___________ mit dem Sitz in __________.
2. Gegenstand des Unternehmens ist ______________.
3. Das Stammkapital der Gesellschaft beträgt _____ Euro (i. W. ________ Euro) und wird wie folgt übernommen:

   Herr/Frau[1] _________ übernimmt einen Geschäftsanteil mit einem Nennbetrag in Höhe von _______ Euro (i. W. ______ Euro) (Geschäftsanteil Nr. 1)

Herr/Frau[1] __________ übernimmt einen Geschäftsanteil mit einem Nennbetrag in Höhe von ________ Euro (i. W. _______ Euro) (Geschäftsanteil Nr. 2)

Herr/Frau[1] __________ übernimmt einen Geschäftsanteil mit einem Nennbetrag in Höhe von ________ Euro (i. W. _______ Euro) (Geschäftsanteil Nr. 3)

Die Einlagen sind in Geld zu erbringen, und zwar sofort in voller Höhe/zu 50 %, im Übrigen sobald die Gesellschafterversammlung ihre Einforderung beschließt[3].

4. Zum Geschäftsführer der Gesellschaft wird Herr/Frau[4] ________. geboren am ________, wohnhaft in ________, bestellt. Der Geschäftsführer ist von den Beschränkungen des § 181 des Bürgerlichen Gesetzbuchs befreit.

5. Die Gesellschaft trägt die mit der Gründung verbundenen Kosten bis zu einem Gesamtbetrag von 300 Euro, höchstens jedoch bis zum Betrag ihres Stammkapitals. Darüber hinausgehende Kosten tragen die Gesellschafter im Verhältnis der Nennbeträge ihrer Geschäftsanteile.

6. Von dieser Urkunde erhält eine Ausfertigung jeder Gesellschafter, beglaubigte Ablichtung die Gesellschaft und das Registergericht (in elektronischer Form) sowie eine einfache Abschrift das Finanzamt – Körperschaftsteuerstelle –.

7. Die Erschienenen wurden vom Notar/von der Notarin insbesondere auf folgendes ____________ hingewiesen.

Hinweise:

[1] Nicht Zutreffendes streichen. Bei juristischen Personen ist die Anrede Herr/Frau wegzulassen.

[2] Hier sind neben der Bezeichnung des Gesellschafters und den Angaben zur notariellen Identitätsfeststellung ggf. der Güterstand und die Zustimmung des Ehegatten sowie die Angaben zu einer etwaigen Vertretung zu vermerken.

[3] Nicht Zutreffendes streichen. Bei der Unternehmergesellschaft muss die zweite Alternative gestrichen werden.

[4] Nicht Zutreffendes streichen.

Mustervertrag atypische Unterbeteiligung

Zwischen Herrn/Frau

....

- im Folgenden Hauptbeteiligter genannt -

und Herrn/Frau

....

- im Folgenden Unterbeteiligter genannt -

wird folgender Vertrag über die Errichtung einer Unterbeteiligung geschlossen:

§ 1 Einräumung der Unterbeteiligung

(1) Der Hauptbeteiligte ist an der .... GmbH mit dem Sitz in .... in Höhe von .... entsprechend ..... % des gesamten Gesellschaftskapitals beteiligt. Der Gesellschaftsvertrag der .... GmbH ist dem Unterbeteiligten bekannt und insoweit Bestandteil dieses Vertrages.

(2) Der Hauptbeteiligte räumt hiermit dem Unterbeteiligten mit Wirkung vom .... eine Unterbeteiligung ein. Aufgrund der Unterbeteiligung ist der Unterbeteiligte am Gesellschaftsanteil des Hauptbeteiligten (Vermögen und Ergebnis) mit ..... % beteiligt.

(3) Die Unterbeteiligung ist eine Innengesellschaft zwischen dem Hauptbeteiligten und Unterbeteiligten, für die die Vorschriften der §§ 705 ff BGB gelten, sofern in diesem Vertrag nichts anderes geregelt ist.

§ 2 Gegenleistung

Als Gegenleistung für die Einräumung der Unterbeteiligung zahlt der Unterbeteiligte an den Hauptbeteiligten den Betrag von ..... Euro, der am .... fällig ist.

§ 3 Geschäftsjahr

Geschäftsjahr der Innengesellschaft ist das Geschäftsjahr der ....-GmbH.

§ 4 Ergebnisbeteiligung

(1) Der Unterbeteiligte ist an den Gewinnausschüttungen, die auf den Anteil des Hauptgesellschafters entfallen, mit ..... % beteiligt.

(2) Der Gewinnanteil des Hauptbeteiligten ist zur Bemessung des Gewinnanteils des Unterbeteiligten wie folgt zu korrigieren:

- Abzuziehen sind sämtliche von der .... GmbH an den Hauptbeteiligten gezahlte Vergütungen für Dienstleistungen und Überlassung von Kapital. Das gilt vor allem für Zahlungen der GmbH an den Hauptbeteiligten, die als verdeckte Gewinnausschüttung angesehen werden.
- Hinzuzurechnen sind Vergütungen für die Überlassung von Kapital oder sonstigen Wirtschaftsgütern, die der Hauptbeteiligte an die .... GmbH bezahlt hat.

(3) Der Unterbeteiligte hat in gleichem Umfang und zum gleichen Zeitpunkt auf seinen Gewinnanteil Anspruch, wie der Hauptbeteiligte den auf ihn entfallenden Gewinnanteil nach der Beschlussfassung der Gesellschafterversammlung der .... GmbH ausgeschüttet bekommt.

§ 5 Rechte und Pflichten der Beteiligten

(1) Der Hauptbeteiligte ist verpflichtet, seine Rechte als Gesellschafter der .... GmbH auch im Interesse des Unterbeteiligten wahrzunehmen. Er unterliegt keiner Stimmbindung. Lediglich bei Beschlüssen, die den Gesellschaftsvertrag der .... GmbH ändern, darf der Hauptbeteiligte nur mitwirken, wenn er zuvor die Zustimmung des Unterbeteiligten zu den Änderungen eingeholt hat.

(2) Der Hauptbeteiligte verpflichtet sich, den Jahresabschluss der .... GmbH innerhalb von ..... Wochen, nachdem ihm dieser Jahresabschluss vorliegt, dem Unterbeteiligten zuzusenden.

(3) Der Hauptbeteiligte verpflichtet sich ferner, den Unterbeteiligten in regelmäßigen Abständen von ..... Monaten über die Geschäftslage der .... GmbH zu unterrichten und ihm jederzeit die zur Erläuterung der Geschäftslage dienenden Unterlagen vorzulegen, soweit diese nicht aufgrund gesetzlicher oder vertraglicher Bestimmungen geheim zu halten sind.

§ 6 Kündigung, Beendigung der Unterbeteiligung

(1) Die Unterbeteiligung kann von jeder Vertragspartei mit einer Frist von ..... Monaten zum Ende des Geschäftsjahres gekündigt werden, erstmals zum ....

(2) Die Unterbeteiligung endet ferner, wenn

- der Unterbeteiligte stirbt,

- über das Vermögen einer Vertragspartei das Insolvenzverfahren eröffnet oder die Eröffnung des Insolvenzverfahrens mangels Masse abgelehnt wird,

- der Anteil einer Vertragspartei gepfändet und die Pfändung nicht innerhalb von ..... Monaten aufgehoben wird,

- der Hauptbeteiligte aus der .... GmbH ausscheidet oder ausgeschlossen wird.

§ 7 Abfindung

(1) Bei Beendigung der Unterbeteiligung steht dem Unterbeteiligten ein Abfindungsguthaben zu. Das Abfindungsguthaben beträgt ..... % des Abfindungsguthabens, auf das der Hauptbeteiligte bei einem Ausscheiden aus der .... GmbH im Zeitpunkt der Beendigung der Unterbeteiligung Anspruch hätte.

(2) Das Abfindungsguthaben ist sofort und in voller Höhe fällig und zahlbar.

§ 8 Veräußerung, Abtretung

(1) Veräußert der Hauptbeteiligte seinen Gesellschaftsanteil an der .... GmbH, muss er den Erwerber verpflichten, das Unterbeteiligungsverhältnis zu übernehmen.

(2) Der Unterbeteiligte kann seine Rechte aus der Unterbeteiligung nur mit Zustimmung des Hauptbeteiligten abtreten oder belasten.

§9 Tod eines Gesellschafters

(1) Im Falle des Todes des Hauptbeteiligten wird die Unterbeteiligung mit der Person fortgesetzt, die dem Gesellschaftsanteil des Hauptbeteiligten der .... GmbH als Erbe oder Vermächtnisnehmer übernimmt.

(2) Die Rechte des Unterbeteiligten sind nicht vererbbar. Mit dem Tod des Unterbeteiligten endet das Vertragsverhältnis. Dem oder den Erben steht das Abfindungsguthaben im Sinne des §7 dieses Vertrags zu.

§ 10 Änderungen bei der .... GmbH

Die Parteien sind sich darüber einig, dass bei einer Erhöhung des Stammkapitals der .... GmbH unter Beteiligung des Hauptbeteiligten dem Unterbeteiligten Gelegenheit zu geben ist, seinen Anteil an der Innengesellschaft im entsprechenden Verhältnis zu erhöhen. Eine Änderung der Rechtsform der .... GmbH oder ähnliche Vorgänge führen zu einer Anpassung des Unterbeteiligtenvertrags. Dabei sind Regelungen zu treffen, die es ermöglichen, im gegebenen rechtlichen Rahmen den wirtschaftlichen Zweck der Unterbeteiligung und die Rechtsstellung der Vertragsparteien weitestgehend beizubehalten.

§ 11 Salvatorische Klausel

Sollte zwischen den Rechten und Pflichten, die dem Hauptbeteiligten aus seiner Gesellschafterstellung bei der .... GmbH erwachsen, und den Bestimmungen dieses Vertrages ein Widerspruch bestehen oder entstehen, so ist dieser Vertrag so anzupassen, dass er einerseits mit den für die .... GmbH geltenden Bestimmungen übereinstimmt und andererseits weitestgehend die Rechte des Unterbeteiligten aus diesem Vertrag beibehält.

....

(Ort, Datum)

....

(Hauptbeteiligter)

....

(Ort, Datum)

....

(Unterbeteiligter)

Mustervertrag atypisch stille Gesellschaft

§ 1 Einlage des stillen Gesellschafters

1. Herr/Frau .... beteiligt sich als stille/r Gesellschafter/in an der ..... GmbH).

Herr/Frau ..... ist ...... (Verwandtschaftsgrad) im Verhältnis zu ..... (Name), mit .... % an der .... GmbH beteiligter Gesellschafter.

Herr/Frau ..... leistet eine Einlage in Gesamthöhe von .... Euro (in Worten: ..... Euro) wie folgt:

am ..... (Datum) in Höhe von ..... EUR

am ..... (Datum) in Höhe von ..... EUR

am ..... (Datum) in Höhe von ..... EUR

Herr/Frau .... übergibt zu dem jeweiligen Fälligkeitsdatum den vereinbarten Betrag dem Geschäftsführer der .... GmbH gegen Quittung in bar. Der Geschäftsführer verpflichtet sich, noch am selben Tag den erhaltenen Betrag auf das Konto ..... (Kontoverbindung) der .... GmbH einzubezahlen.

Der/die stille/r Gesellschafter/in kommt auch ohne Mahnung in Verzug, wenn die vereinbarten Teilbeträge nicht zu den vereinbarten Terminen geleistet werden.

Eine Überschreitung der vereinbarten Leistungsfrist um .... (Tage/Wochen/Monate) berechtigt zur fristlosen Kündigung des Gesellschaftsvertrags. Die bereits erhaltenen Teilbeträge sind an den/die stille/n Gesellschafter/in innerhalb von .... (Tage/Wochen/Monate) nach der fristlosen Kündigung mit ... % verzinst an den/die stille/n Gesellschafter/in zurückzuzahlen.

§ 2 Gewinn- und Verlustbeteiligung/Entnahmen

1. Der/die stille Gesellschafter/in ist am festgestellten Jahresergebnis der .... GmbH im Verhältnis seiner geleisteten stillen Einlage zu der Summe aus allen geleisteten stillen Einlagen zuzüglich Stammkapital der .... GmbH beteiligt.

2. Maßgebend ist der aufgrund der Steuerbilanz vor Abzug der Körperschaftsteuer ermittelte Gewinn.

3. Der Gewinnanteil ist dem/der stille/n Gesellschafter/in jeweils .... Wochen nach Feststellung des Bilanzgewinns auf seinem Kapitalkonto gutzuschreiben.

4. An einem etwaigen Verlust der .... GmbH ist der/die stille Gesellschafter/in entsprechend der Regelung bei den Gewinnen (siehe Nr. 1 dieses Paragrafen) bis zur Höhe seiner/ihrer Einlage beteiligt.

5. Der Verlustanteil ist zulasten seines Kapitalkontos zu buchen.

6. Nach Feststellung des Gewinnanteils kann der/die stille Gesellschafter/in diesen in voller Höhe entnehmen. Vorschüsse und Vorauszahlungen können nicht verlangt werden.

....

(Ort, Datum) (Ort, Datum)

....

(Unternehmer/Geschäftsführer GmbH) (Stille/r Gesellschafter/in)

Unser Buchtipp

Erfolg durch Unternehmens-kommunikation

Die Covid-19-Pandemie hat gezeigt, wie wichtig eine strukturierte Unternehmenskommunikation ist – sowohl nach innen als auch nach außen. Sie offenbarte aber auch, welche besondere Bedeutung persönliche Kontakte und gegenseitiges Vertrauen haben - vor allem beim Arbeiten im Homeoffice, im Gespräch mit Kunden, bei Vertragsverhandlungen, beim Umgang mit Lieferanten, Gesellschaftern, Investoren, Fremdkapitalgebern und Gläubigern. Lesen Sie, wie Sie harte und weiche Faktoren überlegt für eine gute interne und externe Unternehmenskommunkation einsetzen.

Das Buch auf einen Blick

- Krise als Chance
- Zusammenhang zwischen Investition und Finanzierung

Erfolgreich selbstständig – richtig kommunizieren, finanzieren und investieren

ISBN Print:
978-3-96276-036-6

ISBN E-Book:
978-3-96276-037-3

19,99 Euro (brutto)

Neugierig auf mehr?
DATEV-Bücher finden Sie unter **www.datev.de/buch** und bei unseren Kooperationspartnern **www.schweitzer-online.de** und **www.sack.de/datev-buch**.

Übrigens: Sie können unsere Bücher auch im Buchhandel vor Ort oder online erwerben.